模具制造技术

胡红军　代　兵　周志明　编著

重庆大学出版社

内容提要

本书作为"应用型本科教育系列教材"中的一部分,编写理念是以工作过程为导向,以训练学生的职业技能为基本要求,以培养学生的工作能力为最终目的,注重理论联系实际,突出实用,同时又注重模具制造新技术、新工艺的介绍,并力求体现近几年来有关各院校在教学改革方面取得的成果。通过本课程教学,并配合其他实践环节能使学生初步掌握工艺规程的制定;掌握一定基础理论知识;从而具有一定的分析、解决工艺技术问题的能力;为进一步学习本专业新工艺、新技术打下必要的基础。

本书可作为理工科特别是材料科学与工程学科高等院校高年级专科生、本科生、研究生及教师学习的教材和参考书,也可供科研院所从事相关研究的人员参考。

图书在版编目(CIP)数据

模具制造技术/胡红军,代兵,周志明编著.2 版.—重庆:重庆大学出版社,2014.8(2022.7 重印)

ISBN 978-7-5624-7115-8

Ⅰ.①模… Ⅱ.①胡…②代…③周… Ⅲ.①模具—制造—高等职业教育—教材 Ⅳ.①TG76

中国版本图书馆 CIP 数据核字(2014)第 139075 号

模具制造技术

(第 2 版)

胡红军 代 兵 周志明 编著

策划编辑:周 立

责任编辑:文 鹏 姜 凤 版式设计:周 立

责任校对:关德强 责任印制:张 策

*

重庆大学出版社出版发行

出版人:饶帮华

社址:重庆市沙坪坝区大学城西路 21 号

邮编:401331

电话:(023)88617190 88617185(中小学)

传真:(023)88617186 88617166

网址:http://www.cqup.com.cn

邮箱:fxk@ cqup.com.cn(营销中心)

全国新华书店经销

POD:重庆新生代彩印技术有限公司

*

开本:787mm×1092mm 1/16 印张:17.75 字数:443千

2019 年 8 月第 2 版 2022 年 7 月第 4 次印刷

ISBN 978-7-5624-7115-8 定价:49.00 元

前　言

模具制造技术是一门综合性、实践性很强的学科,也是近年来飞速发展的学科之一。在本书的编写过程中,编者既注重理论联系实际,突出实用,同时又注重模具制造新技术、新工艺的介绍,并力求体现出近几年来有关各院校在教学改革方面所取得的成果。当前《模具制造技术》课程教材轻应用、重理论,教学内容偏重于基础模具制造基本方法,而实际的先进的模具制造应用技术讲解则较少,操作方法、经验的教学内容比重也偏小,教学效果不能达到教学大纲要求的目标,与当前创新型、技能型人才的需求不相适应。具体表现在以下几点:

1. 内容大而全,可操作性差,各方面内容都有涉及,但都是泛泛而淡。

2. 缺少实验操作内容,《模具制造技术》作为一门应用型课程需要加强实验操作方面的内容,但是长期以来该课程的教材都是注重理论灌输,没有形成良好的实验内容体系。

3. 缺乏应用实例,学生很难得到感性认识。

4. 教材内容和专业课联系不够紧密,往往需要教师补充其他的专业内容才能完成本课程的教学。

5. 本书的编写弥补了《模具制造技术》课程教学的不足,弥补了当前"模具制造技术"课程教学辅导读物的缺乏,满足了实验操作和当前社会的需要。

本书的特色与创新:

1. 本书内容新、图文并茂,由富有教学经验和实践经验的教师编写。

2. 本书有针对性地选择模具制造技术应用的共性,兼顾模具制造领域的广泛性、前瞻性和多学科渗透的特殊性,选择有代表性的应用领域进行介绍。具有很强的操作性,学生根据步骤可以得到设计制造方案,提高了学生对该课程的兴趣。

3. 教材理论联系实际,具有较高起点和水平,很好地保证了课程内容能够反映本学科发展的最新成果和技术水平,既注重概念、原理的理解,又突出实践的应用,从而使课程教学体系更加科学合理,较好地满足了课程改革的发展需要。

4. 紧密结合其他专业课,直接为其他专业课程的学习服务。如其他专业课的设计数据直接可以用在本课程的教学中,加强了课程之间的相关性。

5. 吸取国内同类教材的精华,使教材的科学性、系统性和针对性更加突出。

6. 本书内容丰富、叙述深入浅出、简明扼要、重点突出。目前市面上还没有同类书籍,在教学过程中不需要教师额外使用教学辅导教材,将理论与实践作了很好的结合。

7. 讲述了模具制造的基本理论→基本制造工艺→高级制造技术应用→模具制造的完整实例,主要以实际应用为主轴,深化了学生对基本理论的理解。同时以点带面,以介绍方法为主。

本书具体编写工作:项目 1~项目 5 由重庆理工大学胡红军博士编写,项目 6 由重庆理工大学代兵副教授编写,项目 7~项目 9 由重庆理工大学周志明博士编写,项目 10~项目 12 由重庆科技学院的戴庆伟博士编写。

本书编写中参考了国内外出版的一些书籍以及网络资料,在此特向作者致谢。本书在编写过程中受到了重庆理工大学各级领导的支持和同事们的帮助,在此谨表感谢。

本书得到了国家自然科学基金(51101176)的资助。

编　者

2014 年 1 月

目　录

绪　论

上篇　模具的初级加工方法

绪 论

【问题导入】

模具作为工业之母的应用、国内外发展现状,技术发展趋势是什么? 模具制造生产的流程是什么? 模具制造技术的基本要求及特点是什么?

【学习目标及技能目标】

通过本模块的学习要求掌握以下基本知识:了解中国模具工业的现状与发展;了解模具分类及应用;了解模具制造技术的发展方向;掌握常用模具钢的性能和特点;模具制造技术的基本要求及特点;掌握现代模具制造流程。

【知识准备】

在工业生产中,用各种压力机和装在压力机上的专用工具,通过压力把金属或非金属材料制成所需形状的零件或制品,这种专用工具统称为模具。

(1)中国模具工业的现状与发展

近年来,尽管我国模具工业发展迅速,模具制造水平也在不断提高,但和工业发达国家相比,仍存在较大差距,主要表现在:模具的精度、型腔表面粗糙度、寿命及结构等方面;开发能力较差,经济效益欠佳,我国模具企业技术人员比例低,水平较低,且不重视产品开发;与国外先进水平相比,我国模具企业的管理落后更甚于技术落后。模具的数量和质量仍满足不了国内市场的需要,目前满足率只能达到 70% 左右。表 0.1 为模具的分类及用途。

表 0.1 模具分类及用途

模具类别		模具小类和品种	适用对象和成型工艺性质
金属板材成型模具	冲模	冲裁模、单工序模、复合冲模、级进冲模、汽车覆盖件冲模、硅钢片冲模、硬质合金冲模、微型冲件用精密冲模	使用金属板材,通过冲裁模和精冲模,或根据零件不同的生产批量、冲件精度,采用单工序模、复合模或级进模等相应的工艺方法,成型加工为合格的冲件

续表

模具类别		模具小类和品种	适用对象和成型工艺性质
金属体积成型模具	粉末冶金成型模具	成型模、手动模、机动模、整型模、无台阶实体件自动整型模、轴套拉杆式半自动整型模、轴套通过式自动整型模、轴套全整型自动模、带外台阶与外球面轴套自动全整型模等	主要用于铜基、铁基粉末制品的压制成型,包括机械零件、电器元件(如触头等)、磁性零件、工具材料、易热零件、核燃料制件的粉末压制成型
金属液态成型模具	压铸模	热压室压机用压铸模、冷压室压机用压铸模、铝合金压铸模、铜合金压铸模、锌合金压铸模、黑色金属压铸模等	金属零件产品如汽车、摩托车汽油机缸体,变速箱体等非黑色金属零件(锌、铝、铜),通过注入模具型腔的液态金属,加压成型
金属体积成型模具	锻模	压力机用锻模、摩擦压力机用锻模、平锻机用锻模、辊锻机用锻模、高速锤机用锻模、开(闭)式锻模、校正模、压边模、切边模、冲孔模、精锻模、多向锻模、胎模、闭塞锻模等,冷镦模、挤压模、拉丝模等	采用非黑色金属、黑色金属的板材或棒材、丝材,经锻、墩、挤、拉等工艺成型加工成合格零件、毛坯和丝材
非金属材料制品成型模具	铸造金属型模	易熔型芯用金属型模、低压铸造用金属型模、金属浇注用金属型模等	液态金属或石蜡等易熔材料,经注入模具型腔成型为金属零件毛坯、铸造用型芯、工艺品等
	塑料成型模具	塑料注射模、压缩模、挤塑模、挤出模、发泡模、吹(吸)塑模、塑封模、滚塑模等	使用热固性和热塑性的塑料,通过注射、压缩、挤塑、挤出、发泡、吹塑和吸塑等成型加工为合格塑件,该塑件也具有板材和体积成型两种成型工艺
	陶瓷模具	压缩模、注射模等	建筑用的陶瓷构件、陶瓷器皿及工业生产用的陶瓷零件的成型加工
	橡胶制品成型模具	压胶模、挤胶模、注射模、橡胶轮胎模(整体和活络模)、O形密封圈橡胶模等	汽车轮胎、O形密封圈及其他零件,与硫化机配套,成型加工为合格的橡胶零件
通用模具与经济模具		组合冲模、薄板冲模、叠层冲模、快换冲模、环氧树脂模、低熔点合金模等	适用于产品试制,多品种、少批量生产

(2)现代模具制造技术的发展方向

模具技术的发展应该为适应模具产品"交货期短""精度高""质量好""价格低"的要求服务。若要达到这一要求则急需发展以下几项:

1)全面推广 CAD/CAM/CAE 技术

模具 CAD/CAM/CAE 技术是模具设计制造的发展方向。随着微机软件的发展和进步,普及 CAD/CAM/CAE 技术的条件已基本成熟。

2)高速铣削加工

国外近年来发展的高速铣削加工,大幅度提高了加工效率,并可获得极高的表面光洁度。

另外,还可加工高硬度模块,具有温升低、热变形小等优点。

3)电火花铣削加工

电火花铣削加工技术也称电火花创成加工技术,是一种替代传统的用成型电极加工型腔的新技术,它利用高速旋转的简单地管状电极作三维或二维轮廓加工,不需要制造复杂的成型电极,是电火花成型加工领域的重大发展。

4)提高模具标准化程度

我国模具标准化程度正在不断提高,估计目前使用覆盖率已达到30%左右,国外发达国家一般为80%左右。

5)模具扫描及数字化系统

高速扫描机和模具扫描系统提供了从模型或实物扫描到加工出期望的模型所需的诸多功能,大大缩短了模具的在研制造周期。

6)模具研磨抛光的自动化、智能化

模具表面的质量对模具使用寿命、制件外观质量等方面均有较大的影响。

7)模具自动加工系统的发展

这是我国长远发展的目标。模具自动加工系统应有多台机床合理组合;配有随行定位夹具或定位盘;有完整的机具、刀具数控库;完整的数控柔性同步系统;质量监测控制系统。

8)优质材料及先进表面处理技术

选用优质钢材和应用相应的表面处理技术来提高模具的寿命是十分重要的。表0.2为常用模具钢的性能和特点,表0.3为新型模具钢的特点与应用。模具热处理和表面处理是能否充分发挥模具钢材料性能的关键环节。

(3)模具制造技术的基本要求及特点

1)模具制造的基本要求

制造精度高,为了生产合格的产品和发挥模具的效能,模具设计和制造必须具有较高的精度。模具的精度主要由制品精度要求和模具结构决定,为了保证制品的精度和质量,模具工作部分的精度通常要比制品精度高2~4级。

2)模具加工程序

模具加工的一般程序是:模具标准件准备→坯料准备→模具零件形状加工→热处理→模具零件精加工→模具装配。

坯料准备是为各模具零件提供相应的坯料。其加工内容按原材料的类型不同而异。对于锻件或切割钢板要进行六面加工,除去表面黑皮,将外形尺寸加工到所需要求,磨削两平面及基准面,使坯料平行度和垂直度符合要求。

模具零件形状加工的任务是按要求对坯料进行内外形状的加工。热处理是使经初步加工的模具零件半成品达到所需的硬度。

模具装配的任务是将已加工好的模具零件及标准件按模具总装配图要求装配成一副完整的模具。试模后还需对某些部位进行调整和修正,使模具生产的制件符合图样要求。

表 0.2 常用模具钢的性能和特点

钢 种	性能特点	用 途
10,20	易挤压成型、渗碳及淬火后耐磨性稍好、热处理变形大、淬透性低	工作载荷不大、形状简单的冷挤压模、陶瓷模
45	耐磨性差、韧性好、热处理过热倾向小、淬透性低、耐高温性能差	工作载荷不大、形状简单的型腔模、冲孔模及锌合金压铸模
T7A,T8A	耐磨性差、热处理变形小、淬透性低	工作载荷不大、形状简单的冷冲模、成型模
T10A,T12A	耐磨性稍好、热处理变形大、淬透性低	
5CrMnMo,5CrNiMo	韧性较好、热处理变形较小、淬透性较好、回火稳定性较好	用于热锻模、切边模
3Cr2W8V	热硬性高、热处理变形小、淬透性较好	用于热挤压模、压铸模
W18Cr4V,W6Mo5Cr4V2		用于冷挤压模、热态下工作的热冲模
40Cr	耐磨性差、韧性好、热处理变形小、淬透性较好、耐高温性能差	用于锌合金压铸模
9Mn2V,GCr15	耐磨性较好、热处理变形小、淬透性较好	工作载荷不大、形状简单的冷冲模、胶木模
CrWMn	耐磨性较好、热处理变形小、淬透性较好	工作载荷较大、形状较复杂的成型模、冷冲模
9SiCr		用于冲头、拉拔模
60Si2Mn	韧性好、热处理变形小、淬透性好	用于标准件上的冷镦模
Cr12	耐磨性好、韧性差、热处理变形小、淬透性好、碳化物偏析严重	用于载荷大、形状复杂的高精度冷冲模
Cr12MoV	耐磨性好、热处理变形小、淬透性好、碳化物偏析比 Cr12 小	用于载荷大、形状复杂的高精度冷冲模、冷挤压模以及冷镦模

表 0.3 新型模具钢

钢 号	特点及应用
3Cr3Mo2V(HM1)	高温强度、热稳定性及热疲劳性都较好,用于高速、高载、水冷条件下工作的模具,提高模具寿命
5Cr4Mo3SiMnVA1(CG2)	冲击韧度高,高温强度及热稳定性好,适用于高温、大载荷下工作的模具,提高模具寿命
6Cr4Mo3Ni2WV(CG2)	高温强度、热稳定性好,适用于小型热作模具,提高模具寿命
65Cr4W3Mo2VNb(65Nb)	高强韧性,是冷、热作模具钢,提高模具寿命
6W8Cr4VTi(LM1) 6Cr5Mo3W2VSiTi(LM2)	高强韧性,冲击韧度和断裂韧度高,在抗压强度与 W18Cr4V 钢相同时,高于 W18Cr4V 钢。用于工作在高压力、大冲击下的冷作模具,提高模具寿命
4Cr3Mo2MnVNbB(Y4)	用于压铸铜合金
7CrSiMnMoV(CH-1)	韧性好,淬透性高,可用于火焰淬火,热处理变形小,适用于低强度冷作模具零件
Y55CrNiMnMoV(SM1)	预硬化钢,用于有镜面要求的热塑性塑料注射模

钢 号	特点及应用
Y20CrNi3A1MnMo(SM2) 5CrNiMnMoVSCa(5NiSCa)	用于形状复杂、精度要求高、产量大的热塑性塑料注射模
4Cr5Mo2MnVSi(Y10) 3Cr3Mo3VNb(HM3)	用于压铸铝镁合金
8Cr2MnWMoVSi(8Cr2S)	预硬化钢,易切削,提高塑料模寿命
7Cr7Mo3V2Si(LD)	高强韧性,用于大载荷下的冷作模具,提高模具寿命
120Cr4W2MoV	用于要求长寿命的冲裁模

3)模具加工方法的分类

模具加工方法主要分为切削加工及非切削加工两大类。这两类中各自所包含的各种加工方法见表0.4。

表0.4　模具的常用加工方法

分　类	加工方法	机　床	使用工(刀)具	适用范围
切削加工	平面加工	龙门刨床	刨刀	对模具坯料进行六面加工
		牛头刨床	刨刀	
		龙门铣床	端面铣刀	
	车削加工	车床	车刀	加工内外圆柱锥面、端面、内槽、螺纹、成型表面以及滚花、钻孔、铰孔和镗孔等
		数控车床	车刀	
		立式车床	车刀	
	钻孔加工	钻床	钻头、铰刀	加工模具零件的各种孔
		横臂钻床	钻头、铰刀	
		铣床	钻头、铰刀	
		数控铣床	钻头、铰刀	
		加工中心	钻头、铰刀	
		深孔钻	深孔钻头	加工注塑模冷却水孔
	镗孔加工	卧式镗床	镗刀	镗销模具中的各种孔
		加工中心	镗刀	
		铣床	镗刀	
		坐标镗床	镗刀	镗削高精度孔
	铣削加工	铣床	立铣刀、端面铣刀	铣削模具各种零件
		数控铣床	立铣刀、球头铣刀	
		加工中心	立铣刀、球头铣刀	
		仿形铣床	球头铣刀	进行仿形加工
		雕刻机	小直径立铣刀	雕刻图案

续表

分 类	加工方法	机 床	使用工(刀)具	适用范围
切削加工	磨削加工	平面磨床	砂轮	磨削模板各平面
		成型磨床	砂轮	磨削各种形状模具零件的表面
		数控磨床	砂轮	
		光学曲线磨床	砂轮	
		坐标磨床	砂轮	磨削精密模具孔
		内、外圆磨床	砂轮	圆形零件的内、外表面
		万能磨床	砂轮	可实施锥度磨削
	电加工	型腔电加工	电极	用上述切削方法难以加工的部位
		线切割加工	线电极	精密轮廓加工
		电解加工	电极	型腔和平面加工
	抛光加工	手持抛光机	各种砂轮	去除铣削痕迹
		抛光机或手工抛光	锉刀、砂纸、油石、抛光剂	对模具零件进行抛光
非切削加工	挤压加工	压力机	挤压凸模	难以切削加工的型腔
	铸造加工	铍铜压力铸造	铸造设备	铸造注塑模型腔
		精密铸造	石膏模型铸造设备	
	电铸加工	电铸设备	电铸母型	精密注塑模型腔
	表面装饰纹加工	蚀刻装置	装饰纹样板	在注塑模型腔表面加工

4)现代模具制造流程

模具生产过程分以下 6 个阶段(见图 0.1)。

①模具方案确定,分析产品零件结构、尺寸精度、表面质量要求及成型工艺。

②模具结构设计,进行成型件造型、结构设计;系统结构(包括定位、导向、卸料以及相关参数设定等)设计,即总成设计。

③生产准备,成型件材料、模块等坯料加工;标准零、部件配购;根据造型设计,编制 NC、CNC 加工代码组成的加工程序;以及刀具、工装等。

④模具成型零件加工,根据加工工艺规程,采用 NC、CNC 加工程序进行成型加工、孔系加工;或采用电火花、成型磨削等传统工艺进行加工,以及相应的热处理工艺。

⑤装配与试模,根据模具设计要求,检查标准零、部件和成型零件的尺寸精度、位置精度,以及表面粗糙度等要求;按装配工艺规程进行装配、试模。

⑥验收与试用,根据各类模具的验收技术条件标准和合同规定,对模具试冲制件(冲件、塑件等)和模具性能、工作参数等进行检查、试用,合格后则验收。

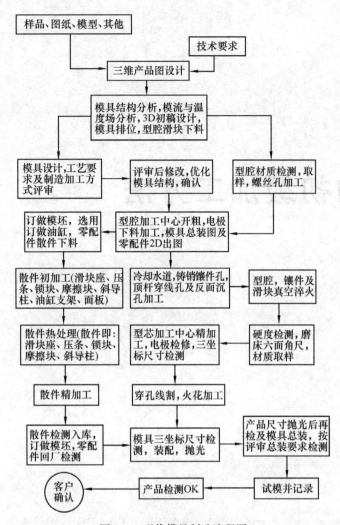

图 0.1　现代模具制造流程图

思考与练习

1. 什么是模具？模具具有哪些功能？总体上讲模具可以分为几大类？
2. 模具生产、模具制造、模具的工艺各有什么特点？
3. 简述模具在国民经济发展中的作用以及我国模具制造技术的发展趋势。
4. 模具制造有哪些技术要求？模具制造过程包括哪几个阶段？

上篇
模具的初级加工方法

项目 *1*

模具的一般机械加工

【问题导入】

模具制造技术包括一系列的加工方法,其中模具的一般机械加工是一个很重要和基本的种类,那么模具机械加工有何特点? 有哪些要求? 适用的范围是什么? 通过本项目的学习,我们就能解决这些问题。

【学习目标及技能目标】

掌握模具机械加工的常用方法,分类和特点,以及划线工具的使用方法;了解卧式车床的组成、运动和用途,主要附件的大致结构和用途;能按图样要求进行端面、外圆、阶台、沟槽等基本车削加工;掌握零件的装夹及找正方法;能独立确定一般零件的车削步骤;熟悉划线的作用与方法,掌握模具零件的划线方法;了解仿形加工的控制方式及工作原理。

任务1 模具的普通车削加工

【活动场景】

在模具加工车间或产品加工车间的现场教学,或用多媒体展示模具的使用与生产。车床以工件旋转为主运动,主要用于加工轴、盘、套和其他具有回转表面的工件;在模具制造中主要用于加工导套、导柱、推杆、顶杆和具有回转表面的凸模、凹模回转型面,以及内外螺纹等模具零件的粗加工或半精加工。

【任务要求】

掌握车削的作用,模具车削加工方法及分类,掌握划线工具的使用方法;了解车床的结构与车床的相关内容,以及车床的工作范围。

【知识准备】

(1)车削加工概述

机械加工方法(见图1.1)广泛用于制造模具零件,机械加工主要用于加工导套、导柱、具有回转表面的凸模(型芯)、凹模(型腔)以及具有回转表面的其他模具零件。模具零件的机械加工方法有:普通精度零件用通用机床加工,例如,车削(见图1.2)、铣削、刨削、钻削、磨削等。

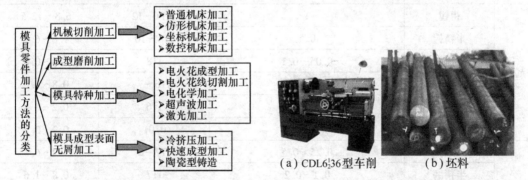

图1.1 模具加工的分类　　　图1.2 普通的车削及坯料

模具常用加工方法能达到的加工精度、表面粗糙度和所需的加工余量见表1.1。常规机械加工方法及适用范围见表1.2。

表1.1 模具常用加工方法的加工余量、加工精度、表面粗糙度

制造方法		本道工序加工余量(单面)/mm	加工精度/mm	表面粗糙度 R_a/μm
刨削	半精刨	0.8~1.5	IT10~12	6.3~12.5
	精刨	0.2~0.5	IT8~9	3.2~6.3
铣削	划线铣	1~3	1.6	1.6~6.3
	靠模铣	1~3	0.04	1.6~6.3
	粗铣	1~2.5	IT10~11	3.2~12.5
	精铣	0.5	IT7~9	1.6~3.2
	仿形雕刻	1~3	0.1	1.6~3.2

续表

制造方法		本道工序加工余量（单面）/mm	加工精度/mm	表面粗糙度 R_a/μm
车削	靠模车	0.6~1	0.24	1.6~3.2
	成型车	0.6~1	0.1	1.6~3.2
	粗车	1	IT11~12	6.3~12.5
	半精车	0.6	IT8~10	1.6~6.3
	精车	0.4	IT6~7	0.8~1.6
	精细车、金刚车	0.15	IT5~6	0.1~0.8
钻		—	IT11~14	6.3~12.5
扩	粗扩	1~2	IT12	6.3~12.5
	细扩	0.1~0.5	IT9~10	1.6~6.3
铰	粗铰	0.1~0.15	IT9	3.2~6.3
	精铰	0.05~0.1	IT7~8	0.8
	细铰	0.02~0.05	IT6~7	0.2~0.4
锪	无导向锪	—	IT11~12	3.2~12.5
	有导向锪	—	IT9~11	1.6~3.2
镗削	粗镗	1	IT11~12	6.3~12.5
	半精镗	0.5	IT8~10	1.6~6.3
	高速镗	0.05~0.1	IT8	0.4~0.8
	精镗	0.1~0.2	IT6~7	0.8~1.6
	精细镗、金刚镗	0.05~0.1	IT6	0.2~0.8
	坐标镗	0.1~0.3	0.01	0.2~0.8
磨削	粗磨	0.25~0.5	IT7~8	3.2~6.3
	半精磨	0.1~0.2	IT7	0.8~1.6
	精磨	0.05~0.1	IT6~7	0.2~0.8
	细磨、超精磨	0.005~0.05	IT5~6	0.025~0.1
	仿形磨	0.1~0.3	0.01	0.2~0.8
	成型磨	0.1~0.3	0.01	0.2~0.8
珩磨		0.005~0.03	IT6	0.05~0.4
钳工划线		—	0.25~0.5	
钳工研磨		0.002~0.015	IT5~6	0.025~0.05
钳工抛光	粗抛	0.05~0.15	—	0.2~0.8
	细抛、镜面抛	0.005~0.01	—	0.001~0.1
电火花成型加工		—	0.05~0.1	1.25~2.5
电火花线切割		—	0.005~0.01	1.25~2.5

续表

制造方法	本道工序加工余量(单面)/mm	加工精度/mm	表面粗糙度 R_a/μm
电解成型加工	—	±0.05~0.2	0.8~3.2
电解抛光	0.1~0.15	—	0.025~0.8
电解磨削	0.1~0.15	IT6~7	0.025~0.8
照相腐蚀	0.1~0.4	—	0.1~0.8
超声抛光	0.02~0.1	—	0.01~0.1
磨料流动抛光	0.02~0.1	—	0.01~0.1
冷挤压	—	IT7~8	0.08~0.32

表 1.2　常规机械加工方法及适用范围

分类	加工方法	机　床	使用工具(刀具)	适用范围
切削加工	车削加工	车床	车刀	加工内外圆柱、锥面、端面、内槽、螺纹、成型表面以及滚花、钻孔、铰孔和镗孔等
	铣削加工	铣床	立铣刀、端面铣刀球头铣刀	铣削模具各种零件
		仿形铣床	球头铣刀	进行仿形加工
	刨削加工	龙门刨床 牛头刨床	刨刀	对模具坯料进行六面加工
	钻孔加工	钻床	钻头、铰刀	加工模具零件的各种孔
	磨削加工	平面磨床	砂轮	磨削模板各平面
		成型磨床 数控磨床		磨削各种形状模具零件的表面
		坐标磨床		磨削精密模具孔
		内、外圆磨床		磨削圆柱形零件的内、外表面
		万能磨床		可实施锥度磨削
	抛光加工	手持抛光机	砂轮	去除铣削痕迹
		抛光机或手工抛光	锉刀、砂纸、油石抛光剂	对模具零件进行抛光

(2)机械加工中划线的作用与方法

划线是指在毛坯或工件上,用划线工具划出待加工部位的轮廓线或作为基准的点和线。划线工作不仅在毛坯表面进行,也通常在已加工过的毛坯表面进行,如在加工后的平面上划出钻孔的加工线等,划线分平面划线和立体划线两种。

1)平面划线

只需在工件一个表面上划线后即能明确表示加工界线的划线称为平面划线,如图 1.3 所示。如在板料、调料表面划线,在法兰盘表面上划钻孔加工线等都属于平面划线。平面划线分为几何划线法和样板划线法。几何划线法是指根据图纸的要求,直接在毛坯或工件上利用几何作图的基本方法划出加工线的方法。几何划线法和平面几何作图法一样,其基本线条包括垂直线、平行线、等分圆周线、角度线、圆弧与直线或圆弧与圆弧连接等。样板划线法是利用线切割机床或样板铣床加工出样板,并以某一基准为依据,在模块上按样板划出加工界线。常用于多型腔及复杂形状模具零件的划线。

图1.3 平面划线

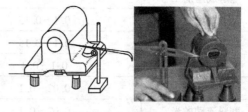
图1.4 立体划线

2)立体划线

需要在工件上几个互成不同角度(通常是互相垂直,反映工件3个方向的表面)的表面上划线,才能明确表示加工界线的划线称为立体划线,如图1.4所示。如划出矩形块各表面的加工线以及支架、箱体等表面的加工线都属于立体线。

3)模具零件的划线方法

根据模具零件加工要求的不同,划线的精度要求及使用的划线工具也不相同。模具零件划线放法可分为:

①普通划线法。利用常规划线工具,以基本线条或典型曲线的划线进行划线,划线精度可达0.1~0.2 mm。

②样板划线法。利用线切割机床或样板铣床加工出样板,并以某一基准为依据,在坯料上按样板划出加工界线。常用于多型腔及复杂形状模具零件的划线。

③精密划线法。利用工具铣床、样板铣床及坐标镗床等设备进行划线。划线精度可达微米级,精密划线的加工线,可直接作为加工测量的基准。

4)划线工具

钢直尺是一种简单的尺寸量具。最小刻线距离为0.5 mm,长度规格有150,300,500,1 000 mm 4种。

5)划线基准的选择

①基准,合理的选择划线基准是做好划线工作的关键。只有划线基准选择得好,才能提高划线的质量和效率。所谓划线基准,是指在划线时工件上用来确定工件的各部分尺寸、几何形状及工件上各要素的相对位置的某些点、线、面。

②划线基准的选择,在选择划线基准时,应先分析图样,找出设计基准,使划线基准和设计基准尽量一致。划线基准一般可选择以下3种类型:

A.以两个互相垂直的平面(或线)为基准,如图1.5(a)所示。从零件上互相垂直的两个方向的尺寸可以看出,每一个方向的许多尺寸都是依照它们的外平面来确定的。因此,这两个平面就分别是每一个方向的划线基准。

B.以两条轴线为基准,如图1.5(b)所示。该件上两个方向的尺寸与其两孔的轴线具有对称性,并且其他尺寸也从轴线起始标注。此时,这两条轴线就分别是这两个方向的划线基准。

C.以一个平面和一条中心线为基准,如图1.5(c)所示。该工件上高度方向的尺寸是以底面为依据的,此底面就是高度方向的划线基准。而宽度方向的尺寸对称于中心线,因此,中心线就是宽度方向的划线基准。平面划线时一般要选择两个划线基准,而立体划线时一般要选择 3 个划线基准。

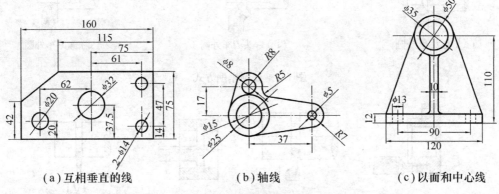

(a)互相垂直的线　　　　(b)轴线　　　　(c)以面和中心线

图 1.5　划线基准的选择

(3)车削加工技术

金属切削机床是用切削的方法把金属毛坯加工成机器零件的一种机器,它是制造机器的机器,人们习惯上称为机床。机床按照加工方式的不同又分为车床、刨床、铣床、磨床等。车削加工是最常用的加工方法,约占机床加工总量的 50% 以上。车削加工的原理是工件作旋转运动、车刀在水平面内移动(见图 1.6),从工件上去除多余的材料,从而获得所需的加工表面。工件的旋转运动称为主运动。车刀在水平内的移动称为进给运动。图 1.7 和图 1.8 分别为车外圆和槽。

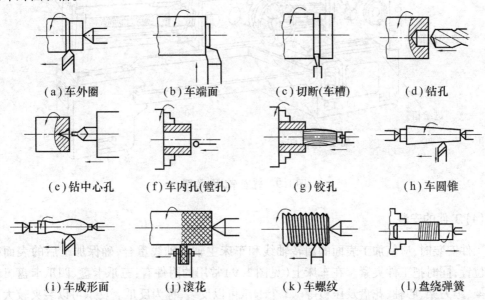

(a)车外圈　　(b)车端面　　(c)切断(车槽)　　(d)钻孔

(e)钻中心孔　(f)车内孔(镗孔)　(g)铰孔　(h)车圆锥

(i)车成形面　(j)滚花　(k)车螺纹　(l)盘绕弹簧

图 1.6　车削加工

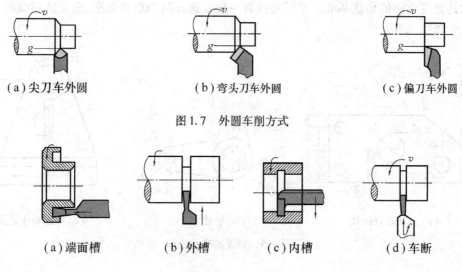

(a)尖刀车外圆　　　　(b)弯头刀车外圆　　　　(c)偏刀车外圆

图1.7　外圆车削方式

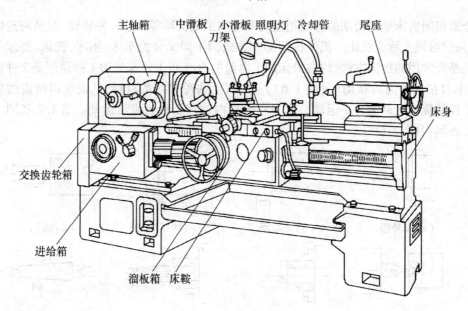

(a)端面槽　　　(b)外槽　　　(c)内槽　　　(d)车断

图1.8　车槽

主轴箱　中滑板　小滑板　照明灯　冷却管　尾座
　　　　　　　　刀架

交换齿轮箱

床身

进给箱

溜板箱　床鞍

图1.9　普通车床结构图

(4)工件的安装

工件安装时,应使加工表面的回转轴线和车床主轴的轴线重合,确保加工后的表面有正确的位置,同时把工件夹紧。在车床上(见图1.9)常用的附件有:三爪卡盘、四爪卡盘、顶尖、中心架、跟刀架、心轴、花盘及压板等。3个卡爪可以反装,称为反爪。反爪可以装夹较大直径的工件。三爪卡盘的定心精度不高,一般为0.05～0.15 mm,但装夹方便。适应于安装截面为圆形或正六边形的短轴类或盘类工件。

任务2 轴类零件车削工艺分析

【活动场景】

在模具加工车间或产品加工车间的现场教学,或用多媒体展示模具的使用与生产。

【任务要求】

根据零件加工的需要熟练掌握工、夹、量具和车床设备;能独立确定一般零件的车削步骤;掌握外圆、阶台、沟槽的加工方法;能根据零件的几何形状、材料、合理选择切削用量,以及根据车削需要刃磨各种刀具;掌握一般轴类零件的车削技能。能独立确定一般零件的车削步骤,合理选择切削用量。

【知识准备】

轴类零件是机械结构中用于传递运动和动力的重要零件之一,加工质量直接影响机械的使用性能和运动精度。车削是轴类零件外圆加工的主要方法。

(1)车床的种类

车床按照用途和功能不同,可分为许多类型,如卧式车床、立式车床、落地车床和转塔车床等,如图1.10所示。这里主要介绍最常用的CA6140车床。

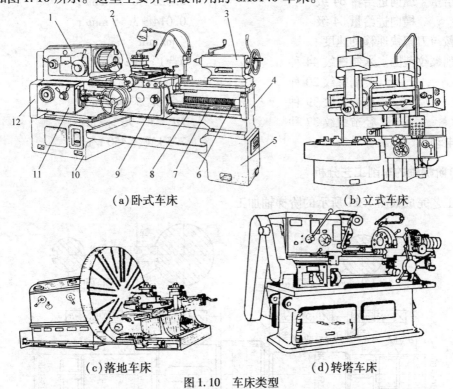

(a)卧式车床　　　　　　　　　　　　(b)立式车床

(c)落地车床　　　　　　　　　　　　(d)转塔车床

图1.10 车床类型

1—主轴箱;2—刀架;3—尾座;4—床身;5,10—床脚;6—丝杠;

7—光杆;8—操纵杆;9—溜板箱;11—进给箱;12—交换齿轮箱

1)车床的功能与型号

车床适用于加工各种轴类、套筒类和盘类零件上的回转表面,如内外圆柱面、圆锥面及成型回转表面、车削端面、钻孔、扩孔、铰孔、滚花等工作。

2）CA6140 车床的组成与技术性能

CA6140 车床主要组成部件有：

①主轴箱：支承并传动主轴，使主轴带动工件按照规定的转速旋转，实现主运动。

②床鞍与刀架：装夹车刀，并使车刀纵向、横向或斜向运动。

③尾架：用后顶尖支承工件，并可在其上安装钻头等孔加工工具，以进行孔加工。

④床身：车床的基本支承件，在其上安装车床的主要部件，保持它们的相对位置。

⑤溜板箱：把进给箱传来的运动传递给刀架，使刀架实现纵向进给、横向进给、快速移动或车螺纹。其上有各种操作手柄和操作按钮，方便工人操作。

⑥进给箱：改变被誉为加工螺纹时的螺距或机动进给的进给量。

CA6140 主要技术性能参数如下：

床身上最大工件回转直径	400 mm
最大工件长度（4 种规格）	750,1 000,1 500,2 000 mm
最大车削长度	650,900,1 400,1 900 mm
刀架上最大工件回转直径	210 mm
主轴转速　正转 24 级	10 ~ 1 400 r/min
反转 12 级	14 ~ 1 580 r/min
进给量　纵向进给量 64 级	0.028 ~ 6.33 mm/r
横向进给量 64 级	0.014 ~ 3.16 mm/r
床鞍与刀架快速移动速度	4 m/min
车削螺纹范围　米制螺纹 44 种	$T = 1 ~ 192$ mm
英制螺纹 20 种	$a = 2 ~ 24$ 牙/in
模数螺纹 39 种	$m = 0.25 ~ 48$ mm
径节螺纹 37 种	$DP = 1 ~ 96$ 牙/in
主电动机	7.5 kW,1 450 r/min

(2)阶梯轴的车削工艺分析

按工艺完成如图 1.11 所示的阶梯轴加工。

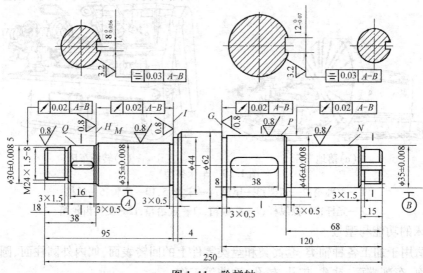

图 1.11　阶梯轴

技术要求:调质处理 HBS217~255;名称:传动轴;材料 45;生产类型:小批。

1)工作条件

设备:CA6140 型卧式车床;刀具:45°车刀、90°车刀、切断刀、车槽刀、中心钻;量具:钢直尺,游标卡尺、千分尺;材料:45 钢;辅具:切削液、钻夹头。

2)技能训练内容

工件图样,车工训练图册;由于零件有同轴度要求,用三爪自定心卡盘一次装夹加工出 $\phi38,\phi36$ 外圆。

3)参考步骤

夹毛坯外圆找正,粗车端面、$\phi38$ 外圆,留精加工余量;精车 $\phi38,\phi36$ 外圆至尺寸,倒角;车圆锥面至尺寸;掉头垫铜皮夹持 $\phi36$ 外圆并找正,粗、精车 $\phi32,\phi24$ 外圆;车槽、倒角。

4)拟定加工工艺

从结构上看,是一个典型的阶梯轴,工件材料为 45,生产纲领为小批或中批生产,调质处理 220~350HBS。

①分析阶梯轴的结构和技术要求,该轴为普通的实心阶梯轴,轴类零件一般只有一个主要视图,主要标注相应的尺寸和技术要求,而其他要素如退刀槽、键槽等尺寸和技术要求标注在相应的剖视图。传动轴的轴颈 M 和 N 处是装轴承的,各项精度要求均较高,其尺寸为 $\phi35(\pm0.008)$,且是其他表面的基准,因此是主要表面。配合轴颈 Q 和 P 处是安装传动零件的,与基准轴颈的径向圆跳动公差为 0.02(实际上是与 M,N 的同轴度),公差等级为 IT6,轴肩 H,G 和 I 端面为轴向定位面,其要求较高,与基准轴颈的圆跳动公差为 0.02,是较重要的表面,同时还有键槽、螺纹等结构要素。

②明确毛坯状况,一般阶梯轴类零件材料常选用 45 钢;对于中等精度而转速较高的轴可用 40Cr;对于高速、重载荷等条件下工作的轴可选用 20Cr、20CrMnTi 等低碳合金钢进行渗碳淬火,或用 38CrMoAIA 氮化钢进行氮化处理。

③拟定工艺路线,确定加工方案,轴类在进行外圆加工时,会因切除大量金属后引起残余应力重新分布而变形。应将粗精加工分开,先粗加工,再进行半精加工和精加工,主要表面精加工放在最后进行。划分加工阶段,该轴加工划分为 3 个加工阶段,即粗车(粗车外圆、钻中心孔)、半精车(半精车各处外圆、台肩和修研中心孔等)、粗精磨 Q,M,P,N 段外圆。各加工阶段大致以热处理为界。

选择定位基准,轴类零件各表面的设计基准一般是轴的中心线,其加工的定位基准,最常用的是两中心孔。

热处理工序安排,该轴需进行调质处理。在粗加工后,半精加工前进行。如采用锻件毛坯,必须首先安排退火或正火处理。该轴毛坯为热轧钢,不必进行正火处理。

加工工序安排,应遵循加工顺序安排的一般原则,如先粗后精、先主后次等。该轴的加工路线为:毛坯及其热处理→预加工→车削外圆→铣键槽→热处理→磨削。

④确定工序尺寸,毛坯下料尺寸:$\phi65\times265$;粗车时,各外圆及各段尺寸按图纸加工尺寸均留余量 2 mm;半精车时,螺纹大径车到 $\phi24_{-0.2}^{-0.1}$,$\phi44$ 及 $\phi62$ 台阶车到图纸规定尺寸,其余台阶均留 0.5 mm 余量。

铣加工:止动垫圈槽加工到图纸规定尺寸,键槽铣到比图纸尺寸多 0.25 mm 作为磨销的余量。螺纹精加工到图纸规定尺寸 M24×1.5-6g,外圆车到图纸规定尺寸。

⑤选择设备工装,外圆加工设备:普通车床 CA6140;磨削加工设备:万能外圆磨床 M1432A;铣削加工设备:铣床 X52。

⑥填写工艺卡(见表1.3)。

表1.3　阶梯轴加工工艺

工序号	工种	工序内容	设备
1	下料	$\phi65 \times 265$	
2	车	三爪卡盘夹持工件,车端面见平整,钻中心孔,用尾架顶尖顶住,粗车 P,N 及螺纹段3个台阶,直径、长度均留余量2 mm	CA6140
		调头,三爪卡盘夹持工件另一端,车端面保证总长259 mm,钻中心孔,用尾架顶尖顶住,粗车另外4个台阶,直径、长度均留信余量2 mm	CA6140
3	热	调质处理 24~38HRC	
4	钳	修研两端中心孔	CA6140
5	车	双顶尖装夹。半精车3个台阶,螺纹大径车到 $\phi24_{-0.2}^{-0.1}$,P,N 两个台阶直径上留余量 0.5 mm,车槽3个,倒角3个	CA6140
		调头,双顶尖装夹,半精车余下的5个台阶,$\phi44$ 及 $\phi52$ 台阶车到图纸规定的尺寸。螺纹大径车到 $\phi24_{-0.2}^{-0.1}$,其余两个台阶直径上留余量 0.5 mm,车槽3个,倒角4个	CA6140
6	车	双顶尖装夹,车一端螺纹 M24×1.5-6g,调头,双顶尖装夹,车另一端螺纹 M24×1.5-6g	CA6140
7	钳	划键槽及一个止动垫圈槽加工线	
8	铣	铣两个键槽及一个止动垫圈槽,键槽深度比图纸规定尺寸多铣 0.25 mm,作为磨削的余量	X52
9	钳	修研两端中心孔	CA6140
10	磨	磨外圆 Q 和 M,并用砂轮端面靠磨台 H 和 I。调头,磨外圆 N 和 P,靠磨台肩 G	M1432A
11	检	检验	

任务3　模具零件的铣削加工

【活动场景】

在模具加工车间或产品加工车间的现场教学,或用多媒体展示模具的使用与生产。

【任务要求】

能独立确定一般零件的铣削步骤,铣刀的安装,铣削方式;能独立确定一般零件的铣削步骤;能合理选择铣削用量。

【知识准备】

铣削加工是在铣床上使用旋转多刃刀具,对工件进行切削加工的方法。铣削可加工平面、台阶面、沟槽、成型面(见图1.12)等,多刃切削效率高。铣刀旋转为主运动,工件或铣刀的移动为进给运动。铣削加工精度较高,可达 IT8 左右,表面粗糙度 R_a 为 $1.6 \sim 0.8$ μm。在模具零件的铣削加工中,应用最广的是立式铣床和万能工具铣床(见图1.13),铣床分为立式和卧式铣床,立式结构表面外形、非回转曲面型腔、规则型面的加工;卧式铣床加工模具外形表面;龙门铣床:大型零件表面的加工;工具铣床:螺旋、圆弧、齿条、齿轮、花键等类零件的加工;仿形铣床:复杂成型表面。

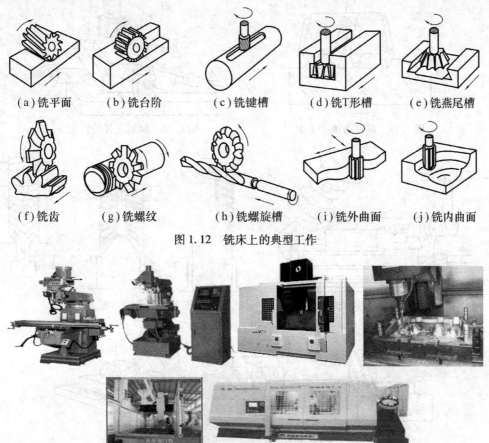

(a)铣平面　　(b)铣台阶　　(c)铣键槽　　(d)铣T形槽　　(e)铣燕尾槽

(f)铣齿　　(g)铣螺纹　　(h)铣螺旋槽　　(i)铣外曲面　　(j)铣内曲面

图1.12　铣床上的典型工作

图1.13　各种铣床

(1)铣削加工

模具零件的立铣加工主要有以下几种:

1)平面或斜面的铣削(见图1.14至图1.20)

在立式铣床上采用端铣刀铣削平面,一般用平口钳、压板等装夹工件,其特点是切屑厚度变化小、同时进行切削的刀齿较多,切削过程比较平稳,铣刀端面的副切削刃具有刮削作用,工件的表面粗糙度较低。对于宽度较大的平面采用高速端面铣削。把工件倾斜所需角度,此方法是安装工件时,将斜面转到水平位置,然后按铣斜面的方法来加工此斜面如图1.15所示。把铣刀倾斜所需角度,这种方法是在立式铣床或装有万能立铣头的卧式铣床进行。使用端铣刀或立铣刀,刀轴转过相应角度。加工时工作台须带动工件作横向进给,如图1.16所示。用角度铣刀铣斜面,可在卧式铣床上用与工件角度相符的角度铣刀直接铣斜面(见图1.17)。用角度铣刀铣斜面,较小的斜面可用合适的角度铣刀加工。当加工零件批量较大时,则常采用专用夹具铣斜面。使用倾斜垫铁铣斜面,在零件设计基准的下面垫一块倾斜的垫铁,则铣出的平面就与设计基准面成倾斜位置。利用分度头铣斜面,在一些圆柱形和特殊形状的零件上加工斜面时,利用分度头将工件转成所需位置而铣出斜面。

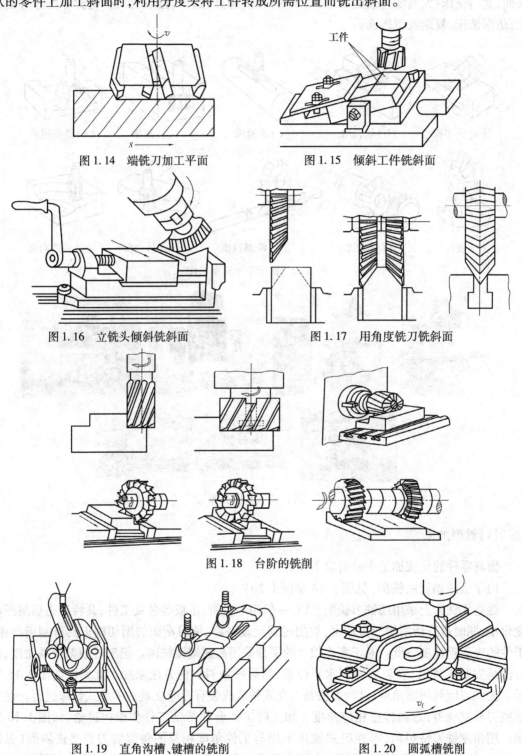

图 1.14　端铣刀加工平面　　　　图 1.15　倾斜工件铣斜面

图 1.16　立铣头倾斜铣斜面　　　　图 1.17　用角度铣刀铣斜面

图 1.18　台阶的铣削

图 1.19　直角沟槽、键槽的铣削　　　　图 1.20　圆弧槽铣削

在立式铣床上铣削斜面,通常有 3 种方法(见图 1.21 至图 1.23):按划线转动工件铣斜面,用夹具转动工件铣斜面,转动立铣头铣斜面。

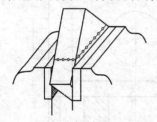

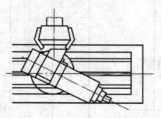

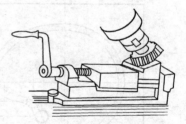

图 1.21　按划线转动铣斜面　　　图 1.22　转动钳口铣斜面　　　图 1.23　转动立铣头铣斜面

2)圆弧面的铣削

在立式铣床上加工圆弧面,通常是利用圆形工作台,它是立铣加工中的常用附件,其结构组成如图 1.24 所示。利用它进行各种圆弧面的加工。首先将圆形工作台安装在立式铣床工作台上,再将工件安装在圆形工作台上。

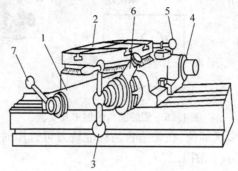

图 1.24　圆形工作台

1—底座;2—圆台;3,5,7—手柄;4—接头;6—扳动杆

3)复杂型腔或型面的铣削

对于不规则的型腔或型面,可采用坐标法加工,即根据被加工点的位置,控制工作台的纵横(X,Y)向移动以及主轴头的升降(Z)进行立铣加工。在模具设计与制造中,有大量的不规则型腔或型面。对于凸凹模的不规则型腔或型面的铣削,可采用坐标法进行。其方法是:首先选定基准,根据被铣削的型腔或型面的特征选定坐标的基准点。基准点(即坐标原点)的选定应根据型面或型腔的主要设计基准来确定。其次建立坐标系,以坐标基准点为原点,根据工作台的运动方向建立坐标系或极坐标。再次,计算型腔或型面的横向和纵向坐标尺寸。最后用铣刀逐点铣削。如果为空间曲面则需要控制 X,Y,Z 这 3 个坐标方向的移动。

4)坐标孔的铣削

对于单件孔系工件,如图 1.25 所示的凸凹模,由于孔系孔距精度较高,可在立铣上利用其工作台的纵向与横向移动,加工工件上的坐标孔。但对普通立铣床因工作台移动的丝杠与螺母之间存在间隙,故孔距的加工精度不是很高。当孔距精度要求高时,可用坐标铣床加工。

5)普通铣床加工型腔

立铣和万能工具铣床:适合于加工平面结构的型腔。加工型腔时,由于刀具加长,必须考虑由于切削力波动导致刀具倾斜变化造成的误差,如图 1.26 所示。

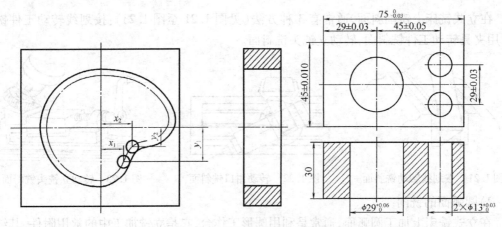

图 1.25　不规则型腔的立铣削

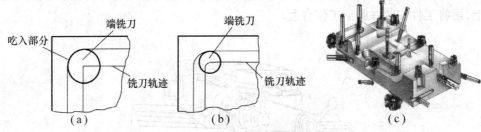

图 1.26　型腔圆角的加工及实例

为加工出某些特殊的形状部位,在无适合的标准铣刀可选用时,可采用如图 1.27 所示适合于不同用途的单刃指铣刀(见图 1.27)。

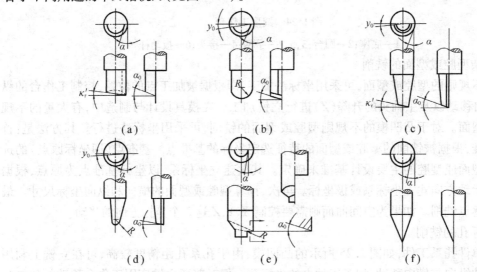

图 1.27　单刃指铣刀

为提高铣削效率,对某些铣削余量较大的型腔,铣削前可在型腔轮廓线的内部连续钻孔,孔的深度和型腔的深度接近,如图 1.28 所示。

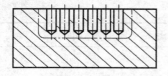

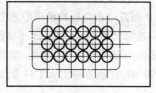

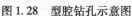

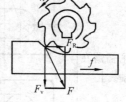

图1.28　型腔钻孔示意图　　　　　　图1.29　顺铣

(2)铣削方式

1)周铣

用铣刀的圆周刀齿进行切削的铣削方式称为周铣。周铣又分为顺铣和逆铣。铣削时,铣刀切出工件时的切削速度方向与工件的进给运动方向相同称为顺铣。顺削时,铣刀刀齿的切削厚度从最大逐渐递减至零,没有逆铣时刀齿的滑行现象,加工硬化程度大为减轻,已加工表面质量也较高,刀具耐用度高,如图1.29所示。

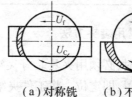

图1.30　逆铣　　　　　（a）对称铣　　（b）不对称逆铣　（c）不对称顺铣

　　　　　　　　　　　　　　　　　图1.31　端铣

2)端铣

对称铣:铣削过程中,面铣刀轴线始终位于铣削弧长的对称中心位置,且顺铣部分等于逆铣部分(见图1.31)。不对称铣:当面铣刀轴线偏置于铣削弧长对称中心的一侧时。利用圆转台进行立铣加工圆弧面的方式见表1.4。

表1.4　利用圆转台进行立铣加工圆弧面的方式

方　式	简　图	说　明
主轴中心不需对准圆转台中心	立铣刀 R	将工件R圆弧中心与圆转台中心重合。转动圆转台,由立铣刀加工R圆弧侧面,由于任意转动圆转台都不致使铣刀切入非加工部位,因此主轴中心不需对准圆转台回转中心

23

续表

方 式	简 图	说 明
主轴中心需落在圆转台轴线上	圆转台中心 (a) (b)	使工件 R 圆弧中心与圆转台中心重合。并使主轴中心对准圆转台中心轴线之一[见图(a)]。如主轴中心不对准圆转台中心轴线,则按圆转台刻度转动90°时,立铣刀将切入工件非加工部位[见图(b)]
主轴中心需对准圆转台中心		先使主轴中心对准圆转台中心,然后安装工件,使 R 圆弧中心与圆转台中心重合。移动工作台(移动距离为 R)转动圆转台进行加工,控制圆转台回转角度

(3)铣削加工工件常用装夹方法

在机床上加工工件时,必须用夹具装好夹牢工件。将工件装好,就是在加工前确定工件在工艺系统中的正确位置,即定位。将工件夹牢,就是对工件施加作用力,使之在加工过程中始终保持在原先确定的位置上,即夹紧。从定位到夹紧的全过程,称为装夹。分固定侧与活动侧,固定侧与底面作为定位面,活动侧用于夹紧。

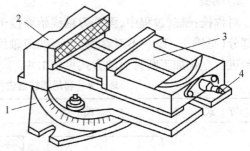

图 1.32　平口钳装夹
1—底座;2—固定钳口;3—活动钳口;4—螺杆

图 1.33　压板螺栓夹紧　　　图 1.34　分度头装夹工件　　　图 1.35　回转工作台装夹工件

任务4 模具零件的刨削加工

【活动场景】

在模具加工车间或产品加工车间的现场教学,或用多媒体展示模具的使用与生产。

【任务要求】

掌握刨削加工的加工类型,工艺特点,应用范围,平面和斜面、曲面的刨削方法及特点,拉削的特点及应用。

【知识准备】

刨床是指用刨刀加工工件表面的机床,主要用于加工各种平面、沟槽及曲面等,刨削主要用于模具零件外形的加工。中小型零件广泛采用牛头刨床加工;而大型零件则需用龙门刨床。刨削加工的精度可达IT10,表面粗糙度为 $R_a = 1.6\ \mu m$。牛头刨床主要用于平面与斜面的加工。刨削可进行的工作很多,图1.36为加工示意图。机床主要类型有:牛头刨床、插床和龙门刨床(见图1.37)。

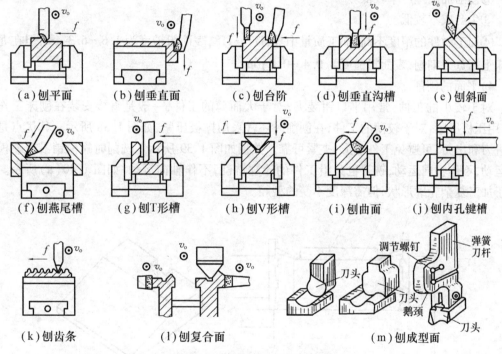

（a）刨平面　　（b）刨垂直面　　（c）刨台阶　　（d）刨垂直沟槽　　（e）刨斜面

（f）刨燕尾槽　　（g）刨T形槽　　（h）刨V形槽　　（i）刨曲面　　（j）刨内孔键槽

（k）刨齿条　　（l）刨复合面　　（m）刨成型面

图1.36 刨削加工示意图及模具

1)刨削的工艺特点

①主要用于各种平面、纵向成型平面以及沟槽等表面的加工。

②由于刨刀属于单刃切削刀具,需要经过多次行程才能完成加工。

③表面的加工精度可达到IT10级,表面粗糙度 R_a 为 $1.6\ \mu m$。

2)刨床的应用范围

由于刨削的特点,刨削主要用在单件、小批生产中,在维修车间和模具车间应用较多。刨削主要用来加工平面,也广泛用于加工直槽,如直角槽、燕尾槽和T形槽等,还可用来加工齿条、齿轮、花键和母线为直线的成型面等。牛头刨床的最大刨削长度一般不超过 1 000 mm,因此,只适于加工中小型工件,龙门刨床主要用来加工大型工件,或同时加工多个中、小型工件。龙门刨床刚度较好,且有 2 ~ 4 个刀架可同时工作,因此加工精度和生产率均比牛头刨床高。

图 1.37 刨床

3)刨削加工的特点

①刨床的结构简单,便于调整,可加工垂直、水平的平面,还可加工 T 形槽、V 形槽、燕尾槽等。刨刀制造和刃磨较容易。

②刨削加工生产率较低。

③生产成本较低。

④加工制件的精度不高,加工质量中等,IT7 ~ IT8,表面粗糙度为 1.6 ~ 6.3 μm,但在龙门刨床上用宽刀细刨,表面粗糙度为 0.4 ~ 0.8 μm。

4)平面的刨削

对于较小的工件,常用平口钳装夹;对于大而薄的工件,一般是直接安装在刨床工作台上,用压板压紧;对于较薄的工件,在刨削时还常采用撑板压紧,如图 1.38 所示。其优点是便于进刀和出刀,可避免工件变形,夹紧可靠。撑板如图 1.39 所示。铣削时靠模销沿着靠模外形运动,不作轴向运动,铣刀也只沿工件的轮廓铣削,不作轴向运动,如图 1.40(a)所示。可用于加工复杂轮廓形状,但需深度不变的型腔。

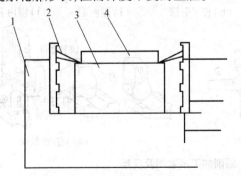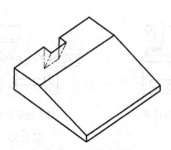

图 1.38 用撑板装夹　　　　　　　　图 1.39 撑板
1—虎钳;2—撑板;3—垫板;4—工件

立体轮廓水平分行仿形如图 1.40(b)所示,工作台水平移动,铣刀进行切削,切削到型腔端头时主轴箱在垂直方向作一进给运动,然后工作台再作反向水平进给,如此反复直至加工出所需的型腔表面。立体轮廓垂直分行仿形,如图 1.40(c)所示,切削时主轴作连续的垂直进给,到型腔端头时工作台在水平方向作依次横向进给,然后主轴再作反向进给。斜面刨削时,可在工件底部垫入斜垫块使之倾斜。斜垫块是预先制成的一批不同角度的垫块,使用时还可用两块以上不同角度的斜块组成斜垫块组。刨削加工的精度可达 IT8~IT9,表面粗糙度为 1.6~6.3 μm。刨削斜面还可以倾斜刀架,使滑枕移动方向与被加工斜面方向一致。

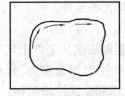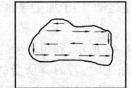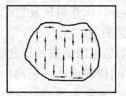

（a）平面轮廓仿形　　　（b）立体轮廓水平分行仿形　　　（c）立体轮廓垂直分行仿形

图 1.40　仿形加工方式

5)斜面的加工

刨削斜面时,可在工件底部垫入斜垫块使之倾斜,并用撑板夹紧工件。斜垫块是预先制成的一批不同角度的垫块,并可用两块以上组成其他不同角度的斜垫块。对于工件的内斜面,采用倾斜刀架的方法进行刨削,如图 1.41 所示为 V 形槽的刨削加工过程。

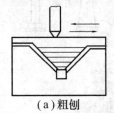

（a）粗刨　　　　　（b）切槽　　　　　（c）刨斜面　　　　（d）用样板刀精刨

图 1.41　刨 V 形槽

6)曲面刨削加工

刨削的主运动的直线往复运动,进给运动为间歇直线运动。刨削能达到的尺寸精度为 IT8~IT9,表面粗糙度为 1.6~3.2 μm。刨削曲面时,刀具没有一定的位置,它随曲面的形状作相应的变化,用合成动作加工出各类曲面。曲面刨削有以下几种方法:

①按划线刨削法。这种方法最常用,特别适合单件生产,其加工简单,但要求具有一定的操作技术。用该方法加工曲面表面粗糙,刨后应修光表面。

②成型刀具刨削法。这种方法用于曲面弧形相同的成型刨刀刨削曲面。加工后其表面粗糙度 R_a 为 3.2~6.3 μm,用于一定批量的生产。缺点是只能刨削小面积曲面。当曲面的面积较大时要分段刨削,生产效率低,且精度不高。

③机械装置刨削法。这种方法能得到较好的精度,加工质量稳定,适用于大批量生产。在仿形铣床上加工型腔的效率高,其粗加工效率为电火花加工的 40~50 倍,尺寸精度可达 0.05 mm,表面粗糙度 R_a 为 3.2~6.3 μm。

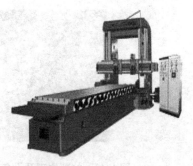

图 1.42　牛头刨床和龙门刨床

刨床有牛头刨床和龙门刨床两类,如图 1.42 所示。牛头刨床的滑枕带动刀具作往复直线运动,工件在工作台上间歇直线进给。适合加工中小型零件。而龙门刨床的刨刀在横梁上作间歇运动,工作台往复直线运动为主运动,用于加工导轨、床身等大型零件。

7)拉削

拉削是刨削的进一步发展,如图 1.43 所示,利用多齿的拉刀逐齿依次从工件上切下很薄的金属层,使表面达到较高的精度。加工时,若刀具所受的力不是拉力而是推力,则称为推削,所用刀具称为推刀。拉削所用的机床称为拉床,主要有卧式拉床和立式拉床两种。

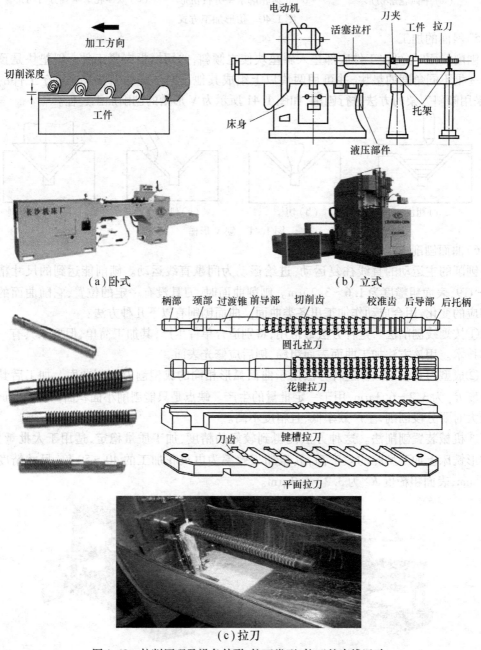

（a）卧式　　　　　　　　　　　　　　（b）立式

（c）拉刀

图 1.43　拉削原理及设备外形、拉刀类型、拉刀的直线运动

与其他加工相比,拉削加工主要具有以下特点:

①生产率高。拉削加工的切削速度一般并不高,但由于拉刀是多齿刀具,同时参加工作的刀齿数较多,同时参与切削的切削刃较长,并且在拉刀的一次工作行程中能够完成粗—半精—精加工,大大缩短了基本工艺时间和辅助时间。

②加工精度高、表面粗糙度较小。拉刀具有校准部分,其作用是校准尺寸,修光表面,并可作为精切齿的后备刀齿。拉削的切削速度较低(小于 18 m/min),切削过程比较平稳,并可避免积屑瘤的产生。拉孔的精度为 IT7 ~ IT8,表面粗糙度为 0.4 ~ 0.8 μm。

③拉床结构和操作比较简单。拉削只有一个主运动,即拉刀的直线运动。进给运动是靠拉刀的后一个刀齿高出前一个刀齿来实现的,相邻刀齿的高出量称为齿升量 f。

④拉刀价格昂贵。由于拉刀的结构和形状复杂,精度和表面质量要求较高,故制造成本很高。但拉削时切削速度较低,刀具磨损较慢,拉刀的寿命长。

⑤加工范围较广。内拉削可以加工各种形状的通孔,如圆孔、方孔、多边形孔、花键孔和内齿轮等,还可以加工多种形状的沟槽。

由于拉削加工具有以上特点,所以主要适用于成批和大量生产,尤其适于在大量生产中加工比较大的复合型面。在单件、小批生产中,对于某些精度要求较高、形状特殊的成型表面,用其他方法加工很困难时,也有采用拉削加工。

任务5　模具零件的磨削加工

【活动场景】

在模具加工车间或产品加工车间的现场教学,或用多媒体展示模具的使用与生产。

【任务要求】

了解磨削的分类、加工方法、加工特点及在模具零件制造中的应用;了解磨削运动与磨削的原理;掌握典型模具零件的磨削加工的特点及应用。

【知识准备】

凡是在磨床上利用砂轮等磨料、磨具对工件进行切削,使其在形状、精度和表面质量等方面能满足预定要求的加工方法均称为磨削加工。为了达到模具的尺寸精度和表面粗糙度等要求,有许多模具零件必须经过磨削加工。

磨削加工是用磨具以较高的线速度对工件表面进行加工的方法。具有以下特点:在磨削过程中,由于磨削速度很高,产生大量切削热,磨削温度可达 1 000 ℃以上;磨削不仅能加工一般的金属材料,如钢、铸铁及有色金属合金,而且还可以加工硬度很高,用金属刀具很难加工,甚至根本不能加工的材料,如淬火钢、硬质合金等;磨削加工尺寸公差等级可达 IT5 ~ IT6,表面粗糙度为 0.1 ~ 0.8 μm;磨削加工的背吃刀量较小,故要求零件在磨削之前先进行半精加工;应用范围广,常用于加工各种工件的内外圆柱面、圆锥面和平面,以及螺纹、齿轮和花键等特殊、复杂的成型表面。

为了达到模具的尺寸精度和表面粗糙度等要求,大多数模具零件必须经过磨削加工。例如,模板的工作表面,型腔、型芯,导柱的外圆,导套的内外圆表面以及模具零件之间的接触面等。在模具制造中,形状简单(如平面、内圆和外圆)的零件可使用一般磨削加工,而形状复杂的零件则需使用各种精密磨床进行成型磨削。

(1)磨削加工的分类

磨床是指用磨具(砂轮、砂带、磨石、研磨料等)或是磨料(可分为天然和人工制造两种)加工工件各种表面的机床。磨床广泛应用于工件的精加工中,随着对零件工作表面精度要求的不断提高,磨床在金属切削机床中所占的比例越来越大。磨削加工是零件淬火后的主要加工方法之一,精度高、表面质量好。磨削加工的基本方法有:内孔磨削、外圆磨削、锥孔磨削、平面磨削、侧磨。内孔磨削:利用砂轮高速回转、行星运动和轴向直线往复运动,即可进行内孔磨削。在内圆磨床上磨孔的尺寸精度可达 IT6 ~ IT7 级,表面粗糙度为 $0.2 \sim 0.8 \mu m$。外圆磨削:外圆磨床主要用于各种零件的外圆加工,如圆形凸模、导柱和导套、顶杆等零件的外圆磨削。外圆磨削的尺寸精度可达 IT5 ~ IT6,表面粗糙度为 $0.2 \sim 0.8 \mu m$。外圆磨削同样是利用砂轮的高速回转、行星运动和轴向往复运动实现,如图 1.44 所示。

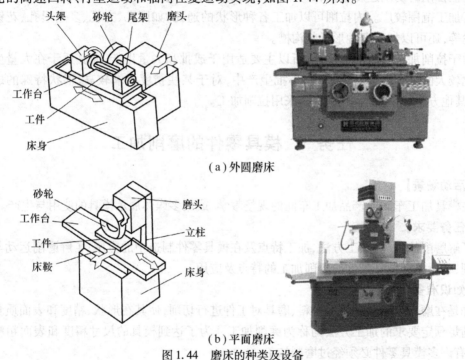

(a)外圆磨床

(b)平面磨床

图 1.44 磨床的种类及设备

(2)磨削加工的基本方法

机床的磨削运动如图 1.45 所示。

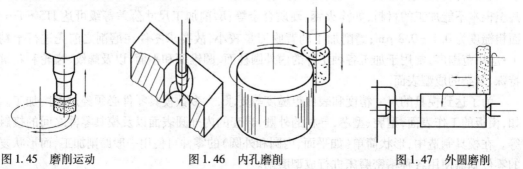

图 1.45 磨削运动   图 1.46 内孔磨削   图 1.47 外圆磨削

机床的磨削运动包括内孔磨削(见图1.46)、外圆磨削(见图1.47)、锥孔磨削(见图1.48)、平面磨削(见图1.49)、侧磨(见图1.50)。

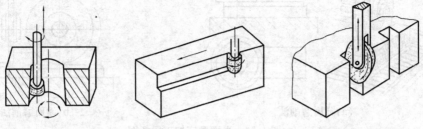

图1.48 锥孔磨削　　　图1.49 平面磨削　　　图1.50 侧磨

基本磨削综合运用,可对复杂形状的型孔进行磨削加工,如图1.51所示。普通内圆磨床的磨削方法,如图1.52所示。万能外圆磨床典型加工示意图,如图1.53所示。

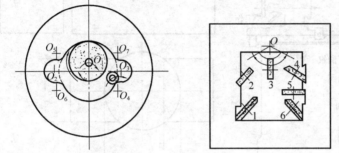 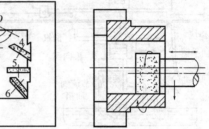

图1.51 磨削异型孔　　　　　　　图1.52 普通内圆磨床的磨削方法

平面磨床以砂轮高速旋转为主运动,以砂轮架的间歇运动和工件随工作台的往复运动作为进给运动来完成工件的磨削加工。它主要进行工件水平面、垂直、斜面的磨削加工,也可以通过对砂轮进行成型修整来完成形状较简单的曲面等成型面的磨削。平面磨削时,砂轮仅自转而不作行星运动,工作台直线进给,如图1.54所示。平面磨床的结构见图1.55,加工精度可达IT5～IT6,表面粗糙度R_a为0.2～0.4 μm。平面磨削的特点:磨削时发热量少,冷却和排屑条件好,加工精度达IT6,表面粗糙度R_a为0.2～0.8 μm。

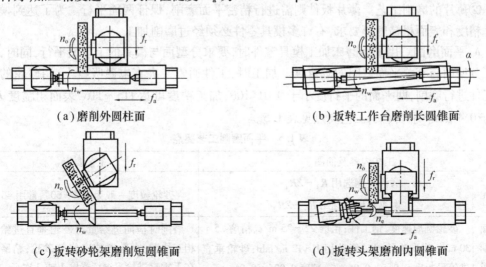

(a)磨削外圆柱面　　　　　　　(b)扳转工作台磨削长圆锥面

(c)扳转砂轮架磨削短圆锥面　　　(d)扳转头架磨削内圆锥面

图1.53 万能外圆磨床典型加工示意图

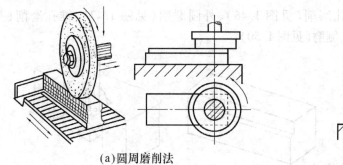
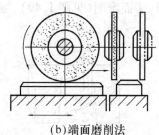

(a)圆周磨削法　　　　　　　　　　　　(b)端面磨削法

图 1.54　平面磨床加工示意图

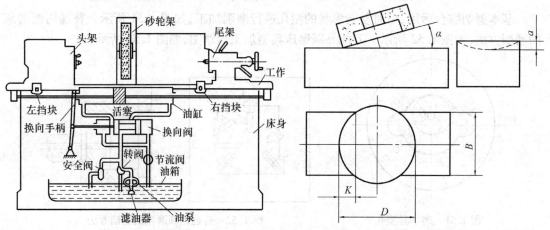

图 1.55　平面磨床　　　　　　　　　图 1.56　磨头倾斜

①薄板的磨削工艺。模具用薄板较多,经热处理后的板坯的上、下两面将不平行,甚至是翘曲或呈弓形。若以其下面装在磁力台上,则板坯将可能被磁力吸平。当磨削完上平面后,取下工件,又将恢复磨削前状态。为改进磨削条件,常在端磨时,将砂轮端面相对被加工面调整一个斜角 $\alpha = (2° \sim 4°)$,如图 1.56 所示。这样,磨出的表面将产生凹面。因此,端磨是较大模板的主要磨削方法。

②薄片的磨削工艺。薄片板件则需进行精密平面磨削,保证两面平行。为了达到模具的尺寸精度和表面粗糙度等要求,有许多模具零件必须经过磨削加工。

A. 平面磨削。用平面磨床加工模具零件时,要求分型面与模具的上下面平行,同时,还应保证分型面与有关平面之间的垂直度。加工时,工件通常装夹在电磁吸盘上,用砂轮的周面对工件进行磨削,两平面的平行度小于 0.01:100,加工精度可达 IT5 ~ IT6,表面粗糙度 R_a 为 0.2 ~ 0.4 μm。平面磨削工艺要点见表 1.5。

表 1.5　平面磨削工艺要点

工艺内容及简图		工艺要点
砂轮	磨淬硬钢选用 $R_3 \sim ZR_1$ 磨不淬硬钢选用 $R_3 \sim ZR_2$	砂轮粒度一般为 36# ~ 60#,常用 46#
周面磨削用量	砂轮圆周速度,钢工件;粗磨 22 ~ 25 m/s;精磨 25 ~ 30 m/s;纵向进给量一般选用 1 ~ 12 m/min;砂轮垂直进给量粗磨 0.015 ~ 0.05 mm,精磨 0.005 ~ 0.01 mm	磨削时横向进给量与砂轮垂直进给量应相互协调;在精磨前应修整砂轮;精磨后应在无垂直进给下继续光磨 1 或 2 次

工艺内容及简图	工艺要点
平行平面磨削 一般工件磨削顺序：粗磨去除 2/3 余量→修整砂轮→精磨→光磨 1 或 2 次→翻转工件粗精磨第二面；薄工件磨削，垫弹性垫片。在工件与磁力台间垫一层约 0.5 mm 厚的橡皮或海绵，工件吸紧后磨削，并使工件两平面反复交替磨削，最后直接吸在磁力台上磨平；垫纸法。在工件空音处间隙内垫入电工纸后，反复交替磨削	若工件左右方向平行度有误差，则工件翻转磨第二面时应左右翻。若工件前后方向有误差时，则在磨第二面时应前后翻；带孔工件端平面的磨削，要注意选准定位基面，以保证孔与平面的垂直度。在一般情况下前道工序应对基面做上标记；要提高两平面的平行度，须反复交替磨削两平面
垂直平面磨削 用精密平口钳装夹工件，磨削垂直面 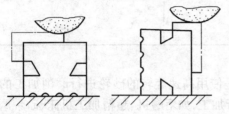	用磨削平行面的方法磨好上下两大平面；用精密平口钳装夹工件，磨好相邻两垂直面；以相邻两垂直侧面为基面，用磨削平行面的方法磨出其余两相邻垂直面
用精密角尺圆柱或精密角尺找正、磨垂直面。找正时用光隙法，借垫纸调整位置后，在磁力台上磨削。该方法能够获得比精密平口钳装夹更高的垂直度	磨好两平行平面；用精密平口钳装夹磨相邻两垂直面，作为粗基准；用光隙法找正，置于磁力台上磨出垂直面；再以找正后磨出的垂直面为基面，磨出另外两垂直面
用精密角铁 2 和平行夹头装夹工件 1。适于磨削较大尺寸平面工件的侧垂直面 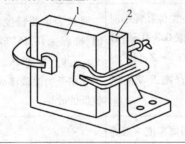	磨好两平行大平面；工件装夹在精密角铁上，用百分表找正后磨削出垂直面；用磨出的面为基面，在磁力台上磨对称平行面；需要六面对角尺的工件，其余两垂直平面的磨削采用精密角尺找正的方法，在精密角铁上装夹后磨出
用导磁角铁 1 和垫铁 3 装夹工件 2 磨垂直面。它适用于磨削比较狭长的工件 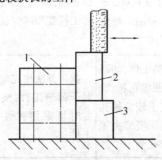	装夹时应将工件上面积较大的平面作为定位基面，并使其紧贴于导磁角铁面；磨削顺序：磨出一平面→用导磁角铁磨出垂直面→以相互垂直的两平面作基面，磨出对称平行面

续表

工艺内容及简图	工艺要点
垂直平面磨削 用精密 V 形铁 1 和夹紧爪 2 装夹台肩或不带台肩的圆柱形工件 3,磨削端面 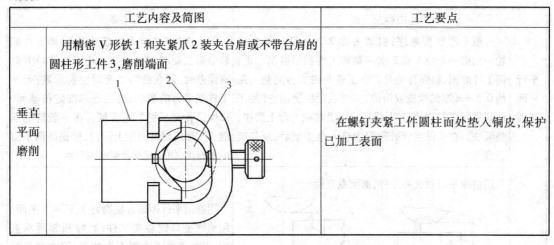	在螺钉夹紧工件圆柱面处垫入铜皮,保护已加工表面

平面磨床的加工原理,大多数的磨床是使用高速旋转的砂轮进行磨削加工的,少数的是使用油石、砂带等其他磨具和游离磨料进行加工,如珩磨机、超精加工机床、砂带磨床、研磨机和抛光机等。

B.内圆磨削。在内圆磨床上磨孔的尺寸精度可达 IT6 ~ IT7 级,表面粗糙度 R_a 为 0.2 ~ 0.8 μm。若采用高精度磨削工艺,尺寸精度可控制在 0.005 mm 之内,表面粗糙度 R_a 为 0.025 ~ 0.1 μm。在内圆磨床上加工内孔和内锥孔的磨削工艺要点见表 1.6。

表 1.6 内圆磨削工艺要点

	工艺内容及简图	工艺要点
砂轮	砂轮直径一般取 0.5 ~ 0.9 的工件孔径。工件孔径小时取较大值,反之,取较小值;砂轮宽度一般取 0.8 孔深;砂轮硬度和粒度磨削非淬硬钢,选用棕刚玉 $ZR_2 \sim Z_2$,$46^\# \sim 60^\#$ 磨削淬硬钢,选用棕刚玉、白刚玉、单晶刚玉,$ZR_1 \sim ZR_2$,$46^\# \sim 80^\#$	要求表面粗糙度为 0.8 ~ 1.6 μm 时,推荐采用 $46^\#$ 砂轮,要求 R_a 为 0.4 μm 时,采用 $46^\# \sim 80^\#$ 砂轮;磨削热导率低的渗碳淬火钢时,采用硬度较低的砂轮
内圆磨削用量	砂轮圆周速度一般为 20 ~ 25 m/s;工件圆周速度一般为 20 ~ 25 m/min,要求表面粗糙度小时取较低值,粗磨时取较高值;磨削深度即工作台往复一次的横向进给量,粗磨淬火钢时取 0.005 ~ 0.02 mm,精磨淬火钢时取 0.002 ~ 0.01 mm;纵向进给速度,粗磨时取 1.5 ~ 2.5 m/min,精磨时取 0.5 ~ 1.5 m/min	内孔精磨时的光磨行程次数应多一些,可使由刚性差的砂轮接长轴所引起的弹性变形逐渐消除,提高孔的加工精度和减少表面粗糙度
工件装夹方法	三爪自定心卡盘一般用于装夹较短的套筒类工件,如凹模套、凹模等;四爪单动卡盘适宜于装夹矩形凹模孔和动定模板型孔;用卡盘和中心架装夹工件,适宜于较长轴孔的磨削加工;以工件端面定位,在法兰盘上用压板装夹工件,适用于磨削大型模板上的型孔、导柱、导套孔等	找正方法按先端面后内孔的原则;对于薄壁工件,夹紧力不宜过大,必要时可采用弹性圈在卡盘上装夹工件

工艺内容及简图		工艺要点
通孔磨削	采用纵向磨削法,砂轮超越工件孔口长度一般为1/3～1/2砂轮宽度	若砂轮超越工件孔口长度太小,孔容易产生中凹。若超越长度太大,孔口形成喇叭形
间断表面孔磨削	对非光滑内孔的磨削,如型孔的磨削,一般采用纵向磨削法。磨削时,应尽可能增大砂轮直径,减小砂轮宽度并尽量增大砂轮接长轴刚度,若要求加工精度高和表面粗糙度小时,可在型腔凹槽中嵌入硬木等,变为连续内表面磨削	磨削时选用硬度较低的砂轮以及较小的磨削深度和纵向进给量
台阶孔磨削	磨削时通常先用纵磨法磨内孔表面,留余量0.01～0.02 mm。磨好台阶端面后,再精磨内孔。图为凸凹模台阶孔的磨削方法	磨削台阶孔的砂轮应修成凹形,并要求清角,这对磨削不设退刀槽的台阶孔极为重要;对浅台阶孔或平底孔的磨削,在采用纵磨法时应选用宽度较小的砂轮,防止造成喇叭口;对浅台阶孔、平底面和孔口端面的磨削,也可采用横向切入磨削法,要求接长轴有良好的刚性
小直径深孔磨削	对长径比≥8～10的小直径深孔磨削,一般采用CrWMn或W18Cr4V材料制成接长轴,并经淬硬,以提高接长轴刚性。磨削时选用金刚石砂轮和较小的纵向进给量,并在磨削前用标准样棒将头架轴线与工作台纵行程方向的平行度校正好	严格控制深孔的磨削余量;在磨削过程中,砂轮应在孔中间部位多几次纵磨行程,以消除砂轮让刀而产生的孔中凸缺陷
内锥面磨削	转动头架磨内锥面,适于磨较大锥度的内锥孔;转动工作台磨内锥面,适于磨削锥度不大的内锥孔	磨削内锥孔时,一般要经数次调整才能获得准确的锥度,试磨时应从余量较大的一端开始

　　C.外圆磨削。外圆磨床以砂轮高速旋转为主运动,进给运动的形式主要包括砂轮架的间歇进给运动、工件随磨头作低速旋转运动,以及随工作台的往复运动;用于导柱之类外圆柱面和外圆锥面,以及外成型面等外回转面。外圆磨床主要用于零件的外圆加工,如圆形凸模、导柱、导套、顶杆等零件的外圆磨削。外圆磨削的尺寸精度可达IT5～IT6,表面粗糙度 R_a 为0.2～0.8 μm,若采用高光洁磨削工艺,表面粗糙度 R_a 可达0.025 μm。在外圆磨床上加工外圆、台阶端面和外圆锥面的磨削工艺要点见表1.7。

表 1.7 外圆磨削工艺要点

	工艺内容	工艺要点
砂轮	磨非淬硬钢：棕刚玉，$46^{\#} \sim 60^{\#}$，$Z_1 \sim Z_2$ 磨淬硬钢：HRC > 50 棕刚玉、白刚玉、单晶刚玉，$46^{\#} \sim 60^{\#}$，$ZR_2 \sim Z_2$	半精磨时（$R_a 0.8 \sim 1.6~\mu m$），建议采用粒度 $36^{\#} \sim 46^{\#}$ 砂轮 精磨时（$R_a 0.2 \sim 0.4~\mu m$），采用粒度 $46^{\#} \sim 60^{\#}$ 砂轮
外圆磨削用量	砂轮圆周速度，陶瓷结合剂砂轮的磨削速度 ≤ 35 m/s，树脂结合剂砂轮的磨削速度 > 50 m/s 工件圆周速度，一般取 13 ~ 20 m/min，磨淬硬钢 ≥ 26 m/min。磨削深度，粗磨时取 0.02 ~ 0.05 mm，精磨时取 0.005 ~ 0.015 mm，纵向进给量，粗磨时取 0.5 ~ 0.8 砂轮宽度，精磨时取 0.2 ~ 0.3 砂轮宽度	当被磨工件刚性差时，应将工件转速降低，以免产生振动，影响磨削质量；当要求工件表面粗糙度小和精度高时，在精磨后，在不进刀情况下再光磨几次
工件装夹方法	前后顶尖装夹，具有装夹方便、加工精度高的特点，适用于装夹长径比大的工件；用三爪自定心或四爪单动卡盘装夹，适用于装夹长径比小的工件，如凸模、顶块、型芯等；用卡盘和顶尖装夹较长的工件用反顶尖装夹，磨削细长小尺寸轴夹工件，如小型芯、小凸模等；配用芯轴装夹，磨削有内外圆同轴度要求的薄壁套类工件，如凹模镶件、凸凹模等	淬硬件的中心孔必须准确刮研，并使用硬质合金顶尖和适当的顶紧力；用卡盘装夹的工件，一般采用工艺夹头装夹，能在一次装夹中磨出各段台阶外圆，保证同轴度；由于模具制造的单件性，通常采用带工艺夹头的芯轴，并按工件孔径配磨，作一次性使用。芯轴定位面锥度一般取 1:5 000 ~ 1:7 000
一般外圆面磨削	纵向磨削法，工件与砂轮同向转动，工件相对砂轮作纵向运动。当一次纵行程后，砂轮横向进给一次磨削深度。磨削深度小，切削力小，容易保证加工精度，适于磨削长而细的工件	台阶轴如凸模的磨削，在精磨时要减少磨削深度，并多用光磨行程，有利于提高各段外圆面的同轴度；磨台阶轴时，可先用横磨法沿台阶切入，留 0.03 ~ 0.04 mm 余量，然后用纵磨法精磨
	横向磨削法（切入法），工件与砂轮同向转动，并作横向进给连续切除余量。磨削效率高，但磨削热大，容易烧伤工件，适于磨较短的外圆面和短台阶轴，如凸模、圆型芯等	为消除磨削重复痕迹，减少磨削表面粗糙度和提高精度，应在终磨前使工件作短距离手动纵向往复磨削
	阶段磨削法，是横向磨法与纵向磨法的综合应用，先用横向磨法去除大部分余量，留有 0.01 ~ 0.03 mm 作为纵磨余量，适于磨削余量大、刚度高的工件	在磨削余量大的情况下，可提高磨削效率
台阶端面磨削	轴上带退刀槽的台阶端面磨削先用纵磨法磨外圆面，再将工件靠向砂轮端面；轴上带圆角的台阶端面磨削先用横磨法磨外圆面，并留小于 0.05 mm 的余量，再纵向移动工件（工作台），磨削端面	磨退刀槽台阶端面的砂轮，端面应修成内凹形磨带圆角的台阶端面，则修成圆弧形；为保证台阶端面的磨削质量，在磨至无火花后，还需光磨一些时间

续表

工艺内容		工艺要点
外圆锥面磨削	转动工作台磨外锥面受一般外圆磨床工作台的最大回转角的限制,只能磨削圆锥角小于14°的圆锥体。装夹方便,加工质量好;转动头架磨外圆锥面将工件直接装在头架卡盘上,找正后磨削,适于短而大锥度的工件转动砂轮架磨外锥面适于磨削长而大锥度的工件。磨削时工件用前后顶尖装夹,工件不作纵向运动,砂轮作横向连续进给运动。若圆锥母线大于砂轮宽度,则采用分段接磨	磨削外锥面时,通常采用以内锥面为基准,配磨外锥面的方法

D. 复合磨削。这种方法是把上述两种方法结合在一起(见图 1.57),用来磨削具有多个相同型面(如齿条形和梳形等)的工件。

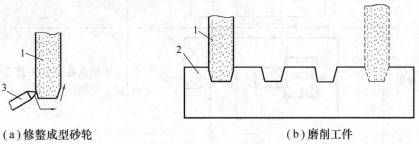

（a）修整成型砂轮　　　　　　　　　　　（b）磨削工件

图 1.57　复合磨削
1—砂轮;2—工件;3—金刚刀

任务 6　插削加工

【活动场景】

在模具加工车间或产品加工车间的现场教学,或用多媒体展示模具的使用与生产。

【任务要求】

了解插削的加工形式、特点及在模具零件制造中的应用;了解插削运动与原理;掌握典型模具零件的插削加工。

【知识准备】

插削加工是以插刀的垂直往复直线运动为主运动,与工件的纵向、横向或旋转运动为进给运动相配合,切去工件上多余金属层的一种加工方法。用插床加工直壁外形及内孔的几种形式见表1.8。

表 1.8　用插床加工直壁外形及内孔的几种形式

形　式	简　图	说　明
直壁外形加工	(a)　　　　　(b)	图(a)外形较大,用插床加工外形基准面 　图(b)外形较大,用插床加工外形,安装时使 R 中心与回转工作台中心重合,加工 R 圆弧面
直壁内孔接角		成型孔在立铣加工后,留下圆角部分用插床加工成清角
直壁内孔加工		成型孔在用钻头排孔后用插床粗加工成型
割孔		大型内孔,四角钻孔后,直接用插床割出。适用于形状较简单的成型孔

　　插床的结构与牛头刨床相似(见图 1.58),不同之处在于插床的滑枕是沿垂直方向作往复运动的。在模具制造中,插床主要用于成型内孔的粗加工,有时也用于大工件的外形加工。插床加工的生产率和加工表面粗糙度都不高,加工精度可达 IT10,表面粗糙度 R_a 为 0.8 μm。插削在插床上进行,可以看成是"立式刨削",主要用于加工单件小批生产中零件的某些内表面,如孔内键槽、方孔、多边孔、花键孔等,也可加工某些外表面。插削时插刀的垂直往复直线运动为主运动。

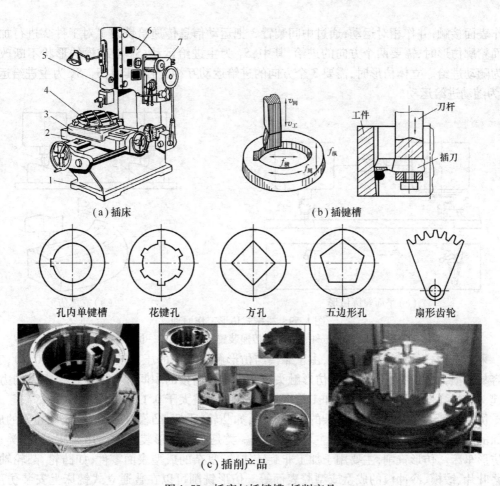

（a）插床　　　　　　　　　（b）插键槽

孔内单键槽　　　花键孔　　　　方孔　　　五边形孔　　　扇形齿轮

（c）插削产品

图1.58 插床与插键槽、插削产品

1—床身；2—下滑座；3—上滑座；4—圆工作台；5—滑枕；6—立柱；7—变速箱

任务7　仿形加工

【活动场景】

在模具加工车间或产品加工车间的现场教学，或用多媒体展示模具的使用与生产。

【任务要求】

了解仿形加工的加工特点及在模具零件制造中的应用；了解仿形加工运动与原理；掌握典型模具零件的仿形加工。

【知识准备】

仿形加工以事先制成的靠模为依据，加工时触头对靠模表面施加一定的压力，并沿其表面向上移动，通过仿形机构，使刀具作同步仿形动作，从而在模具零件上加工出与靠模相同的型面。仿形加工是对各种模具型腔或型面进行机械加工的主要方法之一。常用的仿形加工有仿形车削、仿形刨削、仿形铣削和仿形磨削等。实现仿形加工的方法很多，根据触头传输信息的形式和机床进给传动控制方式的不同，可分为机械式、液压式、电控式、电液式和光电式等。

机械式仿形的触头与刀具之间刚性连接，或通过其他机构如缩放仪及杠杆等连接，以实现同步仿形加工。例如，图1.59为机械式仿形铣床的原理图。仿形触头5始终与靠模4的工作表面接触,并作相对运动,通过中间装置 3 把运动信息传递给铣刀 1 对工件 2 进行加工。平面轮廓仿形时,需要两个方向的进给,其中,S_1 为主进给运动;S_2 随靠模的形状不断改变,称为随动进给。立体仿形时,需要 3 个方向的进给运动互相配合,其中,S_1,S_3 为主进给运动,S_2 为随动进给运动。

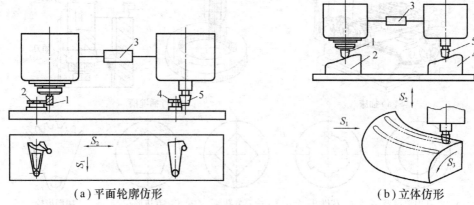

（a）平面轮廓仿形　　　　　　　　　　（b）立体仿形

图 1.59　机械式仿形工作原理

1—铣刀;2—工件;3—信息传递装置;4—靠模;5—仿形触头

采用机械式仿形机床加工时,由于靠模与仿形触头之间的压力较大(为 10 ~ 50 N),工作面容易磨损,而且在加工过程中,仿形触头以及起刚性连接的中间装置需要传递很大的力,会引起一定的弹性变形,故其仿形加工精度较低,加工误差大于 0.1 mm。

仿形车削,主要用于形状复杂的旋转曲面,如凸轮、手柄、凸模、凹模型腔或型孔等的成型表面的加工。仿形车削加工设备主要有两类:一类是装有仿形装置的通用车床;另一类是专用仿形车床。仿形铣削,主要用于加工非旋转体的、复杂的成型表面零件,如凸轮、凸轮轴、螺旋桨叶片、锻模、冷冲模的成型或型腔表面等。仿形铣削可以在普通立式铣床上安装仿形装置来实现,也可以在仿形铣床上进行。仿形加工的优缺点:以样板、模型、靠模作为依据加工模具型面,跳过复杂曲面的数学建模问题,简化了复杂曲面的加工工艺;靠模、模型可用木材、石膏、树脂等易成型的材料制作,扩大了靠模的选取范围;仿型有误差,加工过程中产生的热收缩、刀补问题较难处理;加工效率高,为电火花的 40 ~ 50 倍(常作为电火花前的粗加工)。实现仿形加工的方法有多种,根据靠模触头传递信息的形式和机床进给传动控制方式的不同,仿形机构的形式可以分为机械式、液压式、电控式、电液式和光电式等。工业上应用最多的是:机械式仿形、液压式仿形和电控式仿形。

思考与练习

1. 模具上常见的孔、平面、外圆表面如何加工? 模具机械加工的主要内容是什么? 机械加工的常用方法有哪些?

2. 何为车削、铣削、刨削、磨削? 各有何特点? 在模具制造中能完成哪些加工内容?

3. 指出车削、铣削、刨削、磨削的主运动和进给运动。

4. 简述车削加工中,保证工件同轴度、垂直度要求的装夹方法及各自适用的场合?

5. 了解车削加工、铣削加工、刨削和插削加工、磨削加工用于模具加工的主要加工对象以及正常条件所能达到的技术要求? 常用的仿形加工方法有哪些? 仿形铣削要作哪些工艺准备?

项目 2

模具基本组成零件的传统制造

【问题导入】

模具的基本结构包括板件、回转体、型腔模具等基本结构,通过本项目的学习,可以学习模具基本组件的加工方法。

【学习目标及技能目标】

熟悉模具板类零件的加工工艺要求;熟悉模具回转体的加工工艺;掌握模具型腔的加工方法。

任务 1　模具板件的加工

【活动场景】

在模具加工车间或产品加工车间的现场教学,或用多媒体展示模具的使用与生产。

【任务要求】

熟悉模具板类零件的加工工艺要求和加工方法;掌握模板孔系的加工方法。模板零件、滑块、导滑槽等零件的加工方法。

【知识准备】

模具零件按其功用通常可以分为 3 种:即结构件(导柱、导套、模座、滑块、顶杆等)、工作件(凸模、凹模、型腔、型芯等)、联结件(螺栓、螺母、定位销等)。

(1)板类零件加工质量的要求

板类零件的种类繁多,模座、垫板、固定板、卸料板、推件板等均属此类。不同种类的板类零件其形状、材料、尺寸、精度及性能要求不同,但每一块板类零件都是由平面和孔系组成的。板类零件的加工质量要求主要有以下几个方面:

1)表面间的平行度和垂直度

为了保证模具装配后各模板能够紧密贴合,对于不同功能和不同尺寸的模板其平行度和垂直度均按 GB 1184—80 执行。具体公差等级和公差数值应按冲模国家标准(GB/T 2851 ~

2875—90)及塑料注射模国家标准(GB 4169.1~11—84)等加以确定。

2)表面粗糙度和精度等级

一般模板平面的加工质量要达到 IT7~IT8，$R_a = 0.8~3.2~\mu m$。对于平面为分型面的模板，加工质量要达到 IT6~IT7，$R_a = 0.4~1.6~\mu m$。

3)模板上各孔的精度、垂直度和孔间距的要求

常用模板各孔径的配合精度一般为 IT6~IT7，$R_a = 0.4~1.6~\mu m$。对安装滑动导柱的模板，孔轴线与上下模板平面的垂直度为 4 级精度。模板上各孔之间的孔间距应保持一致，误差要求在 ±0.02 mm 以下。

(2)冷冲模模座的加工

1)模座加工的基本要求

保证工作时上下移动平稳，无阻滞现象，上下模平面保持平行(见图 2.1)，导柱导套孔的孔距上下模要一致，孔的轴线对上下模座要垂直。

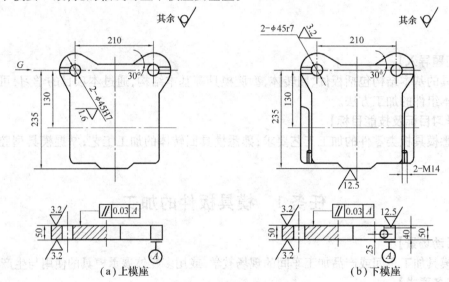

(a)上模座   (b)下模座

图 2.1 冲模模座

2)模座的加工原则

主要是平面加工和孔系加工，一般应按照"先面后孔"的原则，其加工路线为：刨或铣平面—磨削上下平面，保证平面度和平行度要求→镗或铣或钻各孔(导柱导套孔不加工，定位销孔不加工)→上下模座重叠，一次装夹同钻后同镗导柱导套孔→装配时配合加工定位销孔。

3)上下模座的工艺过程

加工上下模座的工艺过程见表 2.1。

表 2.1 加工上模座的工艺过程

工序号	工序名称	工序内容	设 备	工序简图
1	备料	铸造毛坯		
2	刨平面	刨上、下平面，保证尺寸 50.8	牛头刨床	

工序号	工序名称	工序内容	设　备	工序简图
3	磨平面	磨上、下平面,保证尺寸50	平面磨床	
4	钳工划线	划前部平面和导套孔中心线		
5	铣前部平面	按划线铣前部平面	立式铣床	
6	钻孔	按划线钻导套孔至 $\phi43$	立式钻床	
7	镗孔	和下模座重叠,一起镗孔至 $\phi45H7$	镗床或立式铣床	
8	铣槽	按划线铣 $R2.5$ 的圆弧槽	卧式铣床	
9	检验			

(3)模板孔系的坐标镗削加工

在模具零件中,模板的孔系精度越来越高,像高精度长寿命的多工位级进模等,孔系的精度要求已到达 0.01 ~ 0.02 mm,甚至更高。普通加工难以达到。生产中广泛应用的是坐标镗或坐标磨。

1)坐标镗削加工前的准备工作

对上道工序的要求:应在精加工之后镗削,最好在恒温室加工,进行坐标换算(见图2.2),装夹工件确定基准并找正如图2.3所示;基面找正包括外圆柱面找正和内孔找正,基面找正的方式见表2.2。

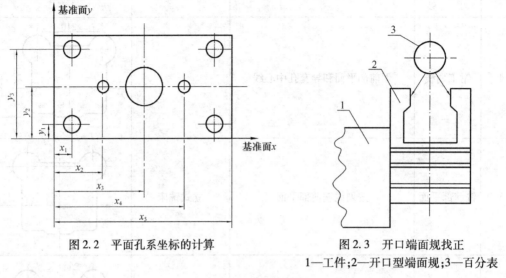

图2.2 平面孔系坐标的计算

图2.3 开口端面规找正

1—工件;2—开口型端面规;3—百分表

表2.2 基面的找正

方　　式	简　　图	说　　明
外圆柱面找正	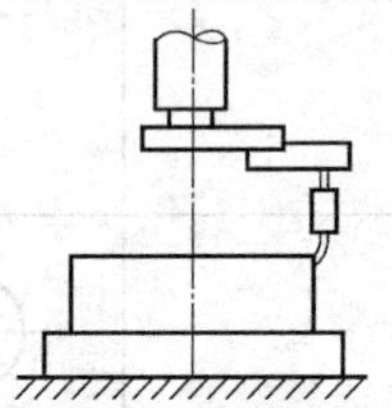	百分表架装在主轴孔内,转动主轴找正外圆,使机床主轴轴心线与工作外圆轴心线重合
内孔找正	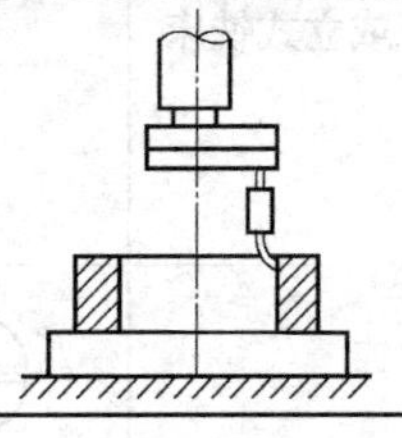	与找正外圆相似

一般模板的定位基准主要有:工件表面上的线;已加工的外圆或孔;垂直平面的面和孔;已加工好的相互垂直的面,找正方法见表2.3。

表2.3 找正方法

方　　式	简　　图	说　　明
用专用槽块找正矩形工件侧基准面	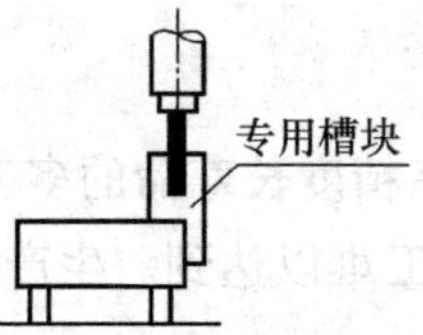 专用槽块	百分表在相差180°方向上找正专用槽块,若两侧读数相等,则此时主轴轴心线便与侧基准面对齐

方　　式	简　图	说　　明
用标准槽块找正矩形工件侧基准面	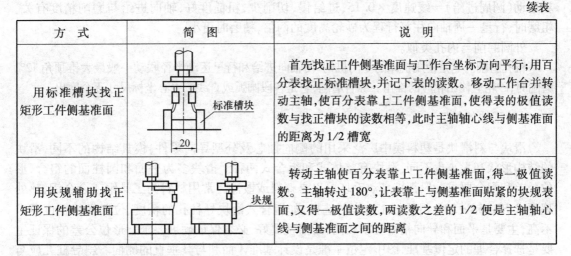 标准槽块　20	首先找正工件侧基准面与工作台坐标方向平行;用百分表找正标准槽块,并记下表的读数。移动工作台并转动主轴,使百分表靠上工件侧基准面,使得表的极值读数与找正槽块的读数相等,此时主轴轴心线与侧基准面的距离为1/2槽宽
用块规辅助找正矩形工件侧基准面	块规	转动主轴使百分表靠上工件侧基准面,得一极值读数。主轴转过180°,让表靠上与侧基准面贴紧的块规表面,又得一极值读数,两读数之差的1/2便是主轴轴心线与侧基准面之间的距离

2)镗削加工

孔中心定位:用弹簧中心冲打出中心点。钻中心孔:用中心钻钻出中心孔。钻孔:按钻孔要求依次钻出各孔,留出镗孔余量单边0.5左右。镗孔:当$D<20$ mm,精度IT7以下粗糙度小于1.25时,可以以铰代镗。切削用量的选择直接影响加工精度,与工件材料和刀具材料都有关系,合理的切削用量见表2.4。

表2.4 坐标镗床的切削用量

加工方式	刀具材料	$f/(mm \cdot r^{-1})$	ap/mm(直径上)	切削速度$v/(m \cdot min^{-1})$				
				软钢	中碳钢	铸铁	铝、镁合金	铜合金
半精镗	高速钢	0.1~0.3	0.1~0.8	18~25	15~18	18~22	50~75	30~60
	硬质合金	0.08~0.25	0.1~0.8	50~70	40~50	50~70	150~200	150~200
精镗	高速钢	0.02~0.08	0.05~0.2	25~28	18~20	22~25	50~75	30~60
	硬质合金	0.02~0.06	0.05~0.2	70~80	60~65	70~80	150~200	150~200
钻孔	高速钢	0.08~0.15		20~25	12~18	14~20	30~40	60~80
扩孔	硬质合金	0.1~0.2	2~5	22~28	15~18	20~24	30~50	60~90
精钻、精铰	硬质合金	0.08~0.2	0.05~0.1	6~8	5~7	6~8	8~10	8~10

(4)模板零件的坐标磨削加工

坐标镗削的工艺系统,也是按正确的坐标尺寸来保证加工尺寸的精度。主要用于淬火钢或高硬度材料的加工,坐标磨削的加工范围:$\phi 1 \sim 200$ mm,尺寸精度可达0.005 mm,$R_a=0.08 \sim 0.32$ μm,一般用于多型孔的凹模加工。

1)工件的找正与定位

工件的找正与定位与坐标镗削类似,常用的找正方法如下:百分表;开口型端面规(见图2.3);中心显微镜;芯棒+百分表。

2)磨削方法

内孔磨削。磨小孔时砂轮直径取孔径的3/4。砂轮转速(主运动)为线速度≥35 m/s,行星运动(圆周进给)≈线速度×0.15,进给慢,切削少,粗糙度好,轴向进给与磨削精度有关。粗磨时,行星一周轴向往复行程为砂轮高度的两倍,精磨时更小。

外圆磨削与内孔类似。

锥孔磨削。它是使用机床的专门机构,使轴向进给和行星运动半径联动一般最大锥顶角12°,磨削时,砂轮应修出相应的锥角。综合磨削,它是各段圆弧或直线按中心坐标尺寸逐个磨出。

(5)滑块的加工

滑块与斜滑块是塑料模中广泛采用的侧向抽芯及分型导向零件,模具结构的不同,滑块的结构形状和大小也不同,滑块有整体式和组合式两种。滑块多为平面和圆柱面的组合,形位公差和配合要求一般都较高。毛坯可以是棒料或锻件。常用材料为工具钢或合金钢,热处理要求 HRC54~58。滑块加工方案的选择,如组合式滑块导柱孔的精度、位置和粗糙度要求不高,主要是平面和导向精度要求较高,耐磨性要好,必须保证硬度要求。形位公差的保证主要是选择合理的定位基准,图中定位基准是设计基准 A 面和与其垂直的侧面。斜导柱孔应与模板上的导柱固定孔采用同钻同镗的加工方法配合加工,保证同轴度要求。销孔和型芯组合件也应配合加工,保证孔距的一致性。滑块的加工工艺过程见表2.5。

表2.5 滑块的加工工艺过程

工序号	工序名称	工序内容	设备	工序简图
1	备料	锻造毛坯		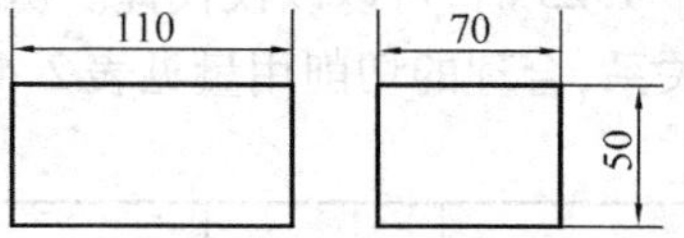
2	热处理	退火后硬度≤HBS240		
3	刨平面	刨上、下平面保证尺寸40.6; 刨削两侧面尺寸60达图纸要求; 刨削两侧面保证尺寸48.6和导轨尺寸8.5; 刨削15°斜面保证距底面尺寸18.4; 刨削两端面保证尺寸101; 刨削两端面凹槽保证尺寸15.8,槽深达图纸要求	刨床	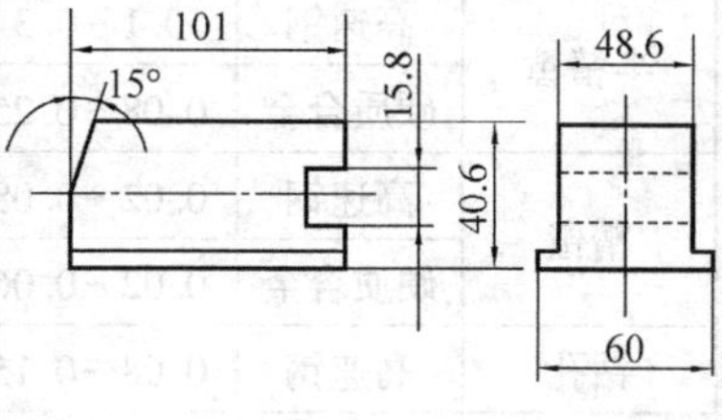
4	磨平面	磨上、下平面保证尺寸40.2; 磨两端面至尺寸100.2; 磨两侧面保证尺寸48.2	平面磨床	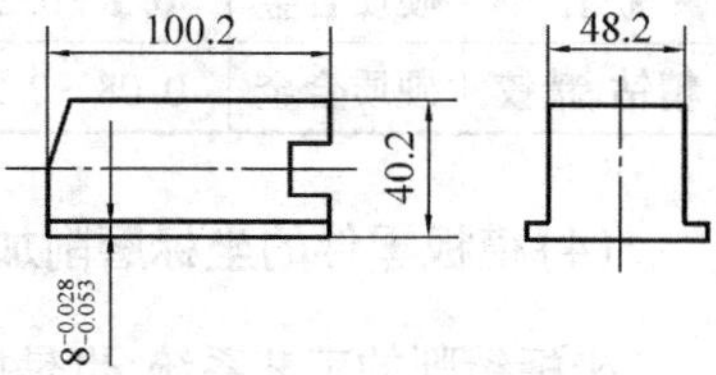
5	钳工划线	划 $\phi20$,M10、$2-\phi6$ 孔中心线; 划端凹槽线		
6	钻孔镗孔	钻 M10 攻丝底孔并攻丝; 钻 $\phi20.8$ 斜孔至 $\phi18$;镗 $\phi20.8$ 斜孔至尺寸,留研磨余量0.04; 钻 $2-\phi6$ 孔至 $\phi5.9$	立式铣床	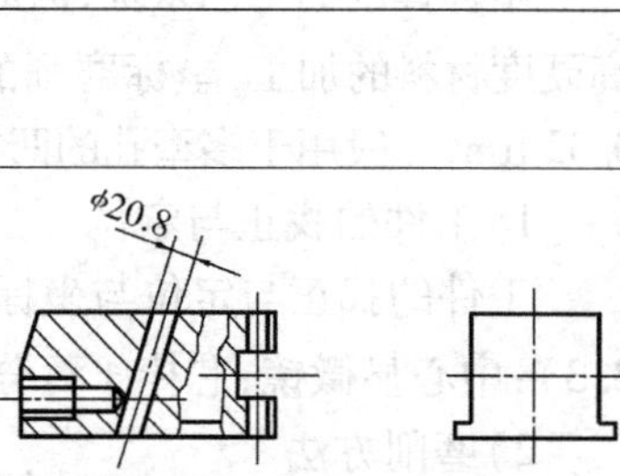

(6)导滑槽的加工

导滑槽的要求:运动平稳,上下无窜动,无卡死现象。导滑槽有整体式和组合式两种,主要由平面组成。加工工艺和板类零件相似,主要采用刨、铣、磨的加工方法,材料为 45 钢和工具钢,HRC52~56。

任务 2　模具回转体零件的加工

【活动场景】

在模具加工车间或产品加工车间的现场教学,或用多媒体展示模具的使用与生产。

【任务要求】

学会分析回转体零件的结构工艺;能合理选用内孔车刀、钻刀、铰刀;会使用心轴装夹套类工件;能使用量具,检测尺寸和形位公差精度;能用普通车床生产出合格的简单回转体类工件。

【知识准备】

(1)杆类零件的加工

1)导柱的加工

根据导柱的结构尺寸和材料要求,直接选用适当尺寸的热轧圆钢为毛坯料。在机械加工过程中,除保证导柱配合表面的尺寸和形状精度外,还要保证各配合表面之间的同轴度要求。导柱的配合表面是容易磨损的表面,应有一定的硬度要求,在精加工之前要安排热处理工序,以达到要求的硬度。在模具中,大多数导柱都是轴类圆柱形表面,一般根据其尺寸和材料的要求,可直接采用热轧圆钢作为毛坯料。常用的材料一般为 20 钢或 T8,T9 工具钢。导柱材料有较好的耐磨性和一定的抗冲击韧性。热处理 HRC50~55。下面以塑料注射模具滑动式标准导柱为例(见图 2.4)。

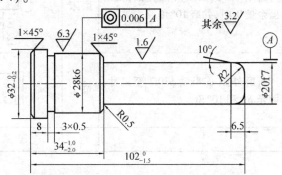

图 2.4　导柱(材料 T8A,热处理 HRC50~55)

①导柱加工方案的选择。导柱的加工表面主要是外圆柱面,外圆柱面的机械加工方法有很多。如图 2.4 所示导柱的制造过程为:备料—粗加工—半精加工—热处理—精加工—光整加工。

②导柱的制造工艺过程。如图 2.4 所示导柱的加工工艺过程见表 2.6。导柱加工过程中的工序划分、工艺方法和设备选用是根据生产类型、零件的形状、尺寸、结构及工厂设备技术状况等决定的。

③导柱加工过程中的定位。导柱加工过程中为了保证各外圆柱面之间的位置精度和均匀的磨削余量,对外圆柱面的车削和磨削一般采用设计基准和工艺基准重合的两端中心孔定位。因此,在车削和磨削之前先加工中心孔,为后继工序提供可靠的定位基准。中心孔加工的形状精度对导柱的加工质量有着直接影响,特别是加工精度要求高的轴类零件。

表2.6 导柱的加工工艺过程

工序号	工序名称	工序内容	设备	工序简图
1	下料	按图纸尺寸 $\phi35 \times 105$	锯床	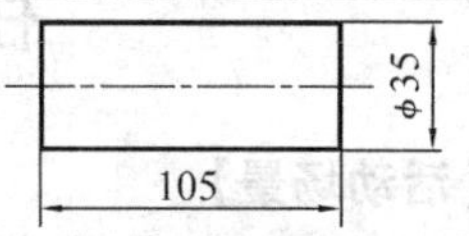
2	车端面,打中心孔	车端面保持长度103.5,打中心孔。调头车端面至尺寸102,打中心孔	车床	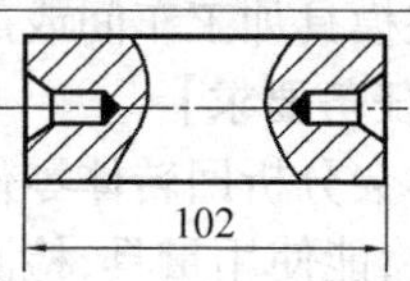
3	车外圆	粗车外圆柱面至尺寸 $\phi20.4 \times 68$,$\phi28.4 \times 26$,并倒角。调头车外圆 $\phi35$ 至尺寸并倒角。切槽 3×0.5 至尺寸	车床	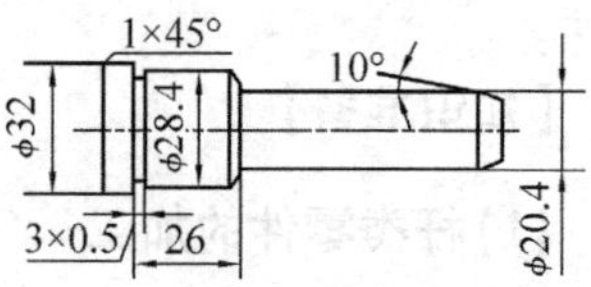
4	检验			
5	热处理	按热处理工艺对导柱进行处理,保证表面硬度HRC50~55		
6	研中心孔	研中心孔,调头研另一端中心孔	车床	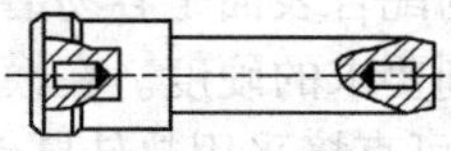
7	磨外圆	磨 $\phi28k6$,$\phi20f7$ 外圆柱面,留研磨余量0.01,并磨 $10°$ 角	磨床	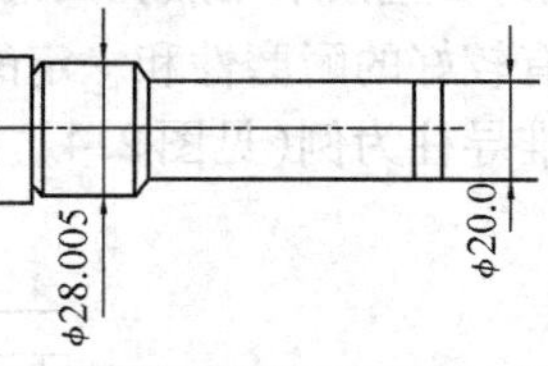
8	研磨	研磨外圆 $\phi28k6$,$\phi20f7$ 至尺寸,抛光 $R2$ 和 $10°$ 角	磨床	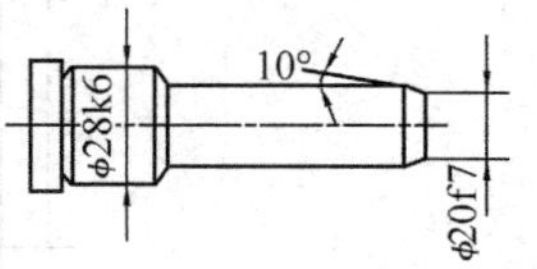
9	检验			

中心孔的钻削和修正是在车床、钻床或专用机床上按图纸要求的中心定位孔的形式进行的。如图2.5所示为在车床上修正中心孔示意图。用三爪卡盘夹持锥形砂轮,在被修正中心孔处加入少许煤油或机油,手持工件,利用车床尾座顶尖支撑,利用车床主轴的转动进行磨削。此方法效率高,质量较好,但砂轮易磨损,需经常修整。如果用锥形铸铁研磨头代替锥形砂轮,加研磨剂进行研磨,可达到更高的精度。采用如图2.6所示的硬质合金梅花棱顶尖修正中心定位孔的方法,效率高,但质量稍差,一般用于大批量生产且要求不高的顶尖孔的修正。

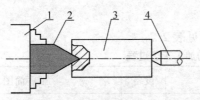 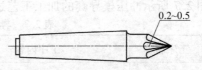

图 2.5　锥形砂轮修正中心定位孔　　　　图 2.6　硬质合金梅花棱顶尖
1—三爪卡盘;2—锥形砂轮;
3—工件;4—尾座顶尖

(2)导柱的研磨

研磨导柱是为了进一步提高表面精度和降低表面粗糙度,以达到设计的要求。为保证图 2.4 所示导柱表面的精度和表面粗糙度 R_a =0.16 ~ 0.63 μm,增加了研磨加工。

1)模柄与顶杆的加工

模柄的设计已标准化,常用的模柄有:压入式、旋入式、凸缘式、槽形式和浮动式等,与顶杆一样都属于台阶轴类零件,材料选用 45 钢,热处理 HRC40 ~ 4。

2)套类零件的加工

模具中的套类零件主要有:导套、护套和套类凸模等。导套和导柱一样,是模具中应用最广泛的导向零件。导套的材料和导柱一样,一般采用圆钢下料,热处理要求为 HRC58 ~ 62,制造工艺也不是固定的。

3)导套加工方案的选择

根据图 2.7 所示导套的精度和表面粗糙度要求,其加工方案的选择为:备料—粗加工—半精加工—热处理—精加工—光整加工。

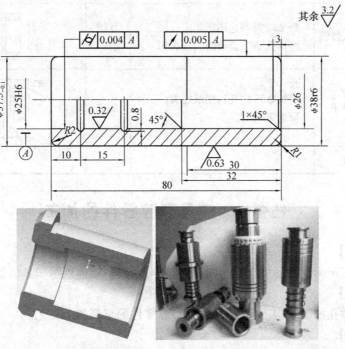

材料 20 钢;表面渗碳深度 0.8 ~ 1.2 mm;HRC58 ~ 62
图 2.7　冲压模具滑动式导套

4）导套的加工工艺过程

如图2.7所示冲压模导套的加工工艺过程见表2.7。

表2.7　导套的加工工艺过程

工序号	工序名称	工序内容	设备	工序简图
1	下料	按尺寸 $\phi42 \times 85$ 切断	锯床	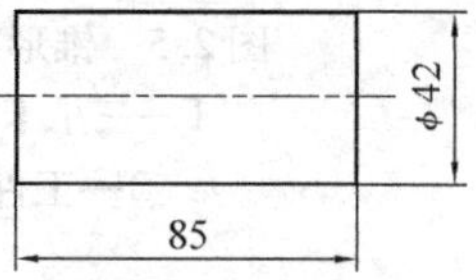
2	车外圆及内孔	车端面保证长度82.5；钻 $\phi25$ 内孔至 $\phi23$；车 $\phi38$ 外圆至 $\phi38.4$ 并倒角；镗 $\phi25$ 内孔至 $\phi24.6$ 和油槽至尺寸；镗 $\phi26$ 内孔至尺寸并倒角	车床	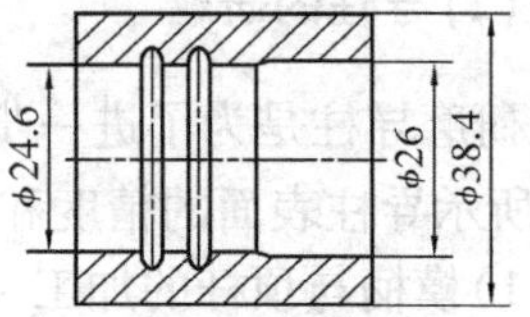
3	车外圆倒角	车 $\phi37.5$ 外圆至尺寸，车端面至尺寸	车床	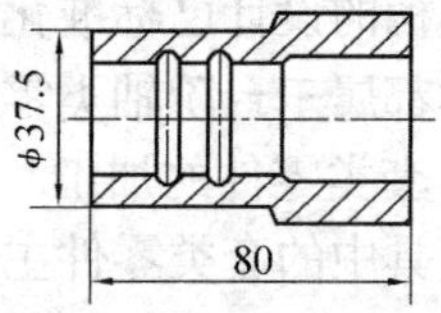
4	检验			
5	热处理	按热处理工艺进行，保证渗碳层深度为 0.8 ~ 1.2 mm；硬度为 HRC58 ~ 62		
6	磨削内、外圆	磨 $\phi38$ 外圆达图纸要求；磨内孔 $\phi25$ 留研磨余量 0.01	万能磨床	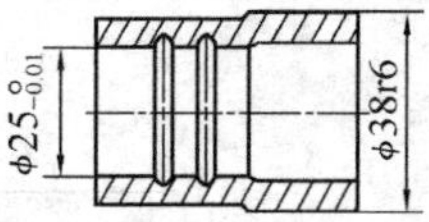
7	研磨内孔	研磨 $\phi25$ 内孔达图纸要求；研磨 $R2$ 圆弧	车床	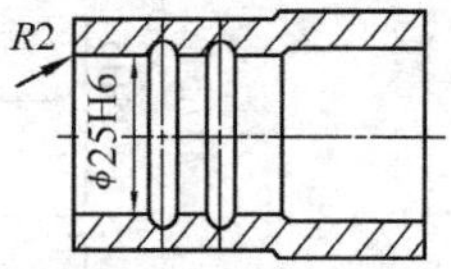
8	检验			

任务3　模具型腔零件的加工

【活动场景】

在模具加工车间或产品加工车间的现场教学，或用多媒体展示模具的使用与生产。

【任务要求】

学会分析型孔加工结构工艺；了解模具型腔零件的车削加工工艺。

【知识准备】

凹模内腔形状、尺寸由成型件的形状、精度决定。加工凹模时，一般要求其内腔与底面保持垂直，上下面保持平行。凹模加工一般是内形加工，加工难度大；凹模淬火前，其上所有的螺钉孔、销钉孔以及其他非内腔加工部分均应先加工好,否则会增加加工成本甚至无法加工;为了降低加工难度,减少热处理的变形,防止淬火开裂,凹模类零件经常采用镶拼结构;若凹模内腔最终不由机械加工方法获得,在淬火前也应由机械加工方法加工出内腔的大致形状,以保证热处理零件的淬透性,减少精加工工作量。型腔的加工方法有以下 6 种:通用机床加工、仿形铣床加工、电火花加工、电火花线切割加工、冷挤压法加工、精密铸造法。

(1)型孔加工

1)单型孔凹模

单型孔凹模的加工过程为:毛坯—锻造—退火—车削、铣削外表面—钻、镗型孔—淬火、回火—磨削上、下平面及型孔。

2)多型孔凹模

当模具由一系列圆孔组成,且各孔之间要求有很高的位置精度时,凹模常采用坐标镗床来加工(见图 2.8)。坐标镗床加工一般在热处理前进行。凹模经热处理后,加工精度必然会受到淬火变形的影响。因此,对于多腔模,凹模一般做成镶拼式结构。在坐标镗床上按坐标法镗孔,是将各型孔间的尺寸转化为坐标尺寸,加工分布在同一圆周上的孔,可以使用坐标镗床的机床附件——万能回转工作台。

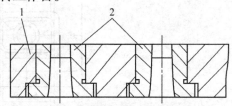

图 2.8　多孔模凹模镶拼结构

1—固定板;2—凹模镶件

如图 2.9 所示非圆形型孔的凹模,通常将毛坯锻造成矩形,加工各平面后进行划线,再将型孔中心的余料去除。沿型孔轮廓线钻孔。凹模尺寸较大时,也可用气割方法去除。

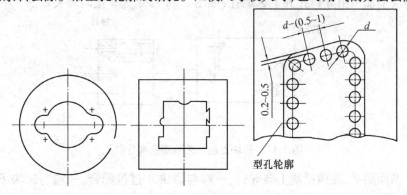

图 2.9　非圆形型孔的凹模

(2)车削加工实例

1)对拼式塑压模型腔

主要用于加工回转曲面的型腔或型腔的回转曲面部分,如图 2.10 所示。

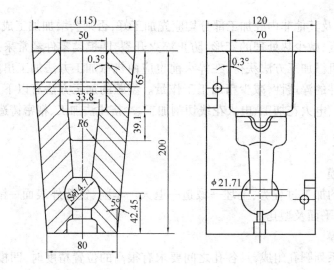

图 2.10 对拼式塑压模型腔

①将坯料加工为平行六面体,斜面暂不加工。

②在拼块上加工出导钉孔和工艺螺孔,如图 2.11 所示为车削时装夹用。

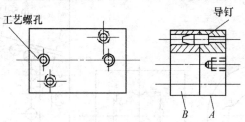

图 2.11 拼块上的工艺 螺孔和导钉孔

③将分型面磨平,在两拼块上装导钉,一端与拼块 A 过盈配合,一端与拼块 B 间隙配合,如图 2.11 所示。

④将两块拼块拼合后磨平四侧面及一端面,保证垂直度,要求两拼块厚度保持一致。

⑤在分型面上以球心为圆心,以 44.7 mm 为直径划线,保证 $H_1 = H_2$,如图 2.12 所示。

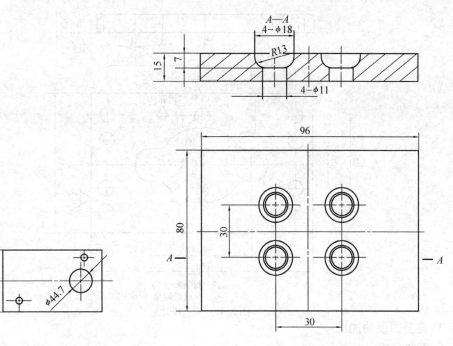

图 2.12　划线　　　　　　　　　图 2.13　四型腔塑料模的动模

2) 多型腔模具的车削加工

对于多型腔模具,如果其型腔的形状适合于车削加工,则可利用辅助顶尖校正型腔中心,并逐个车出。图 2.13 为四型腔塑料模的动模。车削加工前,先按图加工工件的外形,并在 4 个型腔的中心上打样冲眼或中心孔。车削时,把工件初步装夹在车床卡盘上,将辅助顶尖一端顶住样冲眼或中心孔,另一端顶在车床尾座上,用手转动车头,以千分表校正辅助顶尖外圆,调整工件位置,使辅助顶尖的外圆校正为止(见图 2.14)。车完一个型腔后,用同样的方法校正另一个型腔中心,进行车削。

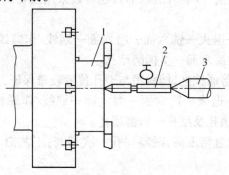

图 2.14　用辅助顶尖找正中心

1—坯料;2—辅助顶尖;3—车床尾座

53

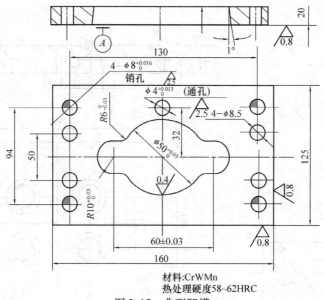

材料:CrWMn
热处理硬度58~62HRC

图 2.15 典型凹模

3)典型凹模的加工

①工艺分析:

外形 $R_a0.8\ \mu m$;内形刃口(孔)$R_a0.4\ \mu m$(见图 2.15);漏料孔、销孔及固定孔加工;凹模的选材、毛坯种类、热处理硬度 58 ~62HRC。

②材料及毛坯选择:

材料:CrWMn 凹模—高耐磨性、基体有较高强度和硬度、淬透性好,淬火、低温回火;毛坯:锻件组织细密,高硬度和耐磨性足够的强度和韧性。

③主要表面加工方案:

外形:粗铣—精铣—磨削;

内形:粗铣—精铣—粗磨—精磨凹模,刃口还可以采用线切割加工,再研磨。

④工艺路线(方案):

方案一:备料—锻造—退火—铣六面—磨六面—划线/作螺纹及销孔—铰挡料销孔—铣型孔—修漏料孔—热处理—磨六面—坐标磨型孔。

特点:传统加工方法,普通铣削,挡料销与型孔位置较难保证,加工困难。

方案二:备料—锻造—退火—铣六面—磨六面—划线/作螺纹孔及销孔/穿丝孔—热处理—磨六面—线切割挡料销孔及型孔—研磨型孔。

特点:挡料销与型孔位置精度高,漏料斜孔一次切割,工艺简单,是现在模具加工的常用方法。优先选择方案二。

⑤加工余量见表 2.8。

表 2.8 加工余量

本工序—下工序	单面余量/mm
锻—车/刨/铣	3 ~6
车/刨/铣—磨削	粗 0.2 ~0.3
	精 0.12 ~0.18

⑥凹模工艺过程：

备料：将毛坯锻成平行六面体；尺寸 166 mm×130 mm×25 mm；

热处理：退火；铣平面：铣各平面，厚度留磨削余量 0.6 mm，侧面留磨削余量 0.4 mm；磨平面：磨上下平面，留磨削余量 0.3～0.4 mm，磨相邻两侧面保证垂直；钳工划线：划出对称中心线，固定孔及销孔线；钳工：加工固定孔、销孔及穿丝孔；检验；热处理：按热处理工艺 60～64HRC；磨平面：磨上下面及其基准面达要求；线切割：切割挡料销孔及型孔，留研磨余量 0.01 mm；研磨：研型孔达规定技术要求；检验。

项目 3

模具零件的加工工艺规程

【问题导入】

工艺规程是模具制造过程中的重要技术文件。制订工艺规程是生产准备工作的重要内容,是一项技术性和实践性都十分强的工作,是否先进、合理,直接影响模具加工的质量、周期和成本。通过本项目的学习,能够制订模具零件的加工工艺规程。

【学习目标及技能目标】

了解掌握生产过程、工艺过程、生产纲领和生产类型等概念;掌握工序、工位,安装、工步的概念;熟悉零件的工艺分析、毛坯的选择;掌握定位基准的选择;了解工艺路线的拟定;熟悉确定加工余量、工序尺寸及其公差。

【知识准备】

模具工作零件的制造过程与一般机械零件的加工过程相类似,可分为毛坯准备、毛坯加工、零件加工、光整加工、装配与修整、零件的热处理加工等几个过程。毛坯准备,主要内容为工作零件毛坯的锻造、铸造、切割、退火或正火等。毛坯加工,主要内容为进行毛坯粗加工,切除加工表面上的大部分余量。工种有锯、刨、铣、粗磨等。零件加工,主要内容为进行模具零件的半精加工和精加工,使零件各主要表面达到图样要求的尺寸精度和表面粗糙度。工种有划线、钻、车、铣、镗、仿刨、插、热处理、磨、电火花加工等。光整加工,主要对精度和表面粗糙度要求很高的表面进行光整加工,工种有研磨、抛光等。装配与修整,主要包括工作零件的钳工修配及镶拼零件的装配加工等。在零件加工过程中,需要涉及机加工的顺序安排和热处理的工序安排。安排机加工的顺序应考虑:先粗后精、先主后次、基面先行、先面后孔的原则。零件的热处理加工,包括预先热处理和最终热处理,预先热处理的目的是改善切削加工性能,其工序位置多在粗加工前后,最终热处理的目的是提高零件材料的硬度和耐磨性,安排在精加工前后。

(1)模具零件结构的工艺分析

各种模具零件大致分为 5 大类:轴类零件、套类零件、盘环类零件、叉架类零件以及箱体。表 3.1 列出了几种零件的结构并对零件结构的工艺性进行对比。

1)零件的技术要求分析

尺寸精度、几何形状精度、各表面的相互位置精度、表面质量、零件材料、热处理及其他要

56

求。通过分析,判断其可行性和合理性,合理选择零件的各种加工方法和工艺路线。

2)毛坯的选择

①毛坯的种类和选择。

A. 种类:锻件、铸件、焊接件、各种型材及板料等;

B. 选择原则:零件材料的工艺性及组织和力学性能要求;零件的结构形状和尺寸;生产类型;工厂生产条件。

②毛坯形状与尺寸的确定。

A. 毛坯余量(加工总余量):毛坯尺寸与零件的设计尺寸之差;

B. 毛坯公差:毛坯尺寸的制造公差;

C. 毛坯长度:如图3.1所示。

表3.1 零件结构的工艺性比较

序号	结构的工艺性不好	结构的工艺性好	说 明
1	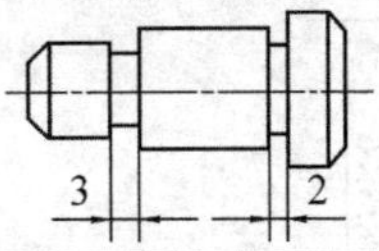	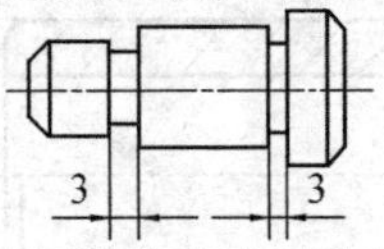	同一轴上各轴段退刀槽应取相同的宽度尺寸,以减少刀具种类和换刀时间
2	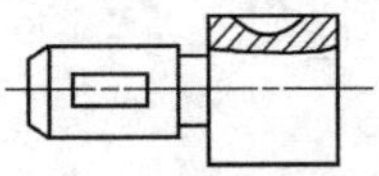	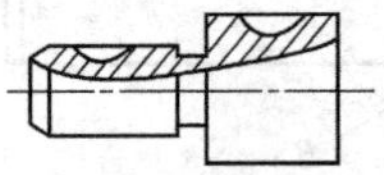	当同一轴上多处有键槽时,各键槽的方位应相同,以便将所有键槽在一次装夹中全部加工出来
3	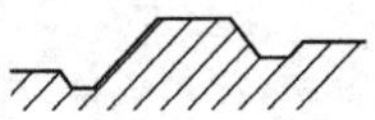	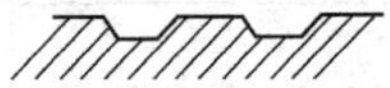	当在同一方向上多处有凸台时,各凸台的表面应在同一平面上,以便在一次进给中完成加工
4	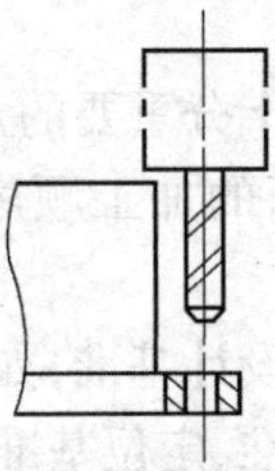	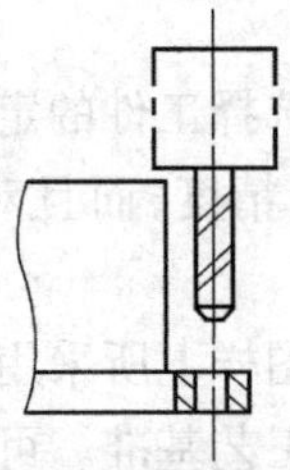	小孔与壁面间的距离应适当,以便引进刀具
5	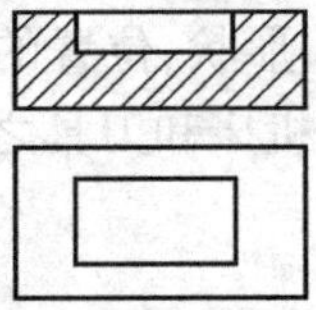	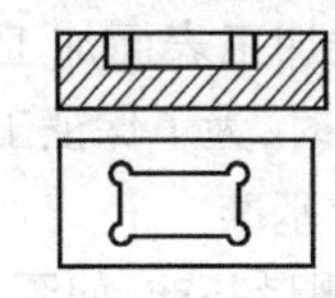	为便于装配,及保证装配时的配合关系,方形凹坑的四周应便于清角
6	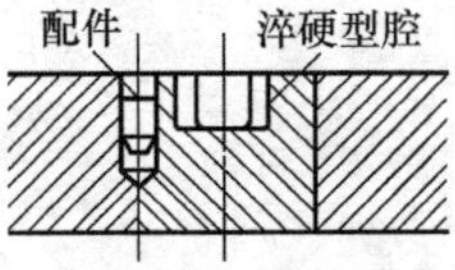	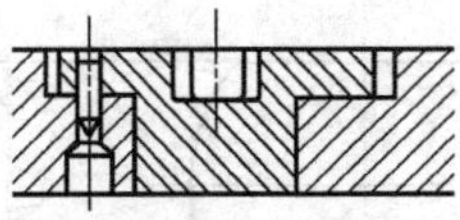	型腔类零件的定位销孔在淬硬后无法钻铰,所以,不宜采用骑缝销孔
7		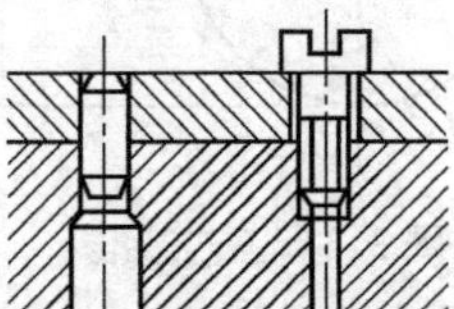	销孔与螺孔不宜太深,否则,将增加铰孔或攻螺纹的工作量

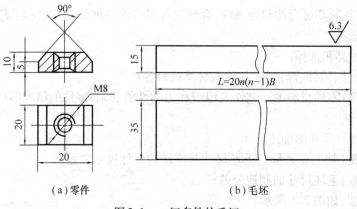

（a）零件　　　　　　（b）毛坯

图 3.1　一坯多件的毛坯

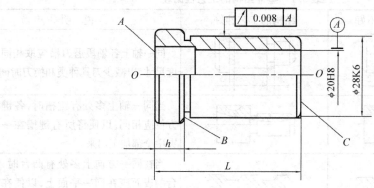

图 3.2　设计基准

3）定位基准的选择

在制订零件加工工艺规程时,正确地选择工件的定位基准有着十分重要的意义。定位基准选择的好坏,不仅影响零件加工的位置精度,而且对零件各表面的加工顺序也有很大的影响。

①基准及其分类。设计基准,在设计图样上所采用的基准称为设计基准,如图 3.2 所示。工艺基准,在工艺过程中采用的基准称为工艺基准。可分为工序基准、定位基准、测量基准和装配基准。在工序图上用来确定本工序被加工表面加工后的尺寸、形状、位置的基准称为工序基准,如图 3.3 所示。定位基准,在加工时,为了保证工件相对于机床和刀具之间的正确位置(即将工件定位)所使用的基准称为定位基准。

测量基准,测量时所采用的基准称为测量基准,如图 3.4 所示。

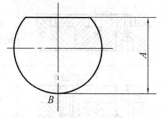

图 3.3　工艺基准

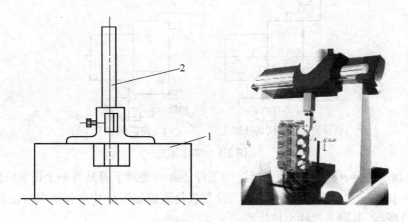

图 3.4　测量基准
1—工件;2—游标深度尺

装配基准,装配时用来确定零件或部件在产品中的相对位置所采用的基准称为装配基准。如图 3.5 所示的定位环孔 D(H7)的轴线是设计基准,在进行模具装配时又是模具的装配基准。

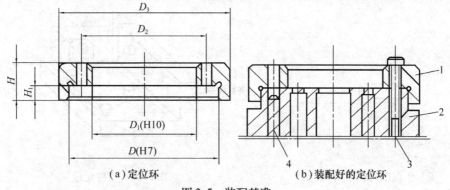

（a）定位环　　　　　　（b）装配好的定位环

图 3.5　装配基准
1—定位环;2—凹模;3—螺钉;4—销钉

工件正确定位应满足的要求:应使工件相对于机床处于一个正确的位置,图 3.6 所示零件,为保证被加工表面(ϕ45r6)相对于内圆柱面的同轴度要求,工件定位时必须使设计基准内圆柱面的轴心线 O—O 与机床主轴的回转轴线重合。图 3.7 所示凸模固定板,加工时为保证孔与 I 面垂直,必须使 I 面与机床的工作台面平行。

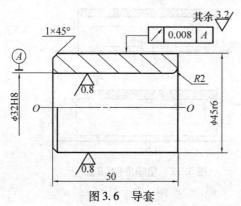

图 3.6　导套

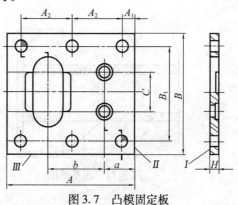

图 3.7　凸模固定板

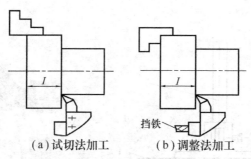

(a)试切法加工　　　　(b)调整法加工

图3.8　零件加工

要保证加工精度,位于机床或夹具上的工件还必须相对于刀具有一个正确位置。

试切法:试切—测量—调整—再试切,反复进行到被加工尺寸达到要求为止的加工方法,如图3.8(a)所示,多用于单件小批生产。

调整法:先调整好刀具和工件在机床上的相对位置,并在一批零件的加工过程中保持这个位置不变,以保证工件被加工尺寸的方法,如图3.8所示。

②工件定位的基本原理。如图3.9所示的工件可沿3个垂直坐标轴方向平移到任何位置,通常称工件沿3个垂直坐标轴具有移动的自由度,分别以X,Y,Z表示。

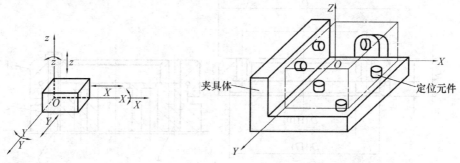

图3.9　工件的6个自由度　　　　　图3.10　工件定位

③定位基准的选择。机械加工的最初工序只能用工件毛坯上未经加工的表面做定位基准,这种定位基准称为粗基准。为保证加工表面与不加工表面之间的位置尺寸要求,应选不加工表面作粗基准,如图3.11所示。若要保证某加工表面切除的余量均匀,应选该表面作粗基准,如图3.12所示。为保证各加工表面都有足够的加工余量,应选择毛坯余量小的表面作粗基准。如图3.12(a)中A表面余量较小,因此选A面为粗基准而不选B面。

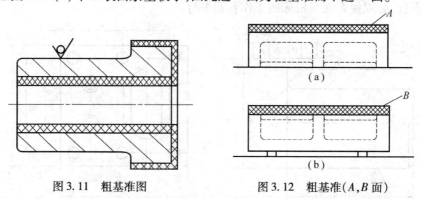

图3.11　粗基准图　　　　　图3.12　粗基准(A,B面)

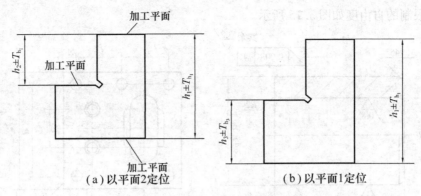

（a）以平面2定位　　　　　　（b）以平面1定位

图 3.13 基准重合与不重合的示例

用已经加工过的表面作定位基准则称为精基准。采用基准重合原则，选设计基准作定位基准，容易保证加工精度。如图 3.13（a）所示零件，加工平面 3 时，选平面 2 为定位基准则符号重合原则，采用调整法加工，直接保证的尺寸为设计尺寸 $h_2 \pm \dfrac{T_{h_2}}{2}$。选平面 1 作定位基准时，则不符合基准重合原则，采用调整法加工，直接保证的尺寸为 $h_3 \pm \dfrac{T_{h_3}}{2}$，如图 3.13（b）所示。基准统一原则，应选择几个被加工表面（或几道工序）都能使用的定位基准为精基准。即便于保证各加工表面间的位置精度，又有利于提高生产率。自为基准原则，精加工或光整加工工序要求加工余量小而均匀，这时应尽可能用加工表面自身为精基准。互为基准原则，两个被加工表面之间位置精度较高，要求加工余量小而均匀时，多以两表面互为基准进行加工，如图 3.14 所示。

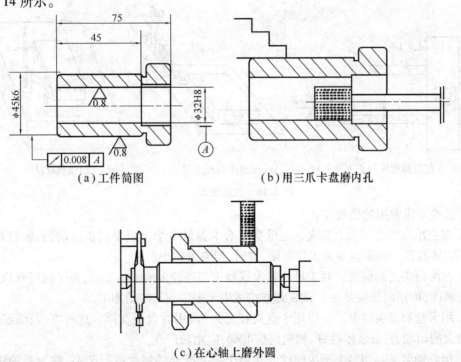

（a）工件简图　　　　　　　　（b）用三爪卡盘磨内孔

（c）在心轴上磨外圆

图 3.14 采用互为基准磨内孔和外圆

61

加工限制的自由度如图 3.15 所示。

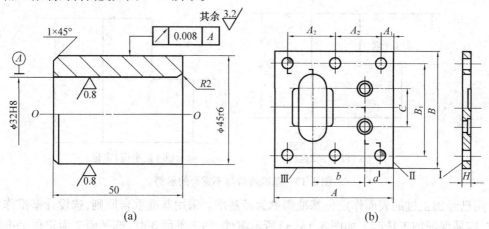

图 3.15　用示意号指示基准

4)工件的装夹方法

①找正法装夹工件。

直接找正法:用百分表、划针或目测在机床上直接找正工件的有关基准,使工件占有正确的位置称为直接找正法。如图 3.16 所示,多用于单件和小批生产。

划线找正法:在机床上用划线盘按毛坯或半成品上预先划好的线找正工件,使工件获得正确的位置称划线找正法。如图 3.16(c)所示,多用于单件小批生产。

②用夹具装夹工件。利用夹具上的定位元件使工件获得正确位置,一般用于成批和大量生产。

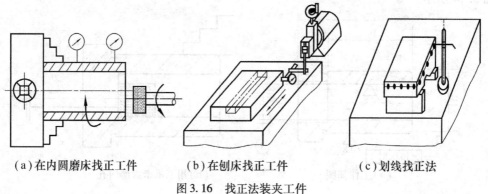

(a)在内圆磨床找正工件　　　(b)在刨床找正工件　　　(c)划线找正法

图 3.16　找正法装夹工件

③数控车床常用的装夹方式。

A. 在三爪自定心卡盘上装夹。三爪自定心卡盘的 3 个卡爪是同步运动的,能自动定心,一般不需要找正。该卡盘装夹工件方便、省时,但夹紧力小。

B. 在两顶尖之间装夹。对于尺寸较大或加工工序较多的轴类工件,为了保证每次装夹时的装夹精度,可用两顶尖装夹。该装夹方式适用于多序加工或精加工。

C. 用卡盘和顶尖装夹。一段用卡盘夹住,另一段后顶尖支撑。这种方式比较安全,能承受较大的切削力,安装刚性好,轴向定位准确,应用较广泛。

D. 用心轴装夹。当装夹面为螺纹时再做个与之配合的螺纹进行装夹,称为心轴装夹(见图 3.17)这种方式比较安全,能承受较大的切削力,安装刚性好,轴向定位准确。

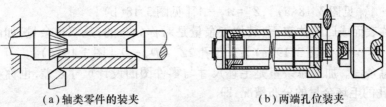

（a）轴类零件的装夹　　　　　　　（b）两端孔位装夹

图 3.17　轴类零件的装夹

5）工艺路线的拟定

①表面加工方法的选择。选择加工方法时，总是根据各种工艺方法所能达到的加工经济精度和表面粗糙度等因素来选定它的最后加工方法。表面加工方法选择原则：被加工表面的精度和零件的结构形状，应保证零件所要求的加工精度和表面质量；零件材料的性质及热处理要求；生产率和经济性要求；现有生产条件。

②工艺阶段的划分。粗加工阶段，切除加工表面上的大部分余量；半精加工阶段，为主要表面的精加工做好必要的精度和余量准备，并完成一些次要表面的加工。

精加工阶段，使要求高的表面达到规定要求；光整加工阶段，提高被加工表面的尺寸精度和减少表面粗糙度，一般不能纠正形状和位置误差。

③加工顺序的安排。切削加工工序的安排，零件分段加工时，应遵循"先粗后精"的加工顺序；先加工基准表面，后加工其他表面；先加工主要表面，后加工次要表面；先加工平面，后加工内孔。热处理工序的安排，为改善金属组织和加工性能的热处理工序；退火、正火和调质等，一般安排在粗加工前后；为提高零件硬度和耐磨性的热处理工序；淬火、渗碳淬火等，一般安排在半精加工之后，精加工、光整加工之前。时效处理工序，减小或消除工件的内应力。辅助工序安排，检验、去毛刺、清洗、涂防锈油等。

6）加工余量的确定

①加工余量的概念，相邻两工序的工序尺寸之差，是被加工表面在一道工序切除的金属层厚度，如图 3.18 所示。

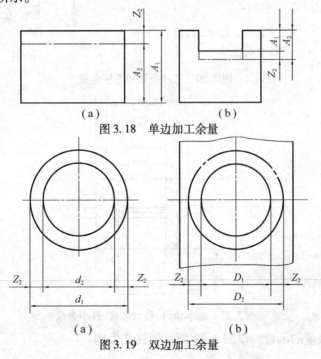

（a）　　　　　　　　　（b）

图 3.18　单边加工余量

（a）　　　　　　　　　（b）

图 3.19　双边加工余量

$Z_i = A_1 - A_2$[见图 3.18(a)]; $Z_i = A_2 - A_1$[图 3.18(b)]

对于对称表面或回转体表面,其加工余量是对称分布的,是双边余量,如图 3.19 所示。对于轴 $2Z_i = d_1 - d_2$[见图 3.19(a)];对于孔 $2Z_i = D_2 - D_1$[图 3.19(b)]。

②加工总余量。加工总余量是毛坯尺寸与零件图的设计尺寸之差,也称毛坯余量。图 3.20 是轴和孔的毛坯余量的分布情况,即

$$Z_{总} = \sum_{i=1}^{n} Z_i$$

工序尺寸的公差一般规定在零件的人体方向。对于被包容面(轴),基本尺寸为最大工序尺寸;对于包容面(孔),基本尺寸为最小工序尺寸。毛坯尺寸的公差一般采用双向标注。

③基本余量、最大余量、最小余量,如图 3.20 所示。

基本余量(Z_i)为 $Z_I = A_{i-1} - A_i$;

最大余量(Z_{imax})为 $Z_{imax} = A_{(i-1)max} - A_{imin} = Z_i + T_i$;

最小余量(Z_{imin})为 $Z_{imin} = A_{(i-1)min} - A_{imax} = Z_i - T_{(i-1)}$;

余量公差(T_{Zi}):加工余量的变化范围。

$$T_{Zi} = Z_{imax} - Z_{imin} = (Z_i + T_i) - (Z_i - T_{i-1}) = T_i + T_{i-1}$$

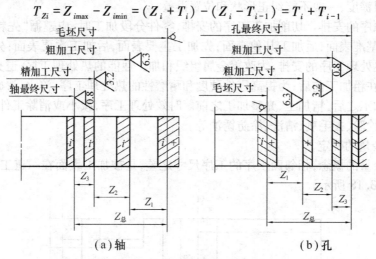

（a）轴　　　　　　　　　　（b）孔

图 3.20　工序余量和毛坯余量

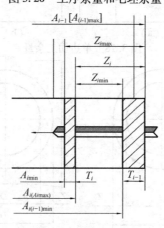

图 3.21　基本余量、最大余量、最小余量

④影响加工余量的因素。以图 3.22 所示圆柱孔为例。

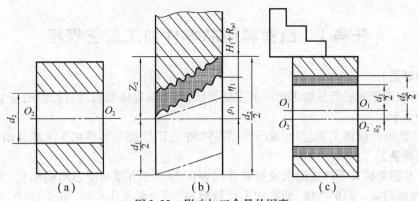

图 3.22 影响加工余量的因素

被加工表面上由前道工序生产的微观不平度 R_{a1} 和表面缺陷层深度 H_1；被加工表面上由前道工序生产的尺寸误差和几何形状误差；前道工序引起的被加工表面的位置误差 ρ_1；本道工序的装夹误差 ε_2。对称表面或回转体表面,工序的最小余量：

$$2Z_2 \geq T_i + 2(R_{a1} + H_1) + 2|\rho_1 + \varepsilon_2|$$

非对称表面其加工余量是单边的：

$$Z_2 \geq T_i + R_{a1} + H_1 + |\rho_1 + \varepsilon_2|$$

⑤确定加工余量的方法。分析计算法,以一定的经验资料和计算公式为依据,对影响加工余量的诸因素进行逐项分析计算以确定加工余量的大小。查表修正法,以有关工艺手册和资料所推荐的加工余量为基础,结合实际加工情况进行修正以确定加工余量的大小。

7)机床的选择

选用机床应与所加工的零件相适应。

8)工艺装备的选择

①夹具的选择。大批量生产的情况下,应广泛使用专用夹具。

②刀具的选择。取决于所确定的加工方法、工件材料、所要求的加工精度、生产率和经济性、机床类型等。

③量具的选择。根据检验要求的准确度和生产类型来决定。

9)基本概念

模具机械加工工艺过程是由若干个按顺序排列的工序组成,而每一个工序又可依次细分为安装、工位、工步和走刀。

①工序。工序是工艺过程的基本单元。工序是指一个(或一组)工人,在一个固定的工作地点(如机床或钳工台等),对一个(或同时几个)工件所连续完成的那部分工艺过程。

②工步。当加工表面、切削工具和切削用量中的转速与进给量均不变时,所完成的那部分工序称为工步。

③走刀。在一个工步内由于被加工表面需切除的金属层较厚,需要分几次切削,则每进行一次切削就是一次走刀。走刀是工步的一部分,一个工步可包括一次或几次走刀。

④定位。工件在加工之前,在机床或夹具上先占据一个正确的位置,这就是定位。

⑤装夹。工件定位后再予以夹紧的过程称为装夹。

⑥安装。工件经一次装夹后所完成的那一部分工序称为安装。

⑦工位。使工件在一次安装中先后处于几个不同位置进行加工。此时,工件在机床上占据的每一个加工位置称为工位。

任务1　凸模和型芯零件加工工艺规程

【活动场景】

在模具加工车间或产品加工车间的现场教学，或用多媒体展示模具的使用与生产。

【任务要求】

掌握非圆形凸模加工工艺、冲裁凸凹模零件加工工艺、型芯零件加工工艺及相关技术。

【知识准备】

凸模、型芯类模具零件是用来成型制件内表面的。按凸模和型芯断面形状，大致可以分为圆形和异形两类。圆形凸模、型芯加工比较容易，一般可采用车削、铣削、磨削等进行粗加工和半精加工。经热处理后在外圆磨床上精加工，再经研磨、抛光即可达到设计要求，异型凸模和型芯在制造上较圆形凸模和型芯要复杂得多。

(1)非圆形凸模加工工艺分析

某冲孔的凸模如图3.23所示。工艺性分析，该零件是冲孔模的凸模，工作零件的制造方法采用"实配法"。冲孔加工时，凸模是"基准件"，凸模的刃口尺寸决定制件尺寸，凹模型孔加工是以凸模制造时刃口的实际尺寸为基准来配制冲裁间隙的，凹模是"基准件"。因此，凸模在冲孔模中是保证产品制件型孔的关键零件。冲孔凸模零件"外形表面"是矩形，尺寸为22 mm×32 mm×45 mm，在零件开始加工时，首先保证"外形表面"尺寸。零件的"成型表面"是由 $R6.92_{-0.02}^{\ 0}$ mm $\times 29.84_{-0.04}^{\ 0}$ mm $\times 13.84_{-0.02}^{\ 0}$ mm $\times R5\times 7.82_{-0.03}^{\ 0}$ mm 组成的曲面，零件的固定部分是矩形，它和成型表面呈台阶状，该零件属于小型工作零件，成型表面在淬火前的加工方法采用仿形刨削或压印法；淬火后的精密加工可以采用坐标磨削和钳工修研的方法。

零件的材料是 MnCrWV，热处理硬度58～62HRC，是低合金工具钢，也是低变形冷作模具钢，具有良好的综合性能，是锰铬钨系钢的代表钢种。由于材料含有微量的钒，能抑制碳化物网，增加淬透性和降低热敏感性，使晶粒细化。

工艺方案，对复杂型面凸模的制造工艺应根据凸模形状、尺寸、技术要求并结合本单位设备情况等具体条件来制订，此类复杂凸模的工艺方案为：

①备料：弓形锯床；

②锻造：锻成一个长×宽×高、每边均含有加工余量的长方体；

③热处理：退火（按模具材料选取退火方法及退火工艺参数）；

④刨（或铣）六面，单面留余量0.2～0.25 mm；

⑤平磨（或万能工具磨）六面至尺寸上限，基准面对角尺，保证相互平行垂直；

⑥钳工划线（或采用刻线机划线、或仿形刨划线）；

⑦粗铣外形（立式铣床或万能工具铣床）留单面余量0.3～0.4 mm；

⑧仿形刨或精铣成型表面，单面留0.02～0.03 mm研磨量；

⑨检查：用放大图在投影仪上将工件放大检查其型面（适用于中小工件）；

⑩钳工粗研：单面0.01～0.015 mm研磨量（或按加工余量表选择）；

⑪热处理：工作部分局部淬火及回火；

⑫钳工精研及抛光。

(2)冲裁凸凹模零件加工工艺分析

冲裁凸凹模零件如图 3.24 所示。工艺性分析,冲裁凸凹模零件是完成制件外形和两个圆柱孔的工作零件,从零件图上可以看出,该成型表面的加工,采用"实配法",外成型表面是非基准外形,它与落料凹模的实际尺寸配制,保证双面间隙为 0.06 mm;凸凹模的两个冲裁内孔也是非基准孔,与冲孔凸模的实际尺寸配间隙。

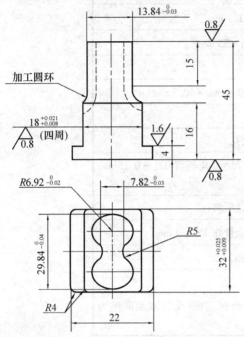

其余 $R_a6.3$
型面 $R_a0.4/R_a6.3$
零件名称:冲孔模凸模
材料:MnCrWV
热处理:58~62HRC

图 3.23 冲孔模凸模

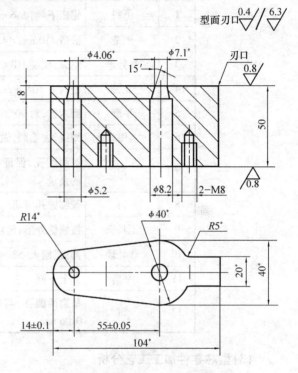

零件名称:凸凹模材料 Cr6WV 热处理58~62HRC
*尺寸与凸模和凹模实际尺寸配制保证双面隙 0.06 mm
说明:该模具的凹模与凸模分别加工到该图所示的基本尺寸

图 3.24 冲裁凸凹模

该零件的外形表面尺寸是 104 mm×40 mm×50 mm。成型表面是外形轮廓和两个圆孔。结构表面是用于紧固的两个 M8 mm 的螺纹孔。凸凹模的外成型表面是分别由 $R14^*$ mm、$\phi40^*$ mm、$R5^*$ mm 的 5 个圆弧面和 5 个平面组成,形状较复杂。该零件是直通式的。外成型表面的精加工可采用电火花线切割、成型磨削和连续轨迹坐标磨削的方法。该零件的底面还有两个 M8 mm 的螺纹孔,可供成型磨削夹紧固定用。凸凹模零件的两个内成型表面为圆锥形,带有 15′ 的斜度,在热处理前可以用非标准锥度铰刀铰削,在热处理后进行研磨,保证冲裁间隙。因此,应该进行二级工具锥度铰刀的设计和制造。如果具有切割斜度的线切割机床,两内孔可以在线切割机床上加工。凸凹模零件材料为 Cr6WV 高强度微变形冷冲压模具钢。热处理硬度 58~62HRC。Cr6MV 材料易于锻造,共晶碳化物数量少。有良好的切削加工性能,而且淬水后变形比较均匀,几乎不受锻件质量的影响。它的淬透性和 Cr12 系钢相近。它的耐磨性、淬火变形均匀性不如 Cr12MoV 钢。零件毛坯形式应为锻件。

工艺方案,根据一般工厂的加工设备条件,可以采用两个方案:

方案一:备料—锻造—退火—铣六方—磨六面—钳工划线作孔—镗内孔及粗铣外形—热

处理—研磨内孔—成型磨削外形。

方案二:备料—锻造—退火—铣六方—磨六面—钳工作螺孔及穿丝孔—电火花线切割内外形。

工艺过程的制定,采用第一工艺方案,见表 3.2。

表 3.2　冲裁凹凸模零件加工工艺过程

序号	工序名称	工序主要内容
1	下料	锯床下料,$\phi56\ mm \times 117\ mm^{+4}$
2	锻造	锻造 110 mm×45 mm×55 mm
3	热处理	退火,硬度 HB≤241
4	立铣	铣六方 104.4 mm×50.4 mm×40.3 mm
5	平磨	磨六方,对 90°
6	钳	划线,去毛刺,做螺纹孔
7	镗	镗两圆孔,保证孔距尺寸,孔径留 0.1～0.15 mm 的余量
8	钳	铰圆锥孔留研磨量,做漏料孔
9	工具铣	按线铣外形,留双边余量 0.3～0.4 mm
10	热处理	淬火、回火、58～62HRC
11	平磨	光上下面
12	钳	研磨两圆孔,与冲孔凸模实配,保证双面间隙为 0.06 mm

(3)型芯零件加工工艺分析

塑料模型芯零件如图 3.25 所示。工艺性分析,该零件是塑料模的型芯,从零件形状上分析,该零件的长度与直径的比例超过 5∶1,属于细长杆零件,但实际长度并不长,截面主要是圆形,在车削和磨削时应解决加工装卡问题,在粗加工车削时,毛坯应为多零件一件毛坯,既方便装夹,又节省材料。在精加工磨削外圆时,对于该类零件装卡方式有 3 种形式,如图 3.26 所示。图 3.26 中的 a 是反顶尖结构,适用于外圆直径较小,长度较大的细长杆凸模、型芯类零件,$d<1.5$ mm 时,两端做成 60°的锥形顶尖,在零件加工完毕后,再切除反顶尖部分。b 是加辅助顶尖孔结构,两端顶尖孔按 GB 145—85 要求加工,适用于外圆直径较大的情况,$d\geq5$ mm 时,工作端的顶尖孔,根据零件使用情况决定是否加长,当零件不允许保留顶尖孔时,在加工完毕后,再切除附加长度和顶尖孔。c 是加长段在大端的做法,介于 a 和 b 之间,细长比不太大的情况。

该零件是细长轴,材料是 CrWMn,热处理硬度 45～50HRC,零件要求进行淬火处理。从零件形状和尺寸精度看,加工方式主要是车削和外圆磨削,加工精度要求在外圆磨削的经济加工范围之内。零件要求有脱模斜度也在外圆磨削时一并加工成型。另外,外圆几处磨扁处,在工具磨床上完成。

该零件作为细长轴类,在热处理时,不得有过大的弯曲变形,弯曲翘曲控制在 0.1 mm 之内。塑料模型芯等零件的表面,要求耐磨耐腐蚀,成型表面的表面粗糙度能长期保持不变,在长期250 ℃工作时表面不氧化，并且要保证塑件表面质量要求和便于脱模。因此，要求淬硬，成型表面 R_a 为 0.1 μm，并进行镀铬抛光处理。

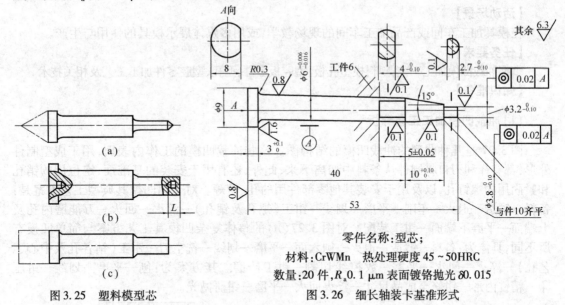

图 3.25　塑料模型芯

零件名称:型芯;
材料:CrWMn　热处理硬度 45 ~ 50HRC
数量:20 件, R_a 0.1 μm 表面镀铬抛光 δ0.015
图 3.26　细长轴装卡基准形式

工艺方案:一般中小型凸模加工的方案为备料—粗车(普通车床)—热处理(淬火、回火)—检验(硬度、弯曲度)—研中心孔或反顶尖(车床、台钻)—磨外圆(外圆磨床、工具磨床)—检验—切顶台或顶尖(万能工具磨床、电火花线切割机床)—研端面(钳工)—检验。

工艺过程，材料:CrWMn，零件总数量 24 件，其中备件 4 件。毛坯形式为圆棒料，8 个零件为一件毛坯。型芯零件加工工艺过程见表 3.3。

表 3.3　型芯零件加工工艺过程

序号	工序名称	工序主要内容
1	下料	圆棒料 φ12 mm ×550 mm,3 件
2	车	按图车削, R_a 0.1 μm 及以下表面留双边余量 0.3 ~ 0.4 mm 两端在零件长度之外做反顶尖
3	热	淬火、回火:40 ~ 45HRC,弯曲≤0.1 mm
4	车	研磨反顶尖
5	外磨	磨削 R_a 1.6 μm 及以下表面,尺寸磨至中限范围, R_a 0.4 μm
6	车	抛光 R_a 0.1 μm 外圆,达图样要求
7	线切割	切去两端反顶尖
8	工具磨	磨扁 2.7 $_{-0.10}^{0}$ mm 、4 $_{-0.10}^{0}$ mm 至中限尺寸以及尺寸 8 mm
9	钳	抛光 R_a 0.1 μm 两扁处
10	钳	模具装配(试压)
11	电镀	试压后 R_a 0.1 μm 表面镀铬
12	钳	抛光 R_a 0.1 μm 表面

任务2 型孔、型腔零件加工

【活动场景】

在模具加工车间或产品加工车间的现场教学,或用多媒体展示模具的使用与生产。

【任务要求】

掌握冲裁凹模加工工艺,塑料模型孔板、型腔板零件,型孔、型腔零件加工工艺及相关技术。

【知识准备】

(1)冲裁凹模加工工艺分析

图 3.27 是几种曲型的冲裁凹模的结构图。这些冲裁凹模的工作内表面,用于成型制件外形,都有锋利刃口将制件从条料中切离下来,此外,还有用于安装的基准面,定位用的销孔和紧固用的螺钉孔,以及用于安装其他零部件用的孔、槽等。对于圆凹模其典型工艺方案是:备料—锻造—退火—车削—平磨—划线—钳工(螺孔及销孔)—淬火—回火—万能磨内孔及上端面—平磨下端面—钳工装配。对图 3.27(b)的整体复杂凹模其工艺方案与简单凹模有所不同,具体为:备料—锻造—退火—刨六面—平磨—划线—铣空刀—钳工(钻各孔及中心工艺孔)—淬火—回火—平磨—数控线切割—钳工研磨。其方案为:刨—平磨—划线—钳压印—精铣内形—钳修至成品尺寸—淬火回火—平磨—钳研抛光。

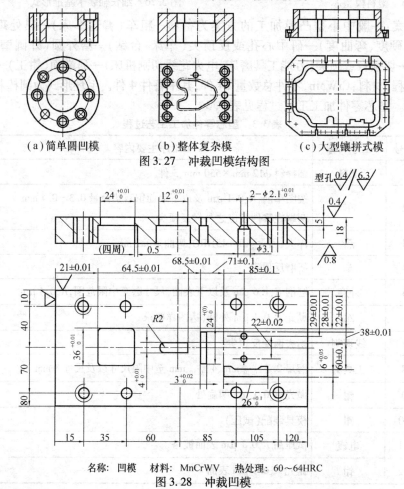

(a)简单圆凹模　　(b)整体复杂模　　(c)大型镶拼式模

图 3.27 冲裁凹模结构图

名称: 凹模　材料: MnCrWV　热处理: 60~64HRC

图 3.28 冲裁凹模

对图 3.27(c)组合凹模,常用于汽车等大型覆盖件的冲裁。对大型冲裁模的凸、凹模因其尺寸较大(在 800 mm×800 mm 以上),在加工时如没有大型或重型加工设备(锻压机、加热炉、机床等),可采用将模具分成若干小块,以便采用现有的中小设备来制造,分块加工完毕后再进行组装。级进冲裁模凹模如图 3.28 所示。

工艺性分析,该零件是级进冲裁模的凹模,采用整体式结构,零件的外形表面尺寸是 120 mm×80 mm×18 mm,零件的成型表面尺寸是三组冲裁凹模型孔,第一组是冲定距孔和两个圆孔,第二组是冲两个长孔,第三组是一个落料型孔。这三组型孔之间有严格的孔距精度要求,它是实现正确级进和冲裁,保证产品零件各部分位置尺寸的关键。零件材料为 MnCrW,热处理硬度 60~64HRC。零件毛坯形式为锻件。零件各型孔的成型表面加工,在进行淬火之后,采用电火花线切割加工,最后由模具钳工进行研抛加工。型孔和小孔的检查:型孔可在投影仪或工具显微镜上检查,小孔应制做二级工具光面量规进行检查。工艺过程的制定见表 3.4。

表 3.4　冲裁凹模加工工艺过程

序号	工序名称	工序主要内容
1	下料	锯床下料,$\phi56$ mm×105^{+4} mm
2	锻造	锻六方 125 mm×85 mm×23 mm
3	热处理	退火,HBS≤229
4	立铣	铣六方,120 mm×80 mm×18.6 mm
5	平磨	光上下面,磨两侧面,对 90°
6	钳	倒角去毛刺,划线,做螺纹孔及销钉孔
7	工具铣	钻各型孔线切割穿丝孔,并铣漏料孔
8	热处理	淬火、回火 60~64HRC
9	平磨	磨上下面及基准面,对 90°
10	线切割	找正,切割各型孔留研磨量 0.01~0.02 mm
11	钳	研磨各型孔

冲裁漏料孔是在保证型孔工作面长度基础上,减小落料件或废料与型孔的摩擦力。关于漏料孔的加工主要有 3 种方式。首先是在零件淬火之前,在工具铣床上将漏料孔铣削完毕。其次是电火花加工法,在型孔加工完毕,利用电极从漏料孔的底部方向进行电火花加工。最后是浸蚀法,利用化学溶液,将漏料孔尺寸加大。一般漏料孔尺寸比型孔尺寸单边大 0.5 mm 即可。

锻件毛坯下料尺寸与锻压设备的确定,图 3.28 所示的冲裁凹模外形表面尺寸为:120 mm×80 mm×18 mm,凹模零件材料为 MnCrWV,设锻件毛坯的外形尺寸为 125^{+4} mm×85^{+4} mm×23^{+4} mm。

1)锻件体积和质量的计算

锻件体积　　$V_锻 = (125×85×23) = 244.38$ cm^3

锻件质量　　$G_锻 = r×V_锻 = (7.85×244.38)$ kg ≈ 1.92 kg

当锻件毛坯的体积在 5 kg 之内,一般需加热 1~2 次,锻件总损耗系数取 5%。

锻件毛坯的体积　$V_坯 = 1.05×V_锻 = 256.60$ cm^3

锻件毛坯质量　　　$G_坯 = 1.05 \times G_锻 = 2.02 \text{ kg}$

2)确定锻件毛坯尺寸

理论圆棒直径：

$$D_理 = \sqrt[3]{0.637 \times V_坯} \text{ mm} = \sqrt[3]{0.637 \times 256.60} \text{ mm} = \sqrt[3]{163.46} \text{ mm} = 54.7 \text{ mm}$$

选取圆棒直径为 56 mm 时,查圆棒料长度质量可知：

当 $G_坯 = 2.02 \text{ kg}, D_坯 = 56 \text{ mm}$ 时,$L_坯 = 105 \text{ mm}$。

验证锻造比 Y　　　　$Y = L_坯 / D_坯 = 105/56 = 1.875$

符合 $Y = 1.25 \sim 2.5$ 的要求。则锻件下料尺寸为 $\phi 56 \text{ mm} \times 105 ^{+4} \text{ mm}$。

3)锻压设备吨位的确定

当锻件坯料质量为 2.02 kg,材料为 MnCrWV 时,应选取 300 kg 的空气锤。

(2)塑料模型孔板、型腔板零件的加工工艺分析

塑料模型孔板、型腔板是指塑料模具中的型腔凹模、定模(型腔)板、中间(型腔)板、动模(型腔)板、压制瓣合模,哈夫型腔块以及带加料室压模等,图 3.29 为塑料模型孔板、型腔板的各种结构图。

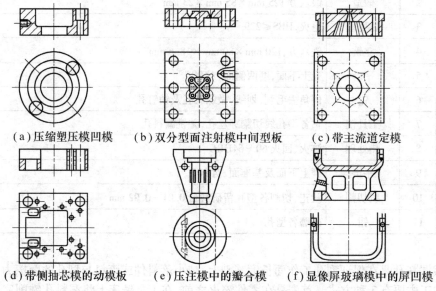

　(a)压缩塑压模凹模　　(b)双分型面注射模中间型板　　(c)带主流道定模

　(d)带侧抽芯模的动模板　　(e)压注模中的瓣合模　　(f)显像屏玻璃模中的屏凹模

图 3.29　各种型孔、型腔板结构图

图 3.29(a)是一压缩模中的凹模,其典型工艺方案为:备料—车削—调质—平磨—镗导柱孔—钳工制各螺孔或销孔。如果要求淬火,则车削、镗孔均应留磨加工余量,于是钳工后还应有淬火回火—万能磨孔、外圆及端面—平磨下端面—坐标磨导柱孔及中心孔—车抛光及型腔 R—钳研抛—试模—氮化(后两道工序根据需要选择)。

图 3.29(b)是注射模的中间板,其典型工艺方案为:备料—锻造—退火—刨六面—钳钻吊装螺孔—调质—平磨—划线—镗铣四型腔及分浇口—钳预装(与定模板、动模板)—配镗上下导柱孔—钳工拆分—电火花型腔(型腔内带不通型槽,如果没有大型电火花机床,则应在镗铣和钳工两工序中完成)—钳工研磨及抛光。

图 3.29(c)是一带主流道的定模板,其典型工艺路线可在锻、刨、平磨、划线后进行车制型腔及主浇道口—电火花型腔—钳预装—镗导柱孔—钳工拆分、配研、抛光。

图3.29(d)为一动模型腔板,它也是在划线后立铣型腔粗加工及侧芯平面—精铣(或插床插加工)型腔孔—钳工预装—配镗导柱孔—钳工拆分—钻顶件杆孔—钳研磨抛光。

对于大型板类的下料,可采用锯床下料。其中H-1080模具坯料带式切割机床,精度好效率高,可切割工件直径1 000 mm、重3.5 t、宽高为1 000 mm×800 mm的坯料,切口尺寸仅为3 mm,坯料是直接从锻轧厂提供的退火状态的模具钢,简化了锻刨等工序,缩短了生产周期。此外,许多复杂型腔板采用立式数控仿形铣床(MCP1000A)来加工,使制模精度得到较大提高,劳动生产率和劳动环境明显改善。在塑料模具中的侧抽芯机构,如压制模中的瓣合模,注射模中的哈夫型腔块等,图3.29(e)为压注模的瓣合模,其工艺比较典型,工序流程大致为:

①下料:按外径最大尺寸加大10~15 mm作加工余量;长度加长20~30 mm作装夹用;

②粗车:外形及内形单面均留3~5 mm加工余量。并在大端留夹头长20~30 mm,其直径大于大端成品尺寸;

③划线:划中心线及切分处的刃口线,刃口≤5 mm宽;

④剖切两瓣:在平口钳内夹紧、两次装夹剖切开,采用卧式铣床(如X62W)用盘铣刀;

⑤调质:淬火高温回火及清洗;

⑥平磨:两瓣结合面;

⑦钳工:划线、钻两销钉孔并铰孔、配销钉及锁紧两瓣为一个整体。如果形体上不允许有锁紧螺孔,可在夹头上或顶台上(按需要留顶台)钻锁紧螺孔;

⑧精车:内外形,单面留0.2~0.25 mm加工余量;

⑨热处理:淬火、回火、清洗;

⑩万能磨内外圆或内圆磨孔后配芯轴再磨外圆、靠端面,外形成品,内形留0.01~0.02 mm的研磨量;

⑪检验;

⑫切掉夹头:在万能工具磨床上用片状砂轮将夹头切掉,并磨好大端面至成品尺寸;

⑬钳工拆分成两块;

⑭电火花加工内形普通型槽等;

⑮钳研及抛光。

图3.29(f)为一显像屏玻璃模中的屏凹模,采用铸造工艺方案为:模型—铸造—清砂—去除浇冒口—完全退火—二次清砂—缺陷修补及表面修整—钳工划线及加工起吊螺孔—刨工粗加工—时效处理—机械精加工—钳工—电火花型腔—钳工研磨抛光型腔。

1)圆形型腔

当型腔如图3.30所示是圆形的,经常采用的加工方法有以下几种:

①当凹模形状不大时,可将凹模装夹在车床花盘上进行车削加工。

②采用立式铣床配合回转式夹具进行铣削加工。

③采用数控铣削或加工中心进行铣削加工。

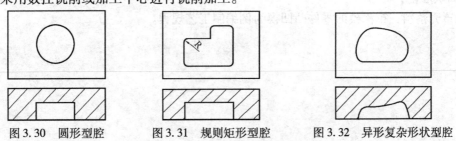

图3.30　圆形型腔　　　　图3.31　规则矩形型腔　　　　图3.32　异形复杂形状型腔

2）矩形型腔

当型腔是比较规则的矩形时，如图3.31所示。图中圆角R能由铣刀直接加工出，可采用普通铣床，将整个型腔铣出。

3）异型复杂形状型腔

当型腔为异形复杂形状时，如图3.32所示。此时一般的铣削无法加工出复杂形面，必须采用数控铣削或加工中心铣削型腔，当采用数控铣削时，由于数控加工综合了各种加工，所以工艺过程中有些工序，如钻孔、攻螺纹等都可由数控加工在一次装夹中一起完成。

4）有薄的侧槽型腔

当型腔中有薄的侧槽时，如图3.33所示。此时，由铣削或数控铣削加工出侧槽以外的型腔然后用电极加工出侧槽。

5）底部有孔的型腔

当型腔底部有孔时，如图3.34所示。先加工出型腔，底部的孔如果是圆形，可用铣床直接加工，或先钻孔，再加坐标磨削。

6）型腔是镶拼的

镶拼零件的制造类似型芯的加工，凹模上的安装孔的加工，可由铣削、磨削和电火花、线切割加工。

7）型腔淬火后

当型腔需要热处理淬火时，由于热处理会引起工件的变形，型腔的精加工应放在热处理工序之后，又因为工件经过热处理后硬度会大大提高。

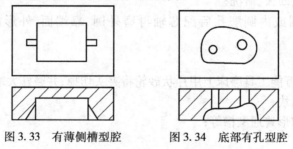

图3.33　有薄侧槽型腔　　　　图3.34　底部有孔型腔

任务3　凸凹模加工工艺规程

【活动场景】

在模具加工车间或产品加工车间的现场教学，或用多媒体展示模具的使用与生产。

【任务要求】

掌握凸凹模加工工艺及相关技术。

【知识准备】

以罩壳落料—拉深模的零件凸凹模为例编制工艺规程。

(1)工艺性分析

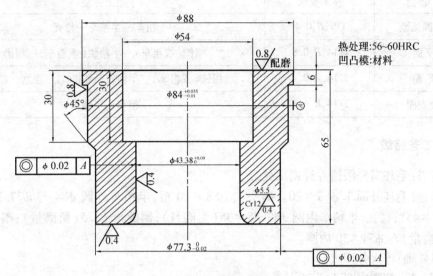

图 3.35　凸凹模零件图

本零件如图 3.35 所示既是罩壳零件毛坯的落料凸模又是它首次拉深的凹模。其固定方式是以 $\phi 84^{+0.035}_{+0.013}$ 部位与固定板配合(配合种类为过渡配合 H₇/m6),然后与固定板一起用螺钉销钉紧固在模座上。本凸凹模的材料为 Cr12,经淬火、回火后硬度 58 ~ 62HRC。其工作部位 $\phi 77.3^{~0}_{-0.02}$ 和 $\phi 43.38^{+0.09}_{0}$ 有同轴度要求,且三表面的表面质量要求很高,是本零件加工的关键部位。本零件尺寸齐全、要求合理、结构工艺性好。

(2)选择毛坯

本零件是模具最重要的工作零件,直接对工件进行冲压,要求硬度高、强度好。故应选择锻件为毛坯形式。因模具为单件生产,故可用自由锻制造。

(3)拟定零件工艺路线

1)定位基准

本零件为套形零件。外圆尺寸 $\phi 77.3$, $\phi 84$ 与内孔尺寸 $\phi 43.8$ 三者有同轴度要求。一般可按照互为基准原则,故选择内孔表面为精基准,而选择毛坯外圆为粗基准。

2)加工方法

表面加工方法应依据其加工精度与表面粗糙度要求参照各种表面典型加工路线来确定。确定本零件各表面的加工方法见表 3.5。

表 3.5　零件表面的加工方法

加工表面	技术要求	加工方法
$\phi 77.3^{~0}_{-0.02}$	IT6, $R_a 0.4$	粗车—半精车—粗磨—精磨
$\phi 43.38^{+0.09}_{0}$	IT9, $R_a 0.4$	打孔—半精车—粗磨—精磨
$\phi 84^{+0.035}_{+0.013}$	IT6, $R_a 0.8$	粗车—半精车—粗磨

续表

加工表面	技术要求	加工方法
$R5.5$ 圆弧面	IT9，$R_a0.4$	粗车—半精车—修光
上平面	IT14，$R_a0.8$	粗铣（或粗车）—半精铣（或粗车）—粗磨
下平面	IT14，$R_a0.4$	粗铣（或粗车）—半精铣（或粗车）—粗磨—精磨
其余表面	IT14，$R_a6.3$	粗车—半精车

(4)工艺路线

①备料：毛坯需经锻造并经退火处理。

②车：夹毛坯外圆车 $\phi88 \times 20$。斟头夹 $\phi88 \times 20$ 粗，半粗车外圆 $\phi84$ 与 $\phi77.3$（均留磨量），车 $2 \times 45°$；打孔，半精车内圆 $\phi43.38 \times 35$（留磨量），倒圆角 $R5.5$（留磨量）；斟头夹总长（两端留磨量）车 $\phi54 \times 30$ 内圆。

③热处理：淬火并回火。

④磨 a 粗、精磨内圆 $\phi43.38^{+0.09}_{0}$。

⑤上心轴（二类工具）磨 $\phi84^{+0.035}_{+0.013}$；$\phi77.3^{0}_{-0.02}$。

⑥车，修光 $R5.5$ 圆弧面。

(5)确定各工序余量,计算工序尺寸及偏差

1)毛坯余量（总余量）的确定

零件质量 $G \approx \pi(42^2 - 27^2) \times 65 \times 7.8 \approx 1.65$ kg，按一般精度，复杂系数 S_1，查得单边余量 $1.5 \sim 2$ mm，本例为自由假造应适当放宽，取单边余量为 3 mm。

2)各工序余量的确定（见表3.6）

表3.6 各工序单边余量

	总余量	粗车	半精车	粗磨	精磨
$\phi77.3$	3	1.4	1.1	0.4	0.1
$\phi43.38$	3	1.5	1.0	0.4	0.1
$\phi84$	3	1.5	1.1	0.4	—
$R5.5$	3	1.8	1.1	修光0.1	—
上平面	3	1.7	1.1	0.3	—
下平面	3	1.6	1.0	0.3	—

3)各工序尺寸偏差的确定

各工序基本尺寸可由设计尺寸逐一向前工序加余量推算。工序公差可按该加工方法的经济精度确定,并按入体原则标注偏差。各工序尺寸偏差见表3.7。

	粗车	半精车	粗磨	精磨	修光
经济精度	IT12	IT10	IT8	IT6	IT6
经济表面粗糙度	$R_a12.5$	$R_a6.3$	$R_a0.8$	$R_a0.4$	$R_a0.4$

尺寸 $\phi77.3_{-0.02}^{\ 0}$

表 3.7　各工序尺寸偏差

工序名称	工序余量（单边）	经济精度	工序尺寸偏差	表面粗糙度
精磨	0.1	—	$\phi77.3_{-0.02}^{\ 0}$	$R_a0.4$
粗磨	0.4	$h8(_{-0.046}^{\ \ 0})$	$\phi77.5_{-0.046}^{\ 0}$	$R_a0.8$
半精车	1.1	$h10(_{-0.012}^{\ \ 0})$	$\phi78.3_{-0.12}^{\ 0}$	$R_a6.3$
粗车	1.4	$h12(_{-0.3}^{\ 0})$	$\phi80.5_{-0.3}^{\ 0}$	$R_a12.5$

尺寸 $\phi84_{+0.013}^{+0.035}$

工序名称	工序余量（单边）	经济精度	工序尺寸偏差	表面粗糙度
粗磨	0.4	—	$\phi84_{+0.013}^{+0.035}$	$R_a0.8$
半精车	1.1	$H10(_{-0.14}^{\ \ 0})$	$\phi84_{-0.14}^{\ 0}$	$R_a6.3$
粗车	1.5	$H12(_{-0.35}^{\ \ 0})$	$\phi87_{-0.35}^{\ 0}$	$R_a12.5$

尺寸 $\phi43.38_{\ 0}^{+0.09}$

工序名称	工序余量（单边）	经济精度	工序尺寸偏差	表面粗糙度
精磨	0.1	—	$\phi43.38_{\ 0}^{+0.09}$	$R_a0.4$
粗磨	0.4	$H8(_{\ 0}^{+0.039})$	$\phi43.18_{\ 0}^{+0.039}$	$R_a0.8$
半精车	1.19	$H10(_{\ 0}^{+0.0})$	$\phi42.38_{\ 0}^{+0.1}$	$R_a6.3$
打孔	1.5	$H12(_{\ 0}^{+0.25})$	$\phi40_{\ 0}^{+0.25}$	$R_a12.5$

(6)填写工艺规程

模具零件加工工艺过程卡见表 3.8。

表 3.8　模具零件加工工艺过程卡

零件名称	凸凹模	零件编号	CM-1-09	零件简图
模具名称	落料拉伸复合模	模具编号	CM-1-00	
材料牌号	Cr12	件数	1	
毛坯种类	锻件	毛坯尺寸	见毛坯图	凹凸模:材料Cr12　热处理:56~60HRC

续表

工序号	工序名称	工序内容	设备	二类工具	工时	备注
1	备料	下料锻造并经退火处理				
2	车	夹毛坯外圆车 $\phi88 \times 22$; 夹 $\phi88 \times 22$ 粗车与半精车上段外圆至 $\phi84.8_{-0.014}^{\ 0}$; 粗车与半精车下段外圆至 $\phi78.3_{-0.13}^{\ 0}$(长度尺寸留磨量0.3); 打孔至 $\phi40$,半精车至 $\phi42.38_{\ 0}^{+0.1} \times 35$ 倒圆角至 $R5.6$; 斟头夹下段外圆平总长至65.6,车 $\phi54 \times 30$	车床			
3	热处理	淬火并回火,检查硬度 HRC58~62	内圆磨床			
4	磨	粗、精磨内孔 $\phi43.38_{\ 0}^{+0.09}$	内圆磨床			
5	磨	上心轴磨 $\phi84_{+0.013}^{+0.035}$; $\phi77.3_{-0.02}^{\ 0}$	外圆磨床	心轴		
6	车	修光 $R5.5$	车床			
7	磨	磨下平面	平面磨床	等高垫块		
编制	×××| ×月×日	审核	×××	×月×日	会签	×××	×月×日

思考与练习

1. 制定模具加工工艺规程的基本原则是什么？合理的机械加工工艺规程应体现出哪些基本要求？选择粗基准和精基准时应分别遵循哪些原则？导柱加工过程中为什么要修正中心孔？修正方法主要有哪些？模具制造的基本工艺路线包括哪些内容？

2. 冲模模座加工的工艺路线是怎样安排的？对模座的技术要求有哪些？为了保证上、下模座的孔位一致,应采取什么措施？导柱、导套加工的工艺路线是怎样安排的？对导柱、导套的技术要求有哪些？非圆形凸模的加工方法有哪几种？不同的加工方法各有什么特点？导柱在模具中的作用是什么？其主要技术要求有哪些？如何保证？

3. 凸模(型芯)固定板的形位公差要求有哪些？加工中如何予以保证？

4. 型腔类零件有何特点？其主要加工方法有哪些？

5. 非圆凸模(型芯)的精加工方法有哪些？常用的工装是什么？

项目 *4*

模具装配技术

【问题导入】

模具的各部分组成零件加工生产并热处理后,要使模具能够正常进行产品的生产加工,必须对模具进行合理装配并调试,通过本项目的学习可以掌握各模具的装配技术。

【学习目标及技能目标】

掌握模具装配的一般原则和模具装配工艺规程;掌握常用模具的装配方法;理解模具的装配方法及装配工艺过程;掌握冷冲模、塑料模、压铸模的装配与调整方法及技术要求、装配工艺过程;熟悉模具间隙及位置的控制;了解模具调试中容易出现的主要问题及解决方法。

【知识准备】

模具装配是指把组成模具的零部件按照图纸的要求连接或固定起来,使之成为满足一定成型工艺要求的专用工艺装备的工艺过程。

(1)模具装配的一般原则

模具装配是指把组成模具的零部件按照图纸的要求连接或固定起来,使之成为满足一定成型工艺要求的专用工艺装备的工艺过程。装配顺序的一般原则如下:

①预处理工序在前。如零件的倒角、去毛刺、清洗、防锈、防腐处理应安排在装配前。

②先下后上。使模具装配过程中的重心处于最稳定的状态。

③先内后外。先装配产品内部的零部件,使先装部分不妨碍后续的装配。

④先难后易。在开始装配时,基准件上有较开阔的安装、调整和检测空间,较难装配的零部件应安排在先。

⑤可能损坏前面装配质量的工序应安排在先。如装配中的压力装配、加热装配、补充加工工序等,应安排在装配初期。

⑥及时安排检测工序。在完成对装配质量有较大影响的工序后,应及时进行检测,检测合格后方可进行后续工序的装配。

⑦使用相同设备、工艺装备及具有特殊环境的工序应集中安排。这样,可减少产品在装配地的迁回。

⑧处于基准件同一方位的装配工序应尽可能集中连续安排。

(2)模具装配工艺规程的编制

生产实践中对一般模具的装配只编制装配要点,编制装配工艺规程的步骤和主要内容有:

①分析模具装配图,审查装配工艺性,审核模具装配图样的正确性、完整性,分析模具结构的工艺性。

②划分装配组件,选择装配基准,确定装配顺序,将模具划分为组件,装配时应先进行组装,然后进行总装。确定装配顺序。应考虑基准件的工作状态,根据零件之间相互依赖的关系(如凸模、凹模间隙是否均匀以及压力中心和漏料的位置等)和保证装配精度的难易程度来确定总装顺序(不同类型的模具有不同的装配顺序)。模具的装配顺序如图4.1所示。

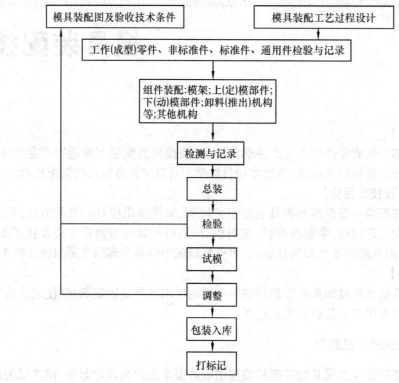

图4.1 模具的装配顺序

③确定控制凸模、凹模间隙的方法,冲压模装配时必须保证凸模、凹模的间隙均匀一致。塑料模的型芯与型腔形成了塑料制件的壁厚,在装配时也要保证二者间隙的均匀性。为保证间隙均匀,装配时采用如下方法:先固定两者中的一个的位置,以此为基准控制间隙,直到间隙均匀,然后固定另外一部分。

④确定检验与试模方法。

⑤编制装配工艺文件,模具制造单件小批生产。

(3)装配尺寸链的概念

装配的精度要求,与影响该精度的尺寸构成的尺寸链,称为装配尺寸链。如图4.2(a)所示为落料冲模的工作部分,装配时,要求保证凸模、凹模冲裁间隙。根据相关尺寸绘出尺寸链图,如图4.2(b)所示。

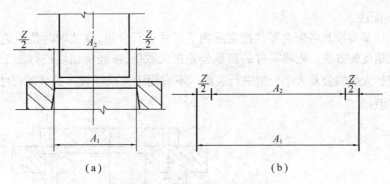

图4.2 凸模、凹模的冲裁间隙

用极值法解装配尺寸链,与工艺尺寸链的极值解法相类似。以图4.2所示落料冲模为例。

A_1为增环,A_2为减环,计算封闭的基本尺寸

$$A_\Sigma = Z = \sum_{i=1}^{m} \overrightarrow{A_i} - \sum_{i=m+1}^{n-1} \overleftarrow{A_i} = 29.74 \text{ mm} - 29.64 \text{ mm} = 0.10 \text{ mm}$$

计算封闭环的上、下偏差

$$ESA_\Sigma = \sum_{i=1}^{m} ES\overrightarrow{A_i} - \sum_{i=m+1}^{n-1} EI\overleftarrow{A_i} = +0.024 \text{ mm} - (-0.016) \text{ mm} = 0.04 \text{ mm}$$

$$EIA_\Sigma = \sum_{i=1}^{m} EI\overrightarrow{A_i} - \sum_{i=m+1}^{n-1} ES\overleftarrow{A_i} = 0$$

求出冲裁间隙的尺寸及偏差为 $0.10^{+0.040}_{0}$ mm,能满足

$Z_{min} = 0.10$ mm,$Z_{max} = 0.14$ mm。

(4)装配方法及其应用范围

1)互换装配法

根据待装零件能够达到的互换程度,互换装配法可分为完全互换法和不完全互换法。

2)完全互换法

完全互换法是指装配时,各配合零件不经过选择、修理和调整即可达到装配精度要求的装配方法。该方法的优点是:装配工作简单,质量稳定,易于流水作业,效率高,对装配工人技术水平要求低,模具维修方便,只适用于大批、大量和尺寸链较短的模具零件的装配工作。

①在装配时各配合零件不经修理、选择和调整即可达到装配的精度要求。

$$T_\Sigma \geqslant T_1 + T_2 + \cdots + T_{n-1} = \sum_{i=1}^{n-1} T_i$$

②特点:装配简单,对工人技术要求不高,装配质量稳定,易于流水作业,生产率高,产品维修方便;但其零件加工困难。

3)不完全互换法

不完全互换法是指装配时,各配合零件的制造公差有一部分不能达到完全互换装配的要求。这种方法解决了前述方法计算出来的零件尺寸公差偏高、制造困难的问题,使模具零件的加工变得容易和经济。按 $T_\Sigma = \sqrt{\sum_{i=1}^{n-1} T_i^2}$ 确定装配尺寸链中各组成零件的尺寸公差,可使尺寸链中各组成环的公差增大,使产品加工容易和经济,但仍会有0.27%的零件不合格。

4)分组装配法

分组装配法是将模具各配合零件按实际测量尺寸进行分组,在装配时按组进行互换装配,使其达到装配精度的方法。先将零件的制造公差扩大数倍,按经济精度进行加工,然后将加工出来的零件按扩大前的公差大小分组进行装配。不宜用于组成环较多的装配尺寸链,一般 $n < 4$,如图 4.3 所示。

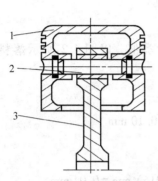

图 4.3 活塞、连杆组装图
1—活塞;2—活塞销;3—连杆

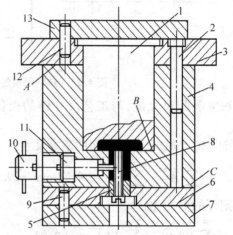

图 4.4 热固性塑料压模
1—上型芯;2—导柱;3—上固定板;4—凹模;
5—下型芯;6—下固定板;7—模板;8—型芯;9—销;
10—工具;11—型芯;12—销;13—上模板

5)修配装配法

在装配时修去指定零件上的预留修配量以达到装配精度的方法,称为修配法。

①指定零件修配法。指定零件修配法是在装配尺寸链的组成环中,指定一个容易修配的零件为修配件(修配环),并预留一定的加工余量,装配时对该零件根据实测尺寸进行修磨,达到装配精度要求的方法,如图 4.4 所示。

②合并加工修配法。是将两个或两个以上的配合零件装配后,再进行机械加工使其达到装配要求的方法,如图 4.5 所示。

6)自身加工修配法

用产品自身所具有的加工能力对修配进行加工,达到装配精度的方法,称为自身加工修配法,如图 4.6 所示。

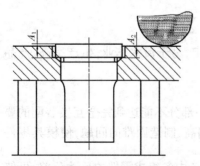

图 4.5 磨凸模和固定板的上平面

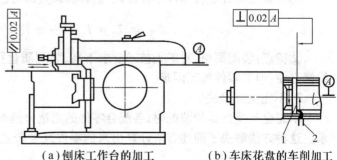

(a)刨床工作台的加工   (b)车床花盘的车削加工

图 4.6 自身加工修配法
1—花盘;2—车刀

7)调整装配法

调整装配法是用改变模具中可调整零件的相对位置或选用合适的调整零件,以达到装配精度的方法。可分为以下两种:

①可动调整法:是在装配时用改变调整件的位置来达到装配精度的方法。如图4.7所示,用螺钉调整塑料注射模具自动脱螺纹装置滚动轴承的间隙。转动调整螺钉,可使轴承外环作轴向移动,使轴承外环、滚珠及内环之间保持适当的配合间隙。此方法不用拆卸零件,操作方便,应用广泛。

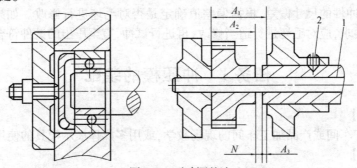

图4.7 可动调整法
1—调整套筒;2—定位螺钉

②固定调整法:是在装配过程中选用合适的调整件,达到装配精度的方法。塑料注射模具滑块型芯水平位置的调整,如图4.8所示。可通过更换调整垫的厚度达到装配精度的要求,调整垫可制造成不同厚度,装配时根据预装配时对间隙的测量结果,选择一个适当厚度的调整垫进行装配,达到所要求的型芯位置。

(5)弯曲模和拉深模的装配特点

1)弯曲模

弯曲模的作用是使坯料在塑性变形范围内进行弯曲,由弯曲后材料产生的永久变形,获得所要求的形状。一般情况下,弯曲模的导套、导柱的配合要求可略低于冲裁模,但凸模与凹模工作部分的粗糙度要求比冲裁模要高($R_a < 0.63\ \mu m$),以提高模具寿命和制件的表面质量。在制造模具时,常要按试模时的回弹值修正凸模(或凹模)的形状。为了便于修整,弯曲模的凸模和凹模多在试模合格以后才进行热处理。

2)拉深模

拉深工艺是使金属板料(或空心坯料)在模具作用下产生塑性变形,变成开口的空心制件。同冲裁模相比,拉深模具有以下特点:

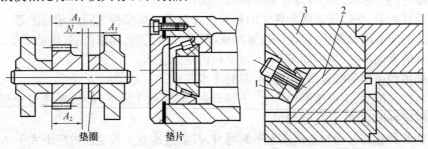

图4.8 固定调整法

1—调整垫;2—滑块型芯;3—定模板

冲裁模凸模、凹模的工作端部有锋利的刃口,而拉深模凸模、凹模的工作端部则要求有光滑的困角。通常拉深模工作零件的表面粗糙度(一般 $R_a = 0.32 \sim 0.04\ \mu m$)要求比冲裁模要高。冲裁模所冲出的制件尺寸容易控制,如果模具制造正确,冲出的制件一般是合格的。而拉深模即使组成零件制造很精确,装配得也很好,但由于材料弹性变形的影响,拉深出的制件不一定合格。因此,在模具试冲后常常要对模具进行修整加工。

拉深模试冲的目的有两个:通过试冲发现模具存在的缺陷,找出原因并进行调整、修正。最后确定制件拉深前的毛坯尺寸。为此,应先按原来的工艺设计方案制作一个毛坯进行试冲,并测量出试冲件的尺寸偏差,根据偏差值确定是否对毛坯进行修改。如果试冲件不能满足原来的设计要求,应对毛坯进行适当修改,再进行试冲,直至压出的试件符合要求。

任务 1　冲压模的装配

【活动场景】

在模具加工车间或产品加工车间的现场教学,或用多媒体展示模具的使用与生产。

【任务要求】

理解冲压模的装配工艺过程;理解简单应用冲压模具零件的组件装配方法和工艺规范及过程;凸模、凹模间隙的控制方法;综合应用冲压模具的装配为案例,分析装配方法和步骤;掌握冲压模具零件的组件装配方法和工艺规范及过程;分析和掌握冲压模具的装配工艺规范和装配流程。

【知识准备】

(1)模具装配基本要求

冲模的装配是冲模制造中的关键工序。冲模装配质量直接影响制件的质量、冲模的技术状态和使用寿命。

1)冲模外观和安装尺寸要求

①冲模外露部分锐角应倒钝,安装面应光滑平整,螺钉、销钉头部不能高出安装基面,并无明显毛刺及击伤痕迹。

②模具的闭合高度、安装于压力机上的各配合部位尺寸,应符合选用的设备规格。

③装配后冲模应刻有模具编号和产品零件图号。大、中型冲模,应设有起吊孔。

2)冲模总体装配精度要求

①冲模各零件的材料、几何形状、尺寸、精度、表面粗糙度和热处理硬度等均应符合图纸要求。各零件的工作表面不容许有裂纹和机械损伤。

②冲模装配后,必须保证各零件间的相对位置精度。如模板之间的平行度等。

③模具的所有活动部位,应保证位置准确、配合间隙适当、动作可靠、运动平稳。

④模具的紧固零件,应牢固可靠,不得出现松动和脱落。

⑤所选用的模架等级应满足制件所需的技术要求。

⑥模具在装配后,上模座沿导柱上、下移动时,应平稳无滞涩现象,导柱与导套的配合精度应符合规定标准要求,且间隙均匀。

⑦模柄的圆柱部分应与上模座上平面垂直,其垂直度在全长范围内应不大于 0.05 mm。

⑧所有的凸模应垂直于固定板安装基准面。

⑨装配后的凸模与凹模间隙应均匀。并符合图样上的要求。

⑩坯料在冲压时,定位要准确、可靠、安全。

⑪冲模的出件与退料应畅通无阻。

⑫装配后的冲模,应符合装配图样上除上述要求外的其他技术要求。

⑬冲模装配的基本特点是配作,现在也有少量互换性制造。

3)模具装配的工艺过程、装配要点及装配顺序选择

①装配前的准备工作。熟悉装配工艺规程,装配前,熟读装配工艺文件,了解所要装配模具的全过程。读懂研究总装配图,装配图是冲模总装配的主要依据。模具结构在很大程度上决定了模具的装配程序和方法。清理检查零件,根据总装配图上的零件的明细表,来清点和清洗零件。检查工作零件的尺寸和形位公差,查明各配合面的间隙、加工余量等。掌握冲模技术验收条件,冲模技术验收条件是模具质量标准及验收依据。

②组件装配。

③总装配。

④检验和调试。

冷冲模装配的主要要求是保证冲模间隙的均匀性;保证导向零件导向良好,卸料装置和顶出装置工作灵活有效;保证排料孔畅通无阻,冲压件或废料不卡在模具内;保证其他零件的相对位置精度等。以图4.9所示冲裁模为例,说明冲裁模的装配方法。

(2)冲裁模装配的技术要求

①装配好的冲模,其闭合高度应符合设计要求。

②模柄装入上模座后,其轴心线对上模座上平面的垂直度误差,在全长范围内不大于0.05 mm。

③导柱和导套装配后其轴心线应分别垂直于下模座的底平面和上模座的上平面。

④上模座的上平面应和下模座的底平面平行。

⑤装入模架的每对导柱和导套的配合间隙值应符合规定要求。

⑥装配好的模架,其上模座沿导柱上、下移动应平稳,无阻滞现象。

⑦装配后的导柱,其固定端面与下模座下平面应保留1~2 mm距离,选用B型导套时,装配后其固定端面低于上模座上平面1~2 mm。

⑧凸模和凹模的配合间隙应符合设计要求,沿整个刃口轮廓应均匀一致。

⑨定位装置要保证定位正确可靠。

⑩卸料及顶件装置灵活、出料孔畅通无阻,保证制件及废料不卡在冲模内。

⑪模具应在产生的条件下进行试验,冲出的制件应符合设计要求。

图4.9为冲裁模装配图。

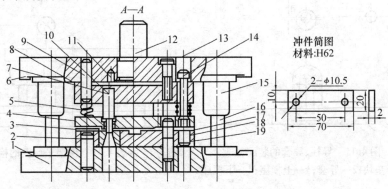

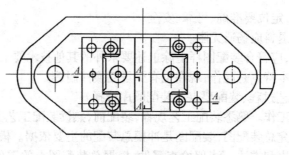

图 4.9　冲裁模

1—下模座;2—凹模;3—定位板;4—弹压卸料板;5—弹簧;6—上模座;7,18—固定板;
8—垫板;9,5,19—销钉;10—凸模;12—模柄;13,17—螺钉;14—卸料螺钉;15—导套;16—导柱

(3)模架的装配

1)模柄的装配

图 4.10 所示的冲裁模采用压入式模柄。模柄与上模座的配合为 H7/m6。

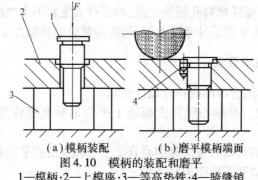

（a）模柄装配　　（b）磨平模柄端面
图 4.10　模柄的装配和磨平
1—模柄;2—上模座;3—等高垫铁;4—骑缝销

2)导柱和导套的装配

图 4.11 所示冲模的导柱、导套与上、下模座均采用压入式连接。导柱、导套与模座的配合分别为 H7/r6 和 R7r6。压入时,要注意校正导柱对模座底面的垂直度。导柱装配后的垂直度误差采用比较测量进行检验,将装配好导柱和导套的模座组合在一起,按要求检测被测表面,如图 4.12 所示。

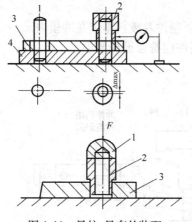

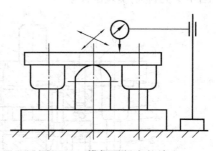

图 4.11　导柱、导套的装配　　　图 4.12　模架平行度的检查

1—帽形垫块;2—导套;3—上模座;4—下模座

3）凹模和凸模的装配

凹模与固定板的配合常采用 H7/n6 或 H7/m6。凸模与固定板的配合常采用 H7/n6 或 H7/m6。

(4) 凸模的装配

如图 4.13 所示。在平面磨床上将凸模的上端面和固定板一起磨平,如图 4.14 所示。固定端带台肩的凸模如图 4.15 所示。

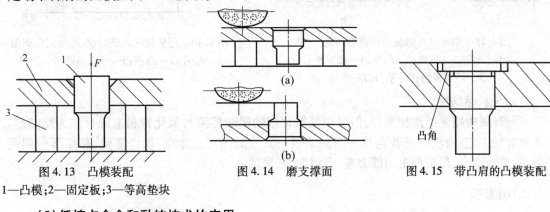

图 4.13　凸模装配　　　　　图 4.14　磨支撑面　　　　　图 4.15　带凸肩的凸模装配

1—凸模;2—固定板;3—等高垫块

(5) 低熔点合金和黏结技术的应用

1）低熔点合金固定法

浇注时,以凹模的型孔作定位基准安装凸模,用螺钉和平行夹头将凸模、凹模固定板和托板固定,如图 4.16 所示。

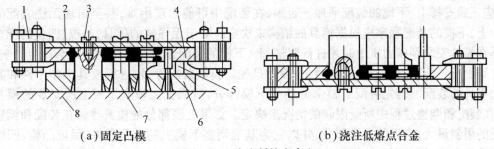

(a) 固定凸模　　　　　　　　　　(b) 浇注低熔点合金

图 4.16　浇注低熔点合金

1—平行夹头;2—托板;3—螺钉;4—凸模固定板;5—等高垫铁;6—凹模;7—凸模;8—平板

2）环氧树脂固定法

①结构形式,如图 4.17 所示是用环氧树脂黏结法固定凸模的几种结构形式。

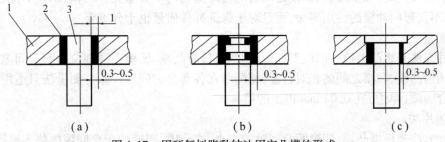

(a)　　　　　　　　　(b)　　　　　　　　　(c)

图 4.17　用环氧树脂黏结法固定凸模的形式

1—凸模固定板;2—环氧树脂;3—凸模

②环氧树脂黏结剂的主要成分:环氧树脂、增塑剂、硬化剂、稀释剂各种填料。

③浇注,如图 4.18 所示。

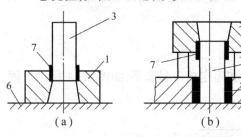
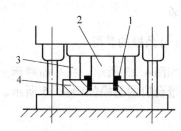

图 4.18　用环氧树脂黏结剂浇注固定凸模
1—凹模;2—垫块;3—凸模;4—固定板;
5—环氧树脂;6—平台;7—垫片

图 4.19　用垫片法调整凸模、凹模配合间隙
1—垫片;2—凸模;3—等高垫铁;4—凹模

3)无机黏结法

与环氧树脂黏结法相类似,但采用氢氧化铝的磷酸溶液与氧化铜粉末混合作为黏结剂。无机黏结工艺:清洗—安装定位—调黏结剂—黏结剂固定。特点:操作简便,黏结部位耐高温、抗剪强度高,但抗冲击的能力差、不耐酸、碱腐蚀。

(6)总装

冲模在使用时下模座部分被压紧在压力机的工作台上,是模具的固定部分。上模座部分通过模柄和压力机的滑块连为一体是模具的活动部分。模具工作时安装在活动部分和固定部分上的模具工作零件,必须保持正确的相对位置,能使模具获得正常的工作状态。装配模具时为了方便地将上、下两部分的工作零件调整到正确位置,使凸模、凹模具有均匀的冲裁间隙,应正确安排上、下模的装配顺序。否则,在装配中可能出现困难,甚至出现无法装配的情况。上、下模的装配顺序应根据模具的结构来决定。对于无导柱的模具,凸模、凹模的配合间隙是在模具安装到压力机上时才进行调整,上、下模的装配先后对装配过程不会产生影响,可以分别进行。装配有模架的模具时,一般总是先将模架装配好,再进行模具工作零件和其他结构零件的装配。是先装配上模部分还是下模部分,应根据上模和下模上所安装的模具零件,在装配和调整过程中所受限制的情况来决定。如果上模部分的模具零件在装配和调整时所受的限制最大,应先装上模部分,并以它为基准调整下模上的模具零件,保证凸模、凹模配合间隙均匀。反之,则先装模具的固定部分,并以它为基准调整模具活动部分的零件。

(7)调整冲裁间隙的方法

在模具装配时,保证凸模、凹模之间的配合间隙均匀十分重要。凸模、凹模的配合间隙是否均匀,不仅影响冲模的使用寿命,而且对于保证冲件质量也十分重要。

1)测量法

这种方法是将凸模插入凹模型孔内,用塞尺检查凸模、凹模不同部位的配合间隙,根据检查结果调整凸模、凹模之间的相对位置,使两者在各部分的间隙一致。测量法只适用于凸模、凹模配合间隙(单边)在 0.02 mm 以上的模具。

2)垫片法

这种方法是根据凸模、凹模配合间隙的大小,在凸模、凹模的配合间隙内垫入厚度均匀的纸条(易碎不可靠)或金属片,使凸模、凹模配合间隙均匀,如图 4.19 所示。

3)涂层法

在凸模上涂一层涂料(如磁漆或氨基醇酸绝缘漆等),其厚度等于凸模、凹模的配合间隙(单边),再将凸模插入凹模型孔,获得均匀的冲裁间隙,此方法简便,对于不能用垫片法(小间隙)进行调整的冲模很适用。

4)镀铜法

镀铜法和涂层法相似,在凸模的工作端镀一层厚度等于凸模、凹模单边配合间隙的铜层代替涂料层,使凸模、凹模获得均匀的配合间隙。镀层厚度用电流及电镀时间来控制,厚度均匀,易保证模具冲裁间隙均匀。镀层在模具使用过程中可以自行剥落而在装配后不必去除。

(8)利用工艺定位器

如图 4.20 所示,图中 d_1 与凸模滑配合,d_2 与凹模滑配合,d_3 与凸凹模的孔滑配合,并且尺寸 d_1,d_2,d_3 都是在车床的一次装夹中完成,以保证三者之间的同轴度。

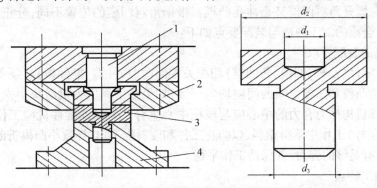

图 4.20　工艺定位器调整间隙示意图

1—凸模;2—凹模;3—工艺定位器;4—凸凹模

(9)利用工艺尺寸

制造凸模时,将凸模的工作部分加长 1 ~ 2 mm,将加长部分的尺寸增加到正好与凹模滑配。装配时,凸模、凹模容易对中,保证二者配合间隙均匀。在装配完成后将凸模加长部分的工艺尺寸磨去。

(10)试模

冲模装配完成后,在生产条件下进行试冲,通过试冲可以发现模具的设计和制造缺陷,找出产生的原因,对模具进行适当的调整和修理后再进行试冲,直到模具能正常工作,冲出合格的制件,模具的装配过程即告结束。

对于连续模,由于在一次行程中有多个凸模同时工作,保证各凸模与其对应型孔都有均匀的冲裁间隙,是装配的关键所在。因此,应保证固定板与凹模上对应孔的位置尺寸一致,同时使连续模的导柱、导套比单工序导柱模有更好的导向精度。为了确保模具有良好的工作状态,卸料板与凸模固定板上的对应孔的位置尺寸也应保持一致。所以,在加工凹模、卸料板和凸模固定板时,必须严格保证孔的位置尺寸精度,否则将给装配造成困难,甚至无法装配。在可能的情况下,采用低熔点合金和黏结技术固定凸模,以降低固定板的加工要求。或将凹模作成镶拼结构,以使装配时调整方便。为了保证冲裁件的加工质量,在装配连续模时要特别注意保证送料长度和凸模间距(步距)之间的尺寸要求。

模具装配机主要由床身、上台板、工作台(下台板)及传动机构等组成。装配时,在上台板及工作台上可分别固定上、下模座,使其具有可以分别装配模具零件的功能。上台板上的滑块可根据上模座的大小确定位置,通过螺钉和压板将上模座固定在适当位置上。上台板通过左、右支架以及四根导柱与工作台和床身连接,通过相关机构可使上台板在360°范围内任意翻转、平置定位;沿导柱上、下升降,从而能调整模具的闭合高度以及对准上下模、合模、调整凸模、凹模配合间隙。有的模具装配机还设置有钻孔装置,可以在模具装配正确后直接在装配机上钻销钉孔。

(11)复合式冲裁模装配

复合模是指在压力机一次行程中,可以在冲裁模的同一个位置上完成冲孔和落料等多个工序。其结构特点主要表现在它必须具有一个外缘可作落料凹模,内孔可作冲孔凸模用的复合式凸凹模,它既是落料凹模又是冲孔凸模。根据落料凹模的位置不同,分正装复合模和倒装复合模。复合模的加工制造与装配要点如下:

1)复合模的装配要求

主要工作零件(凸模、凹模、凸凹模)和相关零件(如顶件器、推件板)必须保证加工精度;装配时,要保证凸模和凹模之间的间隙均匀一致;如果是依靠压力机滑块中横梁的打击来实现推件的,推杆机构推力合力的中心应与模柄中心重合。为保证推件机构工作可靠,推件机构的零件(如顶杆)工作中不得歪斜,以防止工件和废料推不出,导致小凸模折断;下模中设置的顶件机构应有足够的弹力,并保持工作平稳。

2)零件加工特点

在加工制造复合模零件时,若采用一般机械加工方法,可按下列顺序进行加工。首先加工冲孔凸模,并经热处理淬硬后,经修整后达到图样形状及尺寸精度要求。对凸凹模进行粗加工后,按图样划线、加工型孔。型孔加工后,用加工好的冲孔凸模压印锉修整成型。淬硬凸凹模,用外形压印锉修整凹模孔。加工退件器,退件器可按划线加工,也可与凸凹模一体加工,加工后切下一段即可作为退件器。冲孔凸模通过卸料器压印,加工凸模固定板型孔。

3)复合模的装配顺序

对于导柱复合模,一般先装上模,然后找正下模中凸凹模的位置,按照冲孔凸模型孔加工出排料孔。复合模装配分为配作装配法和直接装配法两种方法。使用配做法装配复合模的主要工艺过程如下:

①组件装配。模具总装配前,将主要零件如模架、模柄、凸模等进行组装。

②总装配。先装上模,然后以上模为基准装配下模。

③调整凸凹模间隙。

④安装其他辅助零件。安装调整卸料板、导料板、挡料销及卸料橡皮等辅助零件。

⑤检查。模具装配完毕后,应对模具各部分作一次全面检查。如模具的闭合高度、卸料板卸料状况、漏料孔及退件系统作用情况、各部位螺钉及销钉是否拧紧以及按图样检查有无漏装、错装的地方。然后可试切打样,进行检查、修正。

【任务实施】

冷冲模凸模、凹模间隙控制方法与装配实例,用低熔点合金浇注固定凸模,用无机黏结剂固定凸模,用环氧树脂固定凸模的5个模块。按照装配的相关要求,循序渐进地进行训练。

冷冲模凸模、凹模间隙控制的具体操作方法如下：

(1) 垫片法

1) 初步固定凸模

一般凹模已装配完毕，将凸模固定板安放在上模座上，初步对准位置，用夹板夹紧，螺钉不要拧得太紧。

2) 放垫片

在凹模刃口四周放垫片(紫铜片或厚纸片、薄块规)，垫片厚度等于单边间隙值。

3) 合模观察调整

将上模板的导套慢慢套进导柱，观察各凸模是否顺利进入凹模并与垫片接触，将等高垫铁垫好后，用敲击固定板方法，调整间隙直到均匀为止，然后拧紧上模板螺钉。

4) 切纸试冲

由切纸观察间隙是否均匀，若不均匀，则拧松螺钉，继续调整，直到均匀为止。

5) 固定凸模

钻铰上模板及固定板销孔，打入销钉。

(2) 测量法

①将凸模、凹模分别用螺钉固定在上下模座的适当位置后(以凹模为基准件，则上模座螺钉不要拧紧)，凸模合于凹模孔内。

②用塞尺(厚薄规)或模具间隙测量仪测量刃口四周间隙是否均匀，并根据测量结果进行调整(方法仍用敲击固定板法)。

③间隙调整均匀后，切纸试冲，检查装配是否正确，如不正确则继续调整。

④调整合适后，紧固上模。

(3) 酸腐蚀法

加工凸模时，使凸模尺寸与凹模尺寸相同，装配后再用酸腐蚀，保证凸模、凹模间隙值符合要求。腐蚀后再用清水冲洗干净，酸液配方有两种：一种是硝酸20% + 醋酸30% + 水50%；另一种是蒸馏水55% + 双氧水25% + 草酸20% + 硫酸(1% ～2%)，腐蚀时要控制时间，保证尺寸到位。

(4) 透光法

①分别安装上模和下模，螺钉先不要紧固，销钉暂不装配。

②将垫块放在固定板和凹模之间垫起，并用夹钳夹紧。

③翻转合模后的上下模，并将模柄夹紧在平口钳上，如图4.21所示。

④用光源5照射，并在下模漏料孔中观察。根据透光情况来确定间隙大小和分布状况。当发现凸模与凹模之间所透光线在某一方向上偏多，则表明间隙在此方向上偏大，可用手锤敲击相应的侧面，使其凸模(上模)向偏大的方向移动，再反复透光观察，直到合适为止。

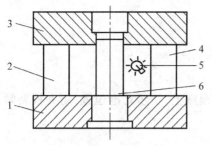

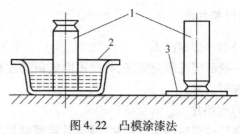

图 4.21　透光法

1—固定板;2,4—等高垫铁;

3—凹模;5—光源;6—凸模

图 4.22　凸模涂漆法

1—凸模;2—盛漆器;3—垫板

(5)涂层法

在凸模上涂一层薄膜材料,涂层厚度等于单边间隙。涂层有以下 3 种:涂淡金水、涂拉夫桑薄膜、涂漆(原料为氨基醇酸绝缘漆或配灰过氯乙烯外用磁漆)。

凸模涂漆步骤(见图 4.22):

①将凸模插入盛漆器内约 15 mm 深度,刃口向下。浸后稍等片刻,取出凸模,用吸水纸擦拭端面,调头刃口向上,放于平台之上,让漆慢慢向下流,形成一定锥度。

②烘干:由室温升至 100~120 ℃,保温 0.5~1.5 h,随炉冷却后,即可装配。

③修刮:对于非圆形、椭圆形或极光滑成型面,在转角处漆膜较厚,烘干后应刮去。

注意事项:涂层厚度与漆黏度有关,涂前应按间隙值大小选用合适黏度的漆;涂层装配后不必去除,在试冲过程中会自行脱落;用低熔点合金浇注固定凸模,利用低熔点合金浇注固定凸模的几种结构形式如图 4.23 所示,可供在冲模制造时,根据具体情况,参考选用。

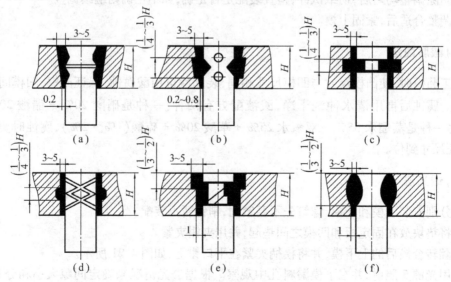

图 4.23　低熔点合金浇注固定凸模结构形式(单位:mm)

表 4.1　常用低熔点合金的配方、性能和适用范围

序号	构成元素	名　　称	锑(Sb)	铅(Pb)	镉(Cd)	铋(Bi)	锡(Sn)	适用范围
		熔点/℃	630.5	327.4	320.9	271	232	
		密度/(g·cm⁻³)	6.69	11.34	8.64	9.8	7.28	
1	成分(质量百分比)		9	28.5	—	48	14.5	固定凸模、凹模、导套,浇注卸料板、导向孔
2			5	35		45	15	
3			—	—		58	42	浇注成型模型腔
4			1			57	42	
5				27	10	50	13	固定电极、电气靠模

(6)配制合金

①将其打碎成 5~25 mm³ 的小碎块。

②按配比将各金属元素配好,并分开存放。

③用坩埚加热,依次按熔点高低先后加入铅、镉、锡等金属。每加入一种金属元素,都要用搅拌棒搅拌均匀。待金属全部熔化后,再加另一种金属。图 4.24 浇注低熔点合金固定凸模。

④所有金属全部熔化后,冷却至 300 ℃,然后浇入槽钢或角钢做成的模型内,急冷成锭。

⑤使用时,按需要量的多少,将合金锭熔化。

(7)浇注

浇注的方法,如图 4.24 所示。

①按凸模、凹模间隙要求,在凸模 6 工作部分表面镀铜或均匀涂漆,使涂层厚度恰好为间隙值。

②将被浇注凸模的浇注部位及固定板与型孔清洗干净。

③将凸模 6 轻轻敲入凹模 2 型孔内(若间隙较大时,可用垫入垫片的方法来调整凸模、凹模间隙)并校正凸模 6 与凹模固定板 1 基准面垂直度。

④将已插入凸模 6 的凹模 2 倒置,把凸模固定端插入固定板型孔中,同时,在凹模 2 和固定板 5 之间垫上等高垫铁 3,使凸模端面与平台平面贴合。

⑤安装定位后,将合金锭熔化,用料勺浇入凸模 6 与固定板 5 配合的间隙内。

⑥浇注后的合金经 24 h 后,用平面磨床将其底面磨平即可使用。

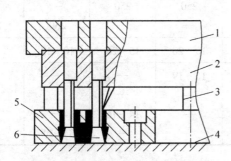

图 4.24　浇注低熔点合金固定凸模

1—凹模固定板;2—凹模;3—等高垫铁;

4—平台;5—固定板;6—凸模

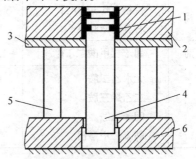

图 4.25　无机黏结剂固定凸模

1—凸模;2—固定板;3—垫板;

4—间隙垫片;5—垫铁;6—凹模

93

用无机黏结剂固定凸模,用粘连法固定凸模主要有无机黏结剂、环氧树脂及厌氧胶3种黏结剂。其中,环氧树脂、无机黏结剂可以自配,厌氧胶市场上可以直接购买。查询无机黏结剂的配方,见表4.2。

表4.2　无机黏结剂配方

原料名称	配　比	说　明
氧化铜	4~5 g	黑色粉末状,320目;二三级试剂,含量不少于98%
磷酸	1 mL	密度要求在1.7~1.9 g/cm³ 范围内;二三级试剂,含量不少于85%
氢氧化铝	0.04~0.08 g	白色粉末状;二三级试剂

(8)配制无机黏结剂

①将所需的氢氧化铝先与10 mL磷酸置于烧杯内混合,搅拌均匀呈乳白色状态。

②再倒入20 mL磷酸,加热并不断搅拌,加热至200~240 ℃使之呈淡茶色,冷却后即可使用,图4.25为无机黏结剂固定凸模。

③将氧化铜放在干净的铜板上,并缓慢地倒入上述调好的磷酸溶液,用竹签搅拌调成糊状,一般能拉出20 mm长丝即可。

(9)粘连凸模

①利用丙酮或甲苯等化学试剂清洗被粘接表面,去除油污和锈斑。

②将冲模各有关零件,按装配要求安装定位,如图4.25所示摆放好。

③将调好的黏结剂,均匀涂于各粘接表面。粘接时,可将凸模上下移动,以排除气泡,最后确定固定位置粘接。

④粘接固化后,经钳工修整、清除多余的溢料,即可使用。用环氧树脂固定凸模,查询环氧树脂黏结剂配方,环氧树脂黏结剂配方见表4.3。

表4.3　环氧树脂黏结剂配方

组成成分	名　称	配比(按质量分数)/%				
		1	2	3	4	5
黏结剂	环氧树脂634、610	100	100	100	100	100
填充剂	铁粉200~300目	250	250	250	—	—
	石英粉200目	—	—	—	250	250
增塑剂	邻苯二甲酸二丁酯	15~20	15~20	15~20	10~12	15
固化剂	无水乙二胺	8~10	16~19	—	—	—
	二乙烯三胺	—	—	—	—	10
	间苯二胺	—	—	14~16	—	—
	邻苯二甲酸酐	—	—	—	35~38	—

(10)配制环氧树脂黏结剂

①称料。将配方中各种成分的原料按计算数量配比,用天平计量好。

②加热。将环氧树脂放在烧杯内加热到 70 ~ 80 ℃。

③烘干铁粉。在环氧树脂加热的同时,将铁粉在烘箱内烘干。温度一般在 200 ℃ 左右,排除铁粉内部的潮气。

④加填充剂。将烘干的铁粉加入加热后的环氧树脂内,并调制均匀。

⑤加增塑剂。在调制的环氧树脂内,加入邻苯二甲酸二丁酯,继续搅拌,使之均匀。图 4.26 为环氧树脂粘接固定凸模。

⑥加固化剂。当调制的环氧树脂降至 40 ℃ 左右时,将无水乙二胺加入,并继续搅拌,待无气泡时,可以浇注使用。

(11)浇注粘接

①用丙酮清洗凸模及固定板型孔粘接部位,清除杂物及锈斑。

②把凸模插入凹模中,并调好间隙,使间隙均匀,同时保证凸模与凹模基准面的垂直度。

③用垫块将凸模与凹模组合垫起,并使凸模固定端伸入固定板相应型孔中,调好位置及间隙,如图 4.26 所示。

④将调好的环氧树脂用料勺均匀倒入凸模与凸模固定板的缝隙中,使其充满并分布均匀。或将凸模抬起一段距离,待环氧树脂全部填满后,再将其插入固定,如图 4.26 所示。

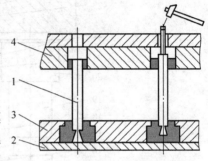

图 4.26 环氧树脂粘接固定凸模
1—凸模;2—垫板;3—固定板;4—凹模

⑤浇注时应边浇注边校正凸模与固定板上下平面的垂直度。

⑥自然冷却固化 24 h 后,即可进行其他形式的加工或装配。

图 4.27 所示为冲孔、落料复合模,其装配工艺如下:

1)装配组件

组件可按下列步骤进行装配。

①组装模架。将导套 20 与导柱 19 压入上、下模座,导柱导套之间要滑动平稳,无阻滞现象,保证上、下模座之间的平行度要求。

②组装模柄。采用压入式装配,将模柄 2 压入上模座 3 中,再钻、铰骑缝销钉孔,压入圆柱销 23,然后磨平模柄大端面。要求模柄与上下模座孔的配合为 H7/m6,模柄的轴线必须与上模座的上平面垂直。

③组装凸模、凹模。凸模和凹模与固定板的装配方法,在复合冲裁模中最常见的是紧固件法和压入法。将凸模 6 压入凸模固定板 7,保证凸模与固定板的垂直,并磨平凸模和凹模底面。然后放上凹模 9,磨平凸模和凹模刃口面。

2)总装配

将上述组件安装完毕,经检查无误后,可按下列步骤进行总装配。

①装配上模。把凸模、凹模和推件装置装入上模座。翻转上模座,找出模柄孔中心,划出中心线和安装用的轮廓线。然后按照外轮廓线,放正凸模固定板 7 及落料凹模 9,初步找正冲孔凸模和落料凹模之间的位置。夹紧上模部分,按照凹模螺孔配钻凸模固定板和上模座的螺钉过

95

孔。之后装入垫板 5 和全部推件装置,用螺钉将上模部分连接起来,并检查推件装置的灵活性。

②装配下模。将凸模、凹模装入下模座;再将凸模、凹模 18 压入固定板 17,保证凸模、凹模与固定板垂直,并磨平底面;将卸料板 10 套在凸模、凹模上,配钻固定板上的卸料弹簧安装孔;将装入固定板内的凸模、凹模放在下模座上,合上上模,根据上模找正凸模、凹模在模座上的位置。夹紧下模部分后移去上模,在下模座上划出排料孔线,并配钻安装螺钉 13 和卸料螺钉 15 的螺钉孔。加工下模座上的排料孔,比凹模的孔每边加大约 1 mm。用螺钉连接凸模、凹模固定板、垫板和下模座,并钻、铰销钉孔,打入销钉定位。

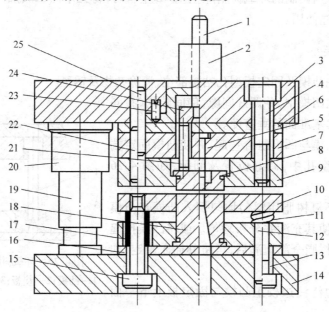

图 4.27　冲孔、落料复合模

1—打杆;2—模柄;3—上模座;4,13—螺钉;5,16—垫板;6—凸模;
7,17—固定板;8—推件块;9—凹模;10—卸料板;11—弹簧;12,22,23,25—圆柱销;
14—下模座;15—卸料螺钉;18—凸凹模;19—导柱;20—导套;21—连接推杆;24—推板

3)调整凸模、凹模间隙

采用切纸法调整冲裁模间隙的步骤如下:

①合拢上、下模,以凸模、凹模为基准,用切纸法精确找正冲孔凸模的位置。如果凸模与凸模、凹模的孔对得不正,可轻轻敲打凸模固定板,利用螺钉过孔的间隙进行调整,直至间隙均匀。然后钻、铰销钉孔,打入圆柱销 25 定位。

②用同样的方法精确找正落料凹模的位置,保证间隙均匀后,钻、铰销钉孔,打入圆柱销 22 定位。

③再次检查凸模、凹模间隙,如果因钻、铰销钉孔而引起间隙不均匀时,则应取出定位销,再次调整,直至间隙均匀为止。

④安装其他辅助零件。安装调整卸料板、导料销和挡料销等辅助零件。

⑤模具装配完毕后,应对模具各个部分作一次全面检查。如模具的闭合高度、卸料板上的导料销、挡料销与凹模上的避让孔是否有问题,模具零件有无错装、漏装,以及螺钉是否都已拧紧等。

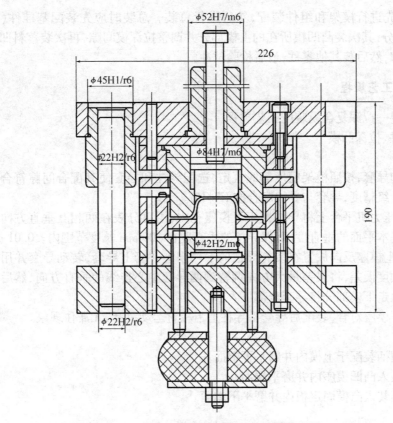

图 4.28 罩壳落料—拉深模装配图

任务 2 落料——拉深模装配工艺规程

【活动场景】

在模具加工车间或产品加工车间的现场教学,或用多媒体展示模具的使用与生产。

【任务要求】

掌握落料—拉深模装配工艺及相关技术。

【知识准备】

(1)分析模具装配图,审查装配工艺性

本模具是罩壳零件毛坯的落料工序和首次拉深工序的复合模。由装配图可见模具结构合理,采用了标准后置式模架。工作零件的固定方式、定位方式、卸料方式等合理可行。便于装配,拆卸和维修,尺寸标准及技术要求齐全合理。

(2)划分组件,选择装配基准,确定装配顺序

①模架部分和以下组件必须在总装之前先行组装:模柄与上模座组件;凸凹模与凸凹模固定板组件;拉深凸模与凸模固定板组件。

②选择装配基准,复合模内、外形表面相对位置精度较高,对装配要求也高。由于先装拉深凸模对调整间隙比较方便,故应选抗深凸模为装配基准件。

97

③装配顺序,先进行模架和组件装配,然后进行总装。总装时应先装配基准件(拉深凸模)所在的下模部分,其次装凸凹模所在的上模部分并调整拉深模间隙,再次装落料凹模并调整落料模之间间隙,然后装其他零件,最后检验试冲。

(3)制订装配工艺规程

罩壳零件落料—拉深复合模装配工艺规程。

1)装配基准件、拉深凸模

2)模架装配

①选配导柱和导套,按照模架精度等级规定,选配导柱和导套使其配合间隙符合技术要求。本例模架按Ⅱ级精度,导套与导柱配合按 H7/H6。

②压导柱,在压力机平台上将导柱置于下模座孔内,用百分表在两相互垂直方向检验和校正导柱与模座基本平面的垂直度,确保导柱的垂直度在 100 mm 长度范围内≤0.01 mm。

③装导套,将上模座反向放置在装有导柱的下模座上并套上导套,转动导套并用百分表检查内外表面同轴度误差,将误差最大方向调整到两导套中心连线的垂直方向,然后将导套压入一定长度后取走下模部分将导套全部压入。

④上模座与下模座对合,装配后导套沿导柱上下相对运动灵活,无滞住现象。

3)组件装配

①将压入式模柄装配于上模内并磨平下端面。

②将凸凹模装入凸凹模座内并磨平端面。

③将拉深凸模装入凸模固定板内并磨平下端面。

4)总装配

①安装固定拉深凸模组件,将拉深凸模组件与下垫板放在下模座中心,装入联结螺钉(4个)并拧紧。

②安装固定凸凹模组件,将凸凹模组件与上垫板用螺钉(4 个)固定在上模座上,用垫片法调整拉深凸模与凸凹模之拉深凹模的间隙,调整到位后拧紧螺钉并配作两个销钉。

③安装落料凹模,将落料凹模装在拉深凸模固定板上,并套装入顶料圈,用垫片法调整落料凹模与凸凹模之落料部分的间隙,并复查拉深部分间隙,确认调整到位并达到装配要求时,拧紧螺钉和配作两个销钉。

④其他零件的装配,打入挡料销,安装固定卸料和导尺。安装顶料杆,上、下托板,顶料橡胶及螺杆。

任务 3 级进模多工序冲模装配

【活动场景】

在模具加工车间或产品加工车间的现场教学,或用多媒体展示模具的使用与生产。

【任务要求】

掌握级进模多工序冲模装配工艺及相关技术。

【知识准备】

冲压级进模是在条料的送料方向上,具有两个以上的工位,并在压力机一次行程中,在不同的工位上完成两道或两道以上的冲压工序的冲模。在一副模具内可以完成零件的冲裁、翻边、弯曲、拉深、成型等工艺。

（1）冲压工序顺序安排的原则

①对于纯冲裁级进模，原则上先冲孔，随后再冲切外形余料，最后再从条料上冲下完整的工件。应保持条料载体的足够强度，能在冲压时准确无误送进。

②对于冲裁弯曲级进模，应先冲切掉孔和弯曲部分的外形余料，再进行弯曲，最后再冲靠近弯边的孔和侧面有孔位精度要求的侧壁孔，最后分离冲下零件。

③对于冲裁拉深级进模，先安排切口工序，再进行拉深，最后从条料上冲下工件。

④对于带有拉深、弯曲加工的冲压工件，先拉深，再冲切周边的余料，随后进行弯曲加工。

⑤对于带有压印的冲压工件，为了便于金属流动和减少压印力，压印部位周边余料要适当切除，然后再安排压印。最后再精确冲切余料。若压印部位上还有孔，原则上应在压印后再冲孔。

⑥对于带有压印、弯曲的冲压工件，原则上是先压印，然后冲切余料，再进行弯曲加工。

（2）级进模加工与装配的要点

1）加工与装配的要求

①凸模各型孔的相对位置及步距一定要准确加工装配。

②凸模的固定孔、凹模型孔、卸料板的导向孔三者的位置必须保持一致。

③各组凸模、凹模的间隙要均匀一致。

2）零件加工特点

级进模零部件加工时，可根据加工设备来确定加工顺序。在没有电火花及线切割机床设备的情况下，可采用如下加工方案：

①先加工凸模，并经淬火淬硬。

②对卸料板按图样进行划线，并利用机械或手工将其加工成型。其中，卸料板孔留有一定的精加工余量，作为用凸模压印加工的余量。

③将已加工的卸料板、凸模固定板、凹模坯件四周对齐，用夹钳夹紧，同钻螺孔及销孔。

④用已加工好的凸模在卸料板粗加工的型孔中，采用压印锉修整法将其加工成型，并达到一定的配合要求。

⑤把已加工好的卸料板与凹模用销钉固定，用加工好的卸料孔对凹模进行划线，划出凹模型孔，卸下后粗加工凹模孔，再用凸模压印锉修整，保证间隙均匀。

⑥利用同样的方法加工固定板型孔及下模板漏料孔。

3）装配要点

装配顺序选择。多工位级进模装配一般采取局部分装、总装组合的方法，即首先化整为零，先装配凹模固定板、凸模固定板和卸料镶块固定板等重要部件，然后再进行模具总装，先装下模部分，后装上模部分，最后调整好模具间隙和步距精度。级进模的结构多数采用镶拼形式，由若干块拼块或镶块组成。为了便于调整准确步距和保证间隙均匀，装配时对拼块凹模先把步距调整准确，并进行各组凸模、凹模的预配，检查间隙均匀程度，修正合格后再把凹模压入固定板。然后把固定板装入下模，以凹模定位装配凸模，再把凸模装入上模，待用切纸法试冲达到要求后，用销钉定位固定，再装入其他辅助零件。

4）模具装配法

①各组凸模、凹模预配。假如级进模的凹模是整体的而不是镶块组成的，则凹模型孔步距是靠加工凹模时保证的。若凹模是以拼块方式组合而成，则在装配时应特别仔细，以保证

拼块镶拼块后步距的精度。此时,装配钳工应在装配前仔细检查并修正凹模拼块宽度(拼块一般以各型孔中心分段拼合,即拼块宽度等于步距)和型孔中心距,使相邻两块宽度之和符合图样要求。在拼合拼块时,应按基准面排齐、磨平。再将凸模逐个插入相对应的凹模拼块模型孔内。检查凸模与凹模的配合情况。目测其配合间隙均匀程度,若有不妥应进行修正。

②组装凹模。先按凹模拼块拼装后的实际尺寸和要求的过盈量,修正凹模固定板固定孔的尺寸,然后把凹模拼块压入,进行最终检查,并用凸模复查,修正间隙。凹模组装后,应磨削上、下平面。

③凸模与卸料板导向孔预配。把卸料板安装到已装入凹模拼块的固定板上,对准各型孔后再用夹钳夹紧。然后,把凸模逐个插入相应的卸料板导向孔,进入凹模刃口,用宽座角尺检查凸模垂直度误差。若误差太大,应修正卸料板导向孔。

④装凸模。按前述凸模组装的工艺过程,将各凸模依次压入(浇注或粘接)凸模固定板。

⑤下模。首先按照下模板中心线找正凹模固定板位置,通过凹模固定板螺钉配钻下模座上的螺钉过孔。再将凹模固定板、垫板装在下模座上,用螺钉紧固后,钻铰销钉孔,打入销钉定位。

⑥上模。首先将卸料板套在凸模上,配钻凸模固定板上的卸料螺钉孔。然后,在下模的凹模上放上等高垫铁,将凸模组合的凸模相应插入各对应的凹模孔内。装上上模座,并在上模座上再划出凸模固定板螺孔、卸料螺钉孔的中心线,钻螺钉孔后,将上模板、凸模固定板、垫板用螺钉紧固在一起,同时复查凸、凹模间隙,并用切纸法检查间隙合适后,紧固螺钉,钻铰销钉孔,打入销钉定位。

⑦下模其他辅助零件。以凹模固定板外侧为基准,装导料板,并安装盛料板和侧压装置。经试冲合格后,钻铰销钉孔,打入销钉,固定导料板。

⑧卸料板。把卸料板装入上模,复查凸模与卸料板导向孔的配合状况。

⑨装配后总体检查。

(3) 装配机

模具装配机又称翻转机。主要用于大型精密模具的装配和模具修理。模具装配机有固定式和移动式两种。如图 4.29 所示为移动式模具装配机。

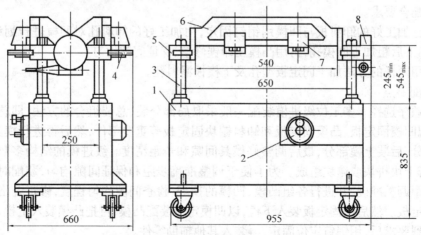

图 4.29　移动式模具装配机外形示意图

1—工作台;2—切换手轮;3—导柱;4—定位手柄;
5—左支架;6—上台板;7—滑块;8—右支架及蜗轮箱

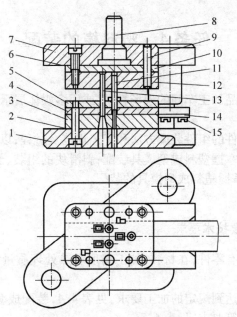

图 4.30　冲制方螺母连续模

1—下模板;2,6—内六角螺钉;3—凹模;4—导料板;
5—卸料板;7—上模板;8—模柄;9—圆柱销;10—上垫板;
11—凸模;12—凸模固定板;13—侧刃凸模;14—托料板;15—螺钉

(4)装配冲制方螺母连续模

如图 4.30 所示,为冲制方螺母连续模,其装配的方法可按下述步骤进行。

1)装配下模

首先按下模板中心线,找正凹模 3 位置,通过凹模螺钉过孔钻下模板 1 的螺钉过孔。再将凹模 3、卸料板 5、导料板 4、下模板 1 按各自位置用螺钉紧固,钻铰销钉孔(以凹模预先制好的销孔导模),打入销钉定位。

2)组装凸模

按前述凸模的组装工艺过程装配各凸模,依次压入(黏结或浇注)凸模固定板 12 中,并用平面磨床磨平各凸模刃口。

3)凸模固定板组合

将凸模固定板组合与装好的下模合模,使各凸模进入相应的凹孔内,并用等高垫铁在卸料板 5 和凸模固定板 12 间垫起。然后装上模板 7,调好位置后,通过固定板 12 螺钉孔导模上模板 7。

4)拆下上模板 7

钻螺孔后与上垫板 10、凸模固定板 12、卸料板 5 连接,用螺钉紧固,但不要很紧。

5)调整间隙

将上、下模合模,检查,调整各凸模、凹模相应间隙值。调整合适后,拧紧上模板螺钉,再通过固定板销孔,钻铰上模板销孔,并打入销钉。

6)安装其他辅件

安装其他辅件如托料板 14、限位钉等。

7)装配后进行总体试切、检查

任务4 塑料模的装配

【活动场景】

在模具加工车间或产品加工车间的现场教学,或用多媒体展示模具的使用与生产。

【任务要求】

掌握塑料成型模具零件的组件装配方法和工艺规范及过程;以塑料成型模具的装配为案例,分析装配方法和步骤,掌握塑料成型模具装配;斜滑块的组装、侧抽芯滑块的组装、多件整体型腔凹模的装配;分析掌握塑料成型模具的装配。

【知识准备】

(1)装配塑料模的主要技术要求

①组成塑料模的所有零件,在材料、加工精度和热处理质量等方面均应符合相应图样的要求。

②组成模架的零件应达到规定的加工要求,见表4.4,装配成套的模架应活动自如,并达到规定的平行度和垂直度等要求,见表4.5。

表4.4 模架零件的加工要求

零件名称	加工部位	条 件	要 求
动定模板	厚度 基准面 导柱孔 导柱孔	平行度 垂直度 孔径公差 孔距公差 垂直度	300:0.02 以内 300:0.02 以内 H7 ±0.02 mm 100:0.02 以内
导柱	压入部分直径 滑动部分直径 直线度 硬度	精磨 精磨 无弯曲变形 淬火、回火	k6 f7 100:0.02 以内 55HRC 以上
导套	外径 内径 内外径关系 硬度	磨削加工 磨削加工 同轴度 淬火、回火	k6 H7 0.012 mm 55HRC 以上

表4.5 模架组装后的精度要求

项 目	要 求	项 目	要 求
浇口板上平面对底板下平面的平行度	300:0.05	固定结合面间隙	不允许有
导柱导套轴线对模板的垂直度	100:0.02	分型面闭合时的贴合间隙	<0.03 mm

③装配后的闭合高度和安装部分的配合尺寸要求。

④模具的功能必须达到设计要求。抽芯滑块和推顶装置的动作要正常;加热和温度调节部分能正常工作;冷却水路畅通且无漏水现象;顶出形式、开模距离等均应符合设计要求及使

用设备的技术条件,分型面配合严密。

(2)塑料注射模具标准件的装配

塑料注射模具通常都是由一些基本部件组成的,如型腔、型芯部分,模架、导向部分,推出部分等。这些基本部件中有一大部分可采用标准件,这些标准件可以由专业制造厂采用专用机床进行生产,其生产的标准件质量高,互换性好,而且生产期短、成本低。

1)标准模架

模架是模具组成的基本部件。在标准模架中,定模座板用于在注射机上固定定模部分,其宽度尺寸比定模板宽 40~80 mm 以便于安装固定。同样,动模座板也宽于动模板。定模板和动模板用来加工和安装型腔、型芯部分组件,动模板与定模板之间由导柱和导套配合确定相对位置,一般导套安装于定模板,导柱安装于动模板。导套与导柱之间的配合精度保证了动模板与定模板闭合时的位置精度,标准模架一般采用 4 对导柱、导套对称布置,为防止动模板与定模板位置装反,其中,一对导柱、导套的位置尺寸要偏移 2 mm,推杆固定板与推板由螺钉固定在一起,组成推出部分,推出部位与定模板之间的相对位置由 4 根复位杆保证。推出部分的推出行程由垫块的高度决定。螺钉用来固定定模座板与定模板、模板与动模板、垫块。

2)导向系统标准件

常见的导柱形式有:带头导柱为带有轴向定位台阶,固定段与导向段具有同一公称尺寸直径、不同公差带的导柱;带肩导柱为带有轴向定位台阶。固定段直径公称尺寸大于导向段的导柱。导套与导柱配合保证导向精度。

3)推出系统标准件

推出系统标准件,塑料制件从模具型腔中推出,是靠推出系统完成的。推出系统常见的标准件有:推杆是使崩最多的标准件,圆柱头推杆其截面为圆形,带肩推杆其截面也为圆形,但直径有变化,以提高推杆的强度。扁推杆适合于薄壁部位的顶出。推杆和推管必须保证一定的长径比,以防止其在推出时发生弯曲,所以选用时应取较大的直径。推杆和推管有标准直径系列和标准长度系列,可根据实际需要进行选择。

推件板也是推山系统的标准件,但它与模架配套加工。

①浇注系统标准件,浇口套又称为主流道衬套。主流道上端与注射机喷嘴紧密对接,因此,其尺寸应按注射机喷嘴尺寸选择。浇口套的长度按模具模板厚度尺寸选取。

②其他标准件,定位环用于模具在注射机上的定位。定位环的盲径根据注射机的型号确定。在标准模架上支撑柱是用来对模具的垫板进行支撑,以提高垫板的刚度。

(3)型芯的装配

1)型芯的固定方式

由于塑料模的结构不同,型芯在固定板上的固定方式也不相同,常见的固定方式如图 4.31 所示。

2)采用过渡配合

图 4.31(a)的固定方式其装配过程与装配带台肩的冷冲凸模相类似。

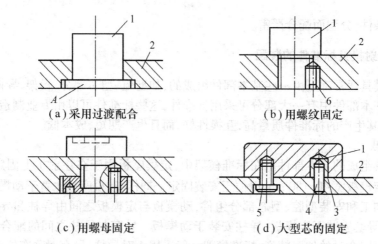

（a）采用过渡配合　　　　　（b）用螺纹固定

（c）用螺母固定　　　　　（d）大型芯的固定

图4.31　型芯的固定方式

1—型芯;2—固定板;3—定位销套;4—定位销;5—螺钉;6—骑缝螺钉

3）用螺纹固定

图4.31(b)所示的固定方式,常用于热固性塑料压模。对某些有方向要求的型芯,当螺纹拧紧后型芯的实际位置与理想位置之间常常出现误差,如图4.32所示。α是理想位置与实际位置之间的夹角。型芯的位置误差可以通过修磨a或b面来消除。为此,应先进行预装并测出角度α的大小,其修磨量修磨按下式计算

$$\Delta_{修磨} = \frac{P \times \alpha}{360°}$$

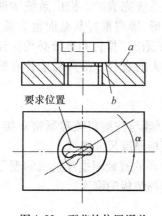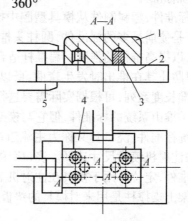

要求位置

图4.32　型芯的位置误差　　　图4.33　大型芯与固定板的装配

1—型芯;2—固定板;3—定位销套;4—定位块;5—平行夹头

4）用螺母固定

图4.31(c)所示螺母固定方式对于某些有方向要求的型芯,装配时只需按设计要求将型芯调整到正确位置后,用螺母固定,使装配过程简便。这种固定形式适合于固定外形为任何形状的型芯,以及在固定板上同时固定几个型芯的场合。

图4.31(b)、(c)所示为型芯固定方式,在型芯位置调好并紧固后要用骑缝螺钉定位。骑缝螺钉孔应安排在型芯洋火之前加工。

5）大型芯的固定

如图4.31(d)所示。装配时可按下列顺序进行:在加工好的型芯上压入实心的定位销

套。根据型芯在固定板上的位置要求将定位块用平行夹头夹紧在固定板上,如图4.33所示。在型芯螺孔口部抹红粉,把型芯和固定板合拢,将螺钉孔位置复印到固定板上取下型芯,在固定板上钻螺钉过孔及惚沉孔;用螺钉将型芯初步固定。通过导柱、导套将卸料板、型芯和支撑板装合在一起,将型芯调整到正确位置后拧紧固定螺钉。在固定板的背面划出销孔位置线。钻、铰销孔,打入销钉。

(4)型腔的装配

1)整体式型腔

图4.34是圆形整体型腔的镶嵌形式。型腔和动、定模板镶合后,其分型面上要求紧密无缝,因此,对于压入式配合的型腔,其压入端一般都不允许有斜度。

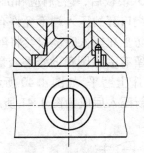 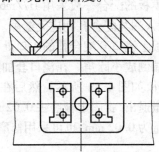

图4.34 整体式型腔　　　　图4.35 拼块结构的型腔

2)拼块结构的型腔

如图4.35所示的是拼块结构的型腔。这种型腔的拼合面在热处理后要进行磨削加工。

3)拼块结构型腔的装配

为了不使拼块结构的型腔在压入模板的过程中,各拼块在压入方向上产生错位,应在拼块的压入端放一块平垫板,通过平垫板推动各拼块一起移动,如图4.36所示。

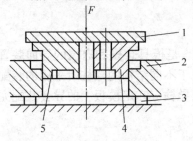 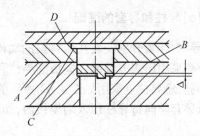

图4.36 拼块结构型腔的装配　　　　图4.37 型芯端面与加料室底平面间出现间隙
1—平垫板;2—模板;3—等高垫板;4,5—型腔拼块

4)型芯端面与加料室底平面间间隙

如图4.37所示是装配后在型芯端面与加料室底平面间出现了间隙,可采用下列方法消除:修磨固定板平面 A 修磨时需要拆下型芯,磨去的金属层厚度等于间隙值 Δ ;修磨型腔上平面 B 修磨时不需要拆卸零件,比较方便;修磨型芯(或固定板)台肩 C 采用这种修磨法应在型芯装配合格后再将支撑面 D 磨平。此方法适用于多型芯模具。

5)装配后型腔端面与型芯固定板间间隙

如图4.38(a)所示是装配后型腔端面与型芯固定板间有间隙 Δ 。为了消除间隙可采用以下修配方法:修磨型芯工作面 A 只适用于型芯端面为平面的情况;在型芯台肩和固定板的沉孔底部垫入垫片,如图4.38(b)所示。此方法只适用于小模具;在固定板和型腔的上平面之间设置垫块,如图 4.38(c)所示,垫块厚度不小于 2 mm。

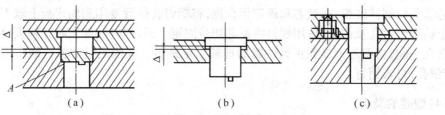

图 4.38　型腔端面与型芯固定板间有间隙

(5)浇口套的装配

浇口套与定模板的配合一般采用 H7/m6。当压入模板后,其台肩应和沉孔底面贴紧。装配的浇口套,其压入端与配合孔间应无缝隙。所以,浇口套的压入端不允许有导入斜度,应将导入斜度开在模板上浇口套配合孔的入口处。为了防止在压入时浇口套将配合孔壁切坏,常将浇口套的压入端倒成小圆角。在浇口套加工时应留有去除圆角的修磨余量 Z,压入后使圆角突出在模板之外,如图 4.39 所示。然后在平面磨床上磨平,如图 4.40 所示。最后再把修磨后的浇口套稍微退出,将固定板磨去 0.02 mm,重新压入后成为图 4.41 所示的形式。台肩对定模板的高出量为 0.02 mm,也可采用修磨来保证。

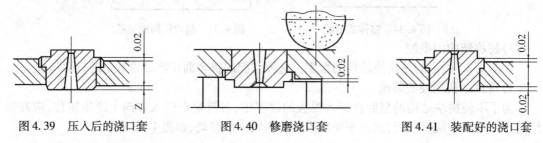

图 4.39　压入后的浇口套　　　图 4.40　修磨浇口套　　　图 4.41　装配好的浇口套

(6)导柱和导套的装配

导柱、导套分别安装在塑料模的动模和定模部分上,是模具合模和启模的导向装置。导柱、导套采用压入方式装入模板的导柱和导套孔内。对于不同结构的导柱所采用的装配方法也不同。短导柱可采用如图 4.42 所示的方法压入。长导柱应在定模板上的导套装配完成之后,以导套导向将导柱压入动模板内,如图 4.43 所示。

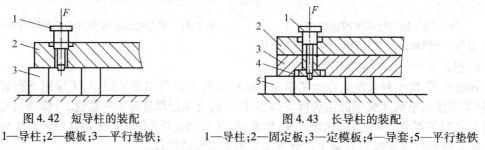

图 4.42　短导柱的装配　　　　　图 4.43　长导柱的装配
1—导柱;2—模板;3—平行垫铁;　　1—导柱;2—固定板;3—定模板;4—导套;5—平行垫铁

(7)推杆的装配

推杆为推出制件所用,推杆应运动灵活,尽量避免磨损。推杆由推杆固定板及推板带动运动。由导向装置对推板进行支撑和导向。导柱、导套导向的圆形推杆可按下列顺序进行装配:配作导柱、导套孔将推板、推杆固定板、支撑板重叠在一起,配锥导柱、导套孔;配作推杆孔及复位杆孔将支撑板与动模板(型腔、型芯)重叠,配钻复位杆孔,按型腔(型芯)上已加工好的推杆孔,配钻支撑板上的推杆孔。配钻时以固定板和支撑板的定位销定位;推杆装配按下列步骤操作:将推杆孔入口处和推杆顶端倒出小圆角或斜度;当推杆数量较多时,应与推杆孔进行选择配合,保证滑动灵活,不溢料;检查推杆尾部台肩厚度及推板固定板的沉孔深度,保证装配后有 0.05 mm 的间隙,对过厚者应进行修磨;将推杆及复位杆装入固定板,盖上推板,用螺钉紧固;检查及修磨推杆及复位杆顶端面。

(8)滑块抽芯机构的装配

滑块抽芯机构装配后,应保证滑块型芯与凹模达到所要求的配合间隙;滑块运动灵活、有足够的行程、正确的起止位置。滑块装配常常要以凹模的型面为基准。因此,它的装配要在凹模装配后进行。其装配顺序如下:

①将凹模镶拼压入固定板。磨上下平面并保证尺寸 A,如图 4.44 所示。

②加工滑块槽,将凹模镶块退出固定板,精加工滑块槽。其深度按 M 面决定,如图 4.44 所示。N 为槽的底面,T 形槽按滑块台肩实际尺寸精铣后,钳工最后修正。

③钻型芯固定孔,利用定中心工具在滑块上压出圆形印迹,如图 4.45 所示。按印迹找正,钻、镗型芯固定孔。

④装配滑块型芯,在模具闭合时滑块型芯应与定模型芯接触,如图 4.46 所示。一般都在型芯上留出余量通过修磨来达到。其操作过程如下:

A.将型芯端部磨成和定模型芯相应部位吻合的形状;

B.将滑块装入滑块槽,使端面与型腔镶块的 A 面接触,测得尺寸 b;

C.将型芯装入滑块并推入滑块槽,使滑块型芯与定模型芯接触,测得尺寸 a;

D.修磨滑块型芯,其修磨量为 $b-a(0.05 \sim 0.1)$ mm;其中,$(0.05 \sim 0.1)$ mm 为滑块端面与型腔镶块 A 之间的间隙;

E.将修磨正确的型芯与滑块配钻销钉孔后用销钉定位。

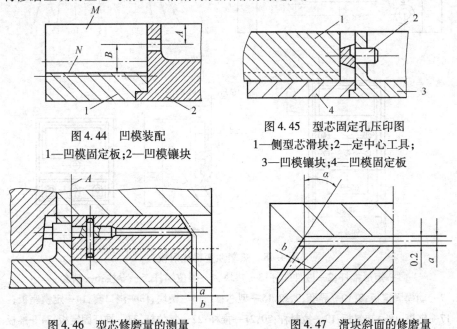

图 4.44　凹模装配
1—凹模固定板;2—凹模镶块

图 4.45　型芯固定孔压印图
1—侧型芯滑块;2—定中心工具;
3—凹模镶块;4—凹模固定板

图 4.46　型芯修磨量的测量

图 4.47　滑块斜面的修磨量

⑤模紧块的装配。在模具闭合时模紧块斜面必须和滑块斜面均匀接触,并保证有足够的锁紧力。因此,在装配时要求在模具闭合状态下,分模面之间应保留 0.2 mm 的间隙,如图 4.47所示,此间隙靠修磨滑块斜面顽留的修磨量保证。此外,模紧块在受力状态下不能向闭模方向松动,所以,模紧块的后端面应与定模板处于同一平面。根据上述要求,模紧块的装配方法如下:

用螺钉紧固模紧块;修磨滑块斜面,使与模紧块斜面密合。其修磨量为 $b = (a - 0.2\text{ mm}) \sin\alpha$;模紧块与定模板一起钻铰定位销孔,装入定位销;将模紧块后端面与定模板一起磨平;加工斜导柱孔;修磨限位块。

开模后,滑块复位的起始位置由限位块定位。在设计模具时,一般使滑块后端面与定模板外形齐平,由于加工中的误差而使两者不处于同一平面时,可按需要将限位块修磨成台阶形。

(9) 总装

1)总装图

如图 4.48 所示是热塑性塑料注射模的装配图,其装配要求如下:

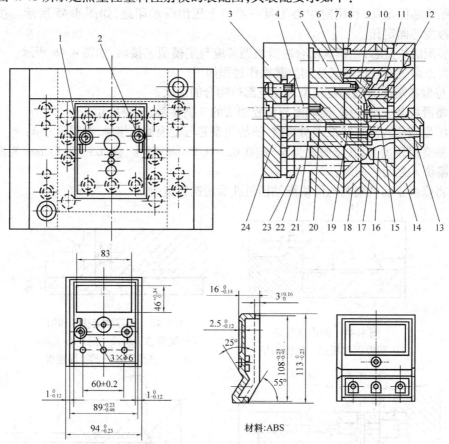

图 4.48　热塑性塑料注射模

1—矩形推杆;2—嵌件螺杆;3—垫块;4—限位螺杆;5—导柱;6—销套;
7—动模固定板;8,10—导套;9,12,15—型芯;11,16—镶块;13—浇口套;14—定模座板;
17—定模;18—卸料板;19—拉料杆;20,21—推杆;22—复位杆;23—推杆固定板;24—推板

①装配后模具安装平面的平行度误差不大于 0.05 mm;

②模具闭合后分型面应均匀密合;

③导柱、导套滑动灵活,推件时推杆和卸料机动作必须保持同步;

④合模后,动模部分和定模部分的型芯必须紧密接触,在进行总装前,模具已完成导柱、导套等零件的装配并检查合格。

2)模具的总装顺序

①装配动模部分,装配型芯,在装配前,钳工应先修光卸料板 18 的型孔,并与型芯作配合检查,要求滑块灵活,然后将导柱 5 穿入卸料板导套 8 的孔内,将动模固定板 7 和卸料板合拢。在型芯上的螺孔口部涂红粉后放入卸料板型孔内,在动模固定板上复印出螺孔的位置。取下卸料板和型芯,在固定板上加工螺钉过孔。把销钉套压入型芯并装好拉料杆后,将动模固定板、卸料板和型芯重新装合在一起,调整好型芯的位置后,用螺钉紧固。按固定板背面的划线,钻、铰定位销孔,打入定位销。

②动模固定板上的推杆孔,先通过型芯上的推杆孔,在动模固定板上钻锥窝;拆下型芯,按锥窝钻出固定板上的推杆孔。将矩形推杆穿入推杆固定板、动模固定板和型芯(板上的方孔已在装配前加工好)。用平行夹头将推杆固定板和动模固定板夹紧,通过动模固定板配钻推杆固定板上的推杆孔。

③配作限位螺杆孔和复位杆孔。首先,在推杆固定板上钻限位螺杆过孔和复位杆孔。用平行夹板将动模固定板与推杆固定板夹紧,通过推杆固定板的限位螺杆孔和复位杆孔在动模固定板上钻锥窝,拆下推杆固定板,在动模固定板上钻孔并对限位螺杆孔攻螺纹。

④推杆及复位杆。将推板和推杆固定板叠合,配钻限位螺钉过孔及推杆固定板上的螺孔并攻螺纹。将推杆、复位杆装入固定板后盖上推板用螺钉紧固,并将其装入动模,检查及修磨推杆、复位杆的顶端面。

⑤垫块装配。先在垫块上钻螺钉过孔、锪沉孔。再将垫块和推板侧面接触,然后用平行夹头把垫块和动模固定板夹紧,通过垫块上的螺钉过孔在动模固定板上钻锥窝,并钻、铰销钉孔。拆下垫块在动模固定板上钻孔并攻螺纹。

3)装配定模部分

①镶块 11、16 与定模 17 的装配。先将镶块 16、型芯 15 装入定模,测量出两者突出型面的实际尺寸。退出定模,按型芯 9 的高度和定模深度的实际尺寸,单独对型芯和镶块进行修磨后,再装入定模,检查镶块 16、型芯 15 和型芯 9,看定模与卸料板是否同时接触。将型芯 12 装入镶块 11 中,用销孔定位。以镶块外形和斜面作基准,预磨型芯斜面。将经过上述预磨的型芯、镶块装入定模,再将定模和卸料板合拢,测量出分型面的间隙尺寸后,将镶块 11 退出,按测出的间隙尺寸,精磨型芯的斜面到要求尺寸。将镶块 11 装入定模后,磨平定模的支承面。

②模和定模座板的装配。在定模和定模座板装配前,浇口套与定模座板已组装合格。因此,可直接将定模与定模座板叠合,使浇口套上的浇道孔和定模上的浇道孔对正后,用平行夹头将定模和定模座板夹紧,通过定模座板孔在定模上钻锥窝及钻、铰销孔。然后将两者拆开,在定模上钻孔并攻螺纹。再将定模和定模座板叠合,装入销钉后将螺钉拧紧。

4)试模

模具装配完成后,在交付生产之前,应进行试模,试模的目的有二:其一是检查模具在制造上存在的缺陷,并查明原因加以排除;另外,还可以对模具设计的合理性进行评定并对成型工艺条件进行探索,这将有益于模具设计和成型工艺水平的提高。试模应按下列顺序进行:

①装模。在模具装上注射机之前,应按设计图样对模具进行检验,以便及时发现问题,进行修理,减少不必要的重复安装和拆卸。在对模具的固定部分和活动部分进行分开检查时,要注意方向记号,以免合拢时搞错。模具尽可能整体安装,吊装时要注意安全,操作者要协调一致密切配合。当模具定位圈装入注射机上定模板的定位圈座后,可以极慢的速度合模,由动模板将模具轻轻压紧,然后装上压板。通过调节螺钉,将压板调整到与模具的安装基面基本平行后压紧,如图4.49所示。压板位置绝不允许像图中双点划线所示。压板的数量,根据模具的大小进行选择,一般为4~8块。

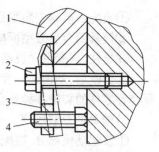

图4.49　模具的紧固
1—座板;2—压紧螺钉;
3—压板;4—调节螺钉

在模具被紧固后可慢慢启模,直到动模部分停止后退,这时,应调节机床的顶杆使模具上的推杆固定板和动模支撑板之间的距离不小于5 mm,以防止顶坏模具。为了防止制件溢边,又保证型腔能适当排气,合模的松紧程度很重要。由于目前还没有锁模力的测量装置,因此,对注射机的液压柱塞—肘节锁模机构,主要是凭目测和经验调节。即在合模时,肘节先快后慢,既不很自然,也不太勉强的伸直时,合模的松紧程度就正好合适。对于需要加热的模具,应在模具达到规定温度后再校正合模的松紧程度。最后,接通冷却水管或加热线路。对于采用液压或电动机分型模具的也应分别进行接通和检验。

②试模。试模前,必须对设备的油路、水路以及电路进行检查,并按规定保养设备,作好开机前的准备。

原料应该合格。根据推荐的工艺参数将料筒和喷嘴加热。由于制件大小、形状和壁厚不同,以及设备上热电偶位置的深度和温度表的误差也各有差异,因此,资料上介绍的加工某一塑料的料筒和喷嘴热时间温度只是一个大致范围,还应根据具体条件试调。判断料筒和喷嘴温度是否合适的最好办法,是在喷嘴和主流道脱开的情况下,用较低的注射压力,使塑料自喷嘴中缓慢地流出,以观察料流。如果没有硬块、气泡、银丝、变色,而是光滑明亮者,即说明料筒和喷嘴温度是比较合适的,这时就可开始试模。

在开始试模时,原则上选择在低压、低温和较长的时间条件下成型,然后按压力、时间、温度这样的先后顺序变动。最好不要同时变动2个或3个工艺条件,以便分析和判断情况。压力变化的影响,马上就可从制件上反映出来;如果制件充不满,通常是先增加注射压力。当大幅度提高注射压力仍无显著效果时,才考虑变动时间和温度。延长时间实质上是使塑料在料筒内受力加长,注射几次后若仍未充满,最后才提高料筒温度。但料筒温度的上升以及塑料温度达到平衡需要一定的时间(一般约15 min),不是马上就可以从制件上反映出来,因此,必须耐心等待,不能一下子把料筒温度升得太高,以免塑料过热而发生降解。

任务5　压铸模的装配

【活动场景】

在模具加工车间或产品加工车间的现场教学,或用多媒体展示模具的使用与生产。

【任务要求】

掌握压铸模具零件的组件装配方法和工艺规范及过程、压铸模装配要求;以压铸模具的装配为案例,分析装配方法和步骤。

【知识准备】

(1)压铸模装配要求

压铸模总装技术要求,如图4.50所示。

图4.50　压铸模具的装配

立式压铸模具分上压式和下压式两种结构,用于全立式压铸机上。图4.51所示为一用于全立式压铸机上的下压式压铸模结构。这种压铸模基本上与前述的用于卧式压铸机的卧式压铸模结构类似,同样由动模、定模、推出机构、浇口系统等零件组成,只是定模在上,动模在下,均由导柱4、导套5导向。

模具的工作过程是:压铸开始时,定模(上模)、动模(下模)先处于合模位置,并将金属液由压铸机活塞通过压室(浇口套)直接压入定、动模组成的型腔内。待冷却成型后,由推件系统将动、定模开启,并取出制件。

这类模具适合于各类压铸合金的成型,并对有嵌件的铸件,使用起来特别方便,采用的是中心浇口,应用于全立式压铸机上。

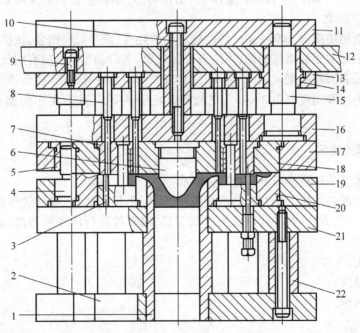

图4.51　全立式压铸机用压铸模具

1—压室;2—座板;3—型芯;4—导柱;5—导套;6—分流锥;7,18—动模压板;
8—推杆;9,10—螺钉;11—动模座板;12—推板;13—推杆固定板;14—推板导套;15—推板导柱;
16—支承板;17—动模套板;19—定模套板;20—定模镶块;21—定模座板;22—支承板

①模具分型面对定模、动模座板安装平面的平行度按表4.6的规定。

表4.6 模具分型面对座板安装平面的平行度规定/mm

被测面最大直线长度	≤160	>160~250	>250~400	>400~630	>630~1 000	>1 000~1 600
公差值	0.06	0.08	0.10	0.12	0.16	0.20

②在分型面上,定模、动模镶件平面应分别与定模套板、动模套板齐平或允许略高,但高出量应在0.05~0.10 mm范围内。

③导柱、导套对定模、动模座板安装面的垂直度按表4.7的规定。

表4.7 导柱、导套对座板安装平面的垂直度规定/mm

导柱、导套有效导滑长度	≤40	>40~63	>63~100	>100~160	>160~250
公差值	0.0.15	0.020	0.025	0.030	0.040

④合模时镶块分型面应紧密贴合,如局部有间隙,也应不大于0.05 mm(排气槽除外)。

⑤推杆、复位杆应分别与型面齐平,推杆允许凸出型面,但不大于0.1 mm,复位杆允许低于型面,但不大于0.05 mm。推杆在推杆固定板中应能灵活转动,但轴向间隙不大于0.10 mm。

⑥滑块在开模后应定位准确可靠。抽芯动作结束时,所抽出的型芯端面,与铸件上相对应型孔的端面距离不应小于2 mm。滑动机构应导滑灵活,运动平稳,配合间隙适当。合模后滑块与楔紧块应压紧,接触面积不小于1/2,且具有一定预应力。

⑦模具所有活动部位,应保证位置准确,动作可靠,不得有歪斜和呆滞现象;相对固定的零件之间不允许窜动。

⑧浇道表面粗糙度 R_a≤0.4 μm,转接处应光滑连接,镶拼处应密合,拔模斜度不小于5°。

⑨冷却水道和温控油道应畅通,不应有渗漏现象,进口和出口处应有明显标记。

⑩所有成型表面粗糙度 R_a≤0.4 μm,所有表面都不允许有击伤、擦伤或微裂纹。

⑪各模板的边缘均应倒角2×45°;安装面应光滑平整,不应有突出的螺钉头、销钉、毛刺和击伤等痕迹。

(2)压铸模的装配

模具的装配工艺过程由以下几个部分组成:

①装配前的准备工作。研究和熟悉装配图,了解模具的结构、零件的作用以及相互的连接关系;确定装配的方法、顺序和准备所需的工具;对零件进行清理和清洗;对某些零件有时要进行修配。

②组件装配。

③部装和总装。

④涂油和入库。

(3)装配实例

如图4.51所示为全立式压铸机用压铸模,由动模和定模两部分组成。

1)部件装配

①组合动模镶块的装配;

②动模套板 17 的装配；

③推板导柱 15 与支承板 16 的装配；

④推杆 8 与推杆固定板 13 的装配；

⑤推板 12 的装配；

⑥组合定模镶块 20 的装配；

⑦组合定模镶块 20 与定模套板的装配；

⑧定模座的装配。

2）总装

①定模装配；

②动模装配；

③合模。

3）调试

压铸成型条件调整的内容有以下几点：

①材料熔融温度、压射时模具温度及熔液温度；

②压铸机的注射压力、锁模力、开模力的确定及根据制件情况所需的压射比压、压射速度大小等；

③对压铸成型的制品状况要进行修整才能获得完善的制件。

任务6　锻造模具的装配

【活动场景】

在模具加工车间或产品加工车间的现场教学，或用多媒体展示模具的使用与生产。

【任务要求】

掌握锻模零件的组件装配方法和工艺规范及过程、锻模装配要求；以锻模的装配为案例，分析装配方法和步骤。

【知识准备】

(1) 锻模装配的技术要求

①装配好的锻模，其闭合高度应符合设计要求。

②导柱和导套装配后，其中心线应分别垂直于下模座底平面和上模座底平面，其垂直度应符合设计要求。

③上模座上平面应和下模座的底面平行，其平行度误差应符合设计要求。

④装入模架的每一对导柱和导套的配合间隙（或过盈量）应符合设计要求。

⑤装配好的模架，其上模座沿导柱移动应平稳，无阻滞现象。

⑥凸模和凹模的配合应符合设计要求。

⑦定位装置应保证定位正确可靠。

⑧卸料及顶件装置活动灵活、正确。

⑨模具应在生产的条件下进行实验，锻造的制件应符合设计要求。

(2) 装配实例

图 4.52 所示为行星齿轮精锻模具，其装配过程实际包括组件装配、下模部分装配、上模

部分装配和总装配。

①组合凹模的装配。组合凹模由凹模5和应力圈6等两个零件构成。

a. 清理、检查；

b. 压装。

②下模部分的装配。下模部分由下模座1、顶杆2、螺栓3、下模块4、组合凹模（即模5和应力圈6的组合件）和压紧套圈7等构成。

a. 清理、检查；

b. 装配。

③上模部分装配。上模部分由上模座13、压缩弹簧12、内六角螺钉11、拉杆10、凸模9和导模8等零件构成。

a. 清理、检查；

b. 上模座13与凸模9装配；

c. 装配上模部分。

④合模。

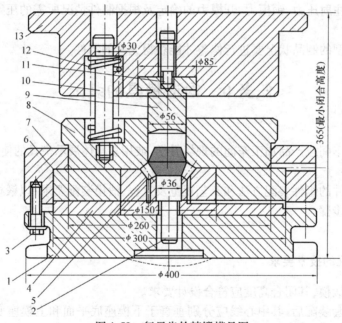

图4.52　行星齿轮精锻模具图

1—下模座；2—顶杆；3—螺栓；4—下模块；5—凹模；6—应力圈；7—压紧套圈；
8—导模；9—凸模；10—拉杆；11—内六角螺栓；12—压缩弹簧；13—上模座

思考与练习

模具装配的一般原则，简述装配塑料模的主要技术要求。常见冷冲模的装配顺序是怎样的？与冷冲模相比，塑料注射模的装配有何特点？模架装配后应达到哪些技术要求？冲裁模装配时，如何保证凸、凹模间隙的均匀？塑料模装配好后，如何进行调试？塑料模试模时，发现塑件溢边，是由哪些原因造成的？如何调整？锻模在试模过程中出现锻件局部未充满，尺寸不合图样要求，试分析产生的原因及解决的措施。压铸模装配完成后，如何进行调试？

中篇
模具的高级加工方法

项目5

模具的数控加工

【问题导入】

现代模具技术是体现在模具设计和模具操作上,模具的质量与精度,同样要靠先进的机床、工艺和优秀的模具技师来保证。在先进的国家,模具制作已实行"无纸化",模具师靠电脑进行设计,产品加工就是向电脑输入数据,进行模具开发。那么,模具数控加工有什么特点,什么要求,适用的范围等。通过本项目的学习,我们就能解决这些问题。

【学习目标及技能目标】

掌握数控加工的基础知识,数控加工的基本概念、特点;掌握数控车床、数控铣床、加工中心的基本编程技术,程序编制的基本方法、数控程序的指令和代码功能;数控加工基本指令的应用;掌握自动编程及模具数控加工知识。

【知识准备】

(1)数控加工的特点

数控加工是指一种可编程的、由数字和符号实施控制的自动加工过程(见图 5.1)。数控加工工艺是指利用数控机床加工零件的一种工艺方法。

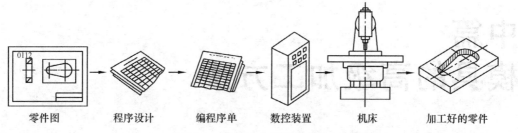

零件图　　　　程序设计　　　　编程序单　　　　数控装置　　　　机床　　　　加工好的零件

图 5.1　数控机床的加工过程

与传统的加工手段相比,数控加工方法的优势比较明显,主要表现在以下几个方面:

1)柔性好

所谓的柔性即适应性,是指数控机床随生产对象的变化而变化的适应能力。数控机床把加工的要求、步骤与零件尺寸用代码和数字表示为数控程序,通过信息载体将数控程序输入数控装置。

2)加工精度高

数控机床有较高的加工精度,而且数控机床的加工精度不受零件形状复杂程度的影响。这对一些用普通机床难以保证精度甚至无法加工的复杂零件来说是非常重要的。

3)能加工复杂型面

数控加工运动的任意可控性使其能完成普通加工方法难以完成或无法进行的复杂型面的加工。

4)生产效率高

数控机床的加工效率一般比普通机床高 2~3 倍,尤其在加工复杂零件时,生产率可提高十几倍甚至几十倍。

5)劳动条件好

在数控机床上加工零件自动化程度高,大大减轻了操作者的劳动强度,改善了劳动条件。

6)有利于生产管理

用数控机床加工能准确地计划零件的加工工时,简化检验工作,减轻工夹具、半成品的管理工作,减少因误操作而出废品及损坏刀具的可能性,这些都有利于管理水平的提高。

7)易于建立计算机通信网络

由于数控机床使用数字信息,易于与计算机辅助设计和制造(CAD/CAM)系统连接,形成计算机辅助设计和制造与数控机床紧密结合的一体化系统。另外,现在数控机床通过因特网(Internet)、内联网(Intranet)、外联网(Extranet)已可实现远程故障诊断及维修,初步具备远程控制和调度、进行异地分散网络化生产的可能,从而为今后进一步实现制造过程网络化、智能化提供了必备的基础条件。

(2)适于数控加工的模具零件结构

1)选择合适的工艺基准

由于数控加工多采用工序集中的原则,因此,要尽可能采用合适的定位基准。一般可选模具零件上精度高的孔作为定位基准孔。

2)加工部位的可接近性

对于模具零件上一些刀具难以接近的部位(如钻孔、铣槽),应关注刀具的夹持部分是否与零件相碰。

3)外轮廓的切入切出方向

在数控铣床上铣削模具零件的内外轮廓时,刀具的切入点和切出点选择在零件轮廓几何零件的交点处,并根据零件的结构特征选择合适的切入和切出方向。

4)零件内槽半径 R 不宜过小

零件内槽转角处圆角半径 R 的大小决定了刀具直径 D 的大小,而刀具的直径尺寸又受零件内槽侧壁高度 H(H 为内槽侧壁最大高度)的影响,这种影响则关系加工工艺性的优劣。如图 5.2 所示,当 $R \leq 0.2H$ 时,表示该部位的工艺性不好,而 $R > 0.2H$ 时,则其工艺性好。因为转角处圆角半径较大时,可使用直径较大的铣刀,一般取铣刀半径 = $(0.8 \sim 0.9)R$,如图 5.3 所示。铣刀半径大,刚性好,进给次数相应少,从而加工表面质量提高。

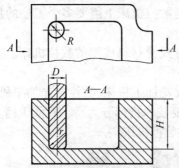
图 5.2　零件内槽圆角半径不宜过小

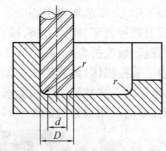
图 5.3　内槽底面与倒壁间的圆角半径不宜过大

5)在铣削零件内槽底面时,底面与侧壁间的圆角半径 r 不宜过大

铣刀与铣削平面接触的最大直径 $d = D - 2r$(D 为铣刀直径)。如图 5.3 所示,当 D 为一定值时,槽底圆角半径 r 越大,铣刀端刃铣削平面的面积越小,加工表面的能力就越差,铣刀易磨损,其寿命也越短,生产效率就越低。

6)特殊结构的处理

对于薄壁复杂型腔等特殊结构的模具零件,应根据具体情况采取有效的工艺手段。对于一些薄壁零件,例如,厚度尺寸要求较高的大面积薄壁(板)零件,由于数控加工时的切削力和薄壁零件的弹性变形容易造成明显的切削振动,影响厚度尺寸公差和表面粗糙度,甚至使切削无法正常进行,此时,应改进装夹方式,采用粗精分开加工及对称去除余量等加工方法。

(3)数控机床简介

1)数控机床在模具加工制造中的应用

应用较广的数控机床有数控电火花成型机床、数控线切割机床、数控车床、数控铣床及加工中心。此外,数控雕刻机床、数控磨床、数控钻床、数控镗床、数控火焰切割机床等也有一定程度的应用。

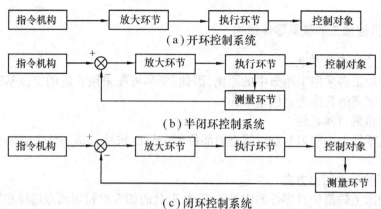

（a）开环控制系统

（b）半闭环控制系统

（c）闭环控制系统

图5.4　数控机床的组成

2）数控机床的组成数控机床主要由数控系统、伺服系统、辅助控制单元和机床裸机组成，如图5.4所示。

3）数控机床分类

①按加工工艺类型分类，普通数控机床这类数控机床与传统的通用机床有相似的加工工艺特性，品种、类型繁多。如数控车、铣、镗、钻、磨床等。

②数控加工中心，与普通数控机床比较，另带有自动换到装置和刀具库，工件一次装夹后，加工中可以自动更换各种刀具，自动连续完成在普通数控机床上需要多个工序的加工过程。如镗铣加工中心、车削加工中心等。

③金属成型数控机床，指通过挤、拉、压、冲等工艺方式使材料成型的数控机床。如数控冲床、数控弯管机、数控折弯机、数控旋压机等。

④特种加工数控机床，如数控线切割机床、数控电火花加工机床、数控激光加工机床等。另外，数控机床还可以按数控系统功能水平及相应的主要技术指标分为高、中、低3档。这种分法是相对的，不同时期划分的标准不同，图5.5为各类数控机床。

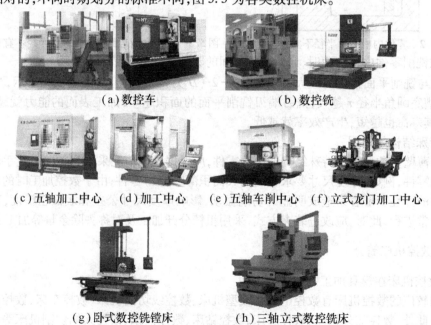

（a）数控车　　　　　　　　　（b）数控铣

（c）五轴加工中心　　（d）加工中心　　（e）五轴车削中心　　（f）立式龙门加工中心

（g）卧式数控铣镗床　　　　　　（h）三轴立式数控铣床

图5.5　各类数控机床

数控机床的种类很多,功能各异,可从不同的角度对其进行分类。下面介绍几种基本的分类方法,其中前 3 种是常用的,如图 5.6 所示。

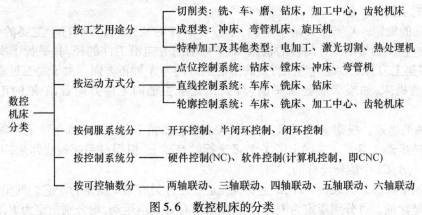

图 5.6　数控机床的分类

4)数控编程基础

①数控机床的坐标系统,控制轴数与联动轴数;坐标轴及其运动方向如图 5.7 所示。

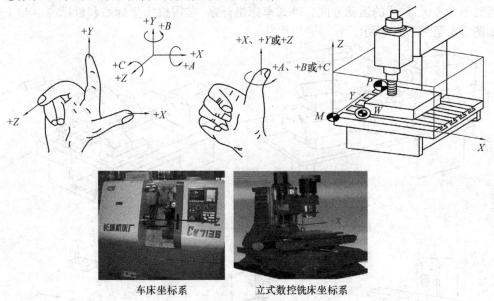

车床坐标系　　　　立式数控铣床坐标系

图 5.7　数控机床的坐标系统

a. 刀具相对于静止工件而运动的原则。

b. 标准坐标系的规定。

c. 数控机床的某一运动部件的正方向,是增大工件与刀具之间距离的方向。

坐标原点是机床原点和机床参考点、工件原点、编程原点,同时也是刀位点、对刀点和换刀点。机床原点是机床坐标系的原点,该点为机床上的一个固定点,其位置在机床出厂前由机床设计和制造单位确定,一般情况下,不允许用户改变。数控车床的机床原点一般设在卡盘前、后端面与主轴轴线的交点处;数控铣床的机床原点,各生产厂家不一致,一般设在进给行程的终点或机床工作台的中心。

各坐标轴的运动方向的确定,具体如下:

a. Z 轴的确定。Z 坐标的运动是由传递切削力的主轴所决定,可表现为加工过程带动刀具旋转，也可表现为带动工件旋转。对于有主轴的机床则与主轴轴线平行的标准坐标轴即为 Z 坐标，远离工件的刀具运动方向为 Z 轴正方向。当机床有几个主轴时，则选一个垂直于工件装夹面的主轴为 Z 轴。

b.X 轴的确定。X 坐标轴是水平的，平行于工件的装夹面，且平行于主要的切削方向。对于加工过程主轴带动工件旋转的机床，X 坐标轴的方向沿工件的径向，平行于横向滑座或其导轨，刀架上刀具或砂轮远离工件旋转中心的方向为 X 轴正方向。对于加工过程主轴带动刀具旋转的机床，如果 Z 轴是水平的（卧式），则从主轴向工件方向看，X 轴的正方向指向右方。

c.Y 轴的确定。根据 X,Z 轴及其方向，按右手直角笛卡儿坐标系即可确定 Y 轴的方向。

d.旋转运动 A,B,C。在确定了 X,Y,Z 坐标的基础上，根据右手螺旋法判断，可以很方便地确定出 A,B,C 3 个旋转坐标的方向。

e.附加坐标轴。如果在 X,Y,Z 主要直线运动之外另有第 2 组平行于它们的坐标运动，就称为附加坐标轴。可分别指定为 U,V,W。如果还有第 3 组运动，则分别指定为 P,Q,R。

f.对于工件运动的机床坐标系的规定。对于工件运动而不是刀具运动的机床，必须将前述为刀具运动所作的各项规定，作相反的安排。此时，用带"'"的字母表示。对于编程人员在编程时不必考虑带"'"的运动方向。卧式车床坐标系、常用机床坐标系和机床原点与工件原点如图 5.8 至图 5.10 所示。

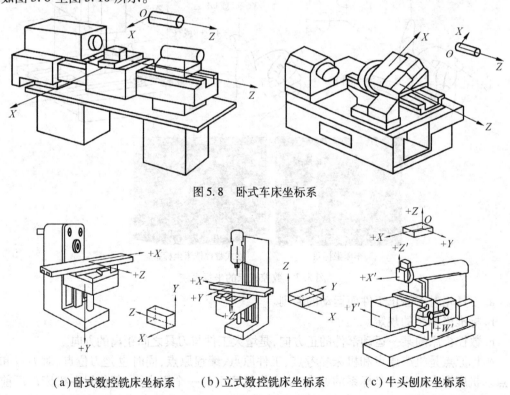

图 5.8　卧式车床坐标系

（a）卧式数控铣床坐标系　　（b）立式数控铣床坐标系　　（c）牛头刨床坐标系

图 5.9　常用机床坐标系

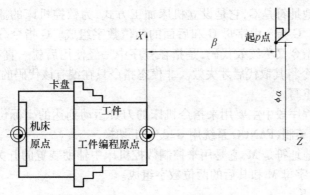

图 5.10　机床原点与工件原点

②工件坐标系,工件坐标系是为编程人员要编写加工程序时用来定义工件形状和刀具相对工件运动位置的坐标系。工件坐标系也称编程坐标系,工件坐标系是人为设定的。

③数控镗铣加工用的工具系统,模块式工具系统将工具的柄部和工作部分分割开来,制成各种系统化的模块,组成一套套不同规格的工具。

④工具系统的分类,金属切削刀具系统从其结构上可分为整体式与模块式两种:整体式刀具系统基本上由整体柄部和整体刃部(整体式刀具)两部分组成,传统的钻头、铣刀、铰刀等就属于整体式刀具。

5)数控编程方法

①手工编程,从零件图的分析、工艺处理、数值计算、编写加工程序单、制作控制介质到程序检验等各步骤均由人工完成的数控编程方法称为手工编程。手工编程主要适合编制几何形状较为简单,坐标计算也比较容易,程序又不太长的零件加工程序。因此,手工编程在点位直线加工及直线圆弧所组成的轮廓加工中广泛应用。手工编程的步骤:零件图的分析;确定加工工艺过程;数值计算;编写零件加工程序单;制作控制介质;程序检验和试切削。

②自动编程,自动编程又称计算机辅助编程,是指程序编制工作的大部分或全部由计算机完成,其工作过程是指编程人员借助计算机辅助设计与制造软件绘制出零件的三维或二维图形,根据工艺要求,选择刀具、切削用量等相关内容,再经计算机后置处理自动生成数控加工程序,并且可以动态模拟进给轨迹,检验程序的正确性。

③数控程序的格式,加工程序通常由程序开始、程序内容和程序结束 3 个部分组成。程序开始为程序号,程序内容由若干个程序段组成,程序结束可用辅助功能 M02(程序结束)、M30(程序结束,返回起点)等来表示。

④常用编程指令有:G 指令;M 指令;F,S,T 指令。

⑤数控程序的编制方法有手工编程、自动编程和计算机辅助编程 3 种。

⑥程序的结构包括程序号、程序内容、程序结束。

程序号位于程序的开头,一般独占一行。程序号一般由字母"O""P"开头,后面跟上数字,常用的有两位数字和四位数字。程序内容是整个程序的核心部分,是由若干程序段组成的。一个程序段表示零件一段加工信息,若干程序段的集合,则完整的描述了零件加工的所有信息。程序结束是以程序结束指令 M02 或 M30 来结束整个程序。两者区别是 M02 表示程序结束,M30 不仅表示程序结束并返回程序的开头,准备下一个零件的加工。

⑦功能字主要包括准备功能字、坐标尺寸字、辅助功能字、进给功能字、主轴功能字和刀具功能字。

准备功能字的地址符是 G,它是设立机床加工方式,为数控机床的插补运算、刀补运算、固定循环等做准备。G 指令由字母 G 和后面的两位数字组成。G 指令分为模态指令和非模态指令两种。模态指令又称续效代码,是指在程序中一经使用后就一直有效,直到出现同组中的其他任一 G 指令将其取代后才失效。非模态指令只在编有该代码的程序段中有效,下一程序段需要时必须重写。

坐标尺寸字在程序段中主要用来指令机床的刀具运动到达的坐标位置。尺寸字可以使用米制,也可以使用英制,FANUC 系统用 G20/G21 切换。

辅助功能字的地址符是 M,它是用来控制数控机床中辅助装置的开关动作或状态。与 G 指令一样,M 指令由字母 M 和其后的两位数字组成。

常用 M 指令如下:

M00:程序暂停。　　M01:选择停止。　　M02:程序结束。　　M03:主轴正转。

M04:主轴反转。　　M05:主轴停止。　　M30:程序结束并返回到程序开始。

M08:切削液开。　　M09:切削液关。

进给功能字的地址符是 F,它是用来指定各运动坐标轴及其任意组合的进给量或螺纹导程,该指令是模态代码。

主轴转速功能字的地址符是 S,它是用来指定主轴转速或速度,单位为 r/min 或 m/min,该指令是模态代码。

刀具功能字的地址符是 T,它是用来指定加工中所用刀具和刀补号的,该指令是模态代码。常用的表示方法是 T 后跟两位数字或四位数字。

6)数铣编程示例

如图所示的凹模板,材料为 Cr12 尺寸如图 5.11 所示,所选立铣刀直径为 $\phi 20$ mm。加工程序见表 5.1。

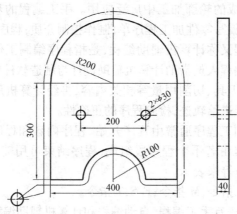

图 5.11　凹模板数控铣床编程示例

表 5.1　数铣编程加工程序

程　序	注　释
O1000	程序代号
N010 C90 G54 G00 X - 50. 0 Y - 50. 0	G54 加工坐标系,快速进给至 X = -50 mm,Y = -50 mm
N020 S800 M03	主轴正转,转速 800r/min
N030 G43 G00 H12	刀具长度补偿 H12 = 20 mm
N040 G01 Z - 20. 0 F300	Z 轴加工进至 Z = -20 mm

程　序	注　释
N050 M98 P1010	调用子程序 1010
N060 Z－45.0 F300	Z 轴加工进至 Z=45 mm
N070 M98 P1010	调用子程序 1010
N080 G49 G00 Z300	Z 轴快移至 Z=300 mm
N090 G28 Z300.0	Z 轴返回参考点
N100 G28 X0 Y0	X,Y 轴返回参考点
N110 M30	主程序结束
O1010	子程序代号
N010 G42 G01 X－30.0 Y0 F300 H22 M08	切削液开,直线插补至 X=－30 mm,Y=0,刀具半径右补偿 H22=10 mm
N020 X100.0	直线插补至 X=100 mm,Y=0
N030 G02 X300.0 R100.0	顺圆插补至 X=300 mm,Y=0
N040 G01 X400.0	直线插补至 X=400 mm,Y=0
N050 Y300.0	直线插补至 X=400 mm,Y=300 mm
N060 G03 X0 R200.0	逆圆插补至 X=0,Y=300 mm
N070 G01 Y－30.0	直线插补至 X=0,Y=－30 mm
N080 G40 G01 X－50.0 Y－50.0	直线插补至 X=－50 mm,Y=－50 mm。取消刀具半径补偿
N090 M09	切削液关
N100 M99	子程序结束并返回主程序

7)加工中心编程示例

如图 5.12 所示的模板,加工程序见表 5.2。

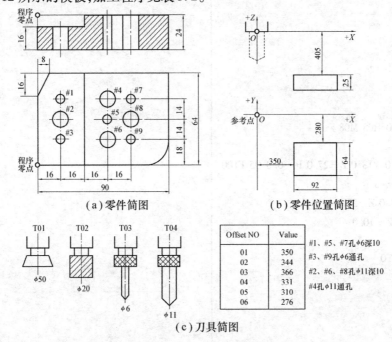

（a）零件简图　　　　（b）零件位置简图

Offset NO	Value
01	350
02	344
03	366
04	331
05	310
06	276

#1、#5、#7孔φ6深10
#3、#9孔φ6通孔
#2、#6、#8孔φ11深10
#4孔φ11通孔

（c）刀具简图

图 5.12　加工中心编程示例

表 5.2 加工中心编程程序

程 序	注 释
O1111	
N01 T01 M06	
G91 G00 G45 X0 H01	
G46 Y0 H02	
G92 X0 Y0 Z0	
G90 G44 Z10. 0 H03	
Sl500 M03	
G00 X - 30. 0 Y40. 0 M08	
G01 Z0 Fl50	
X80. 0	
Y20. 0	
X - 30. 0	
G28 Z10. 0	
G00 X0 Y0	
M00	
N02 T02 M06	
G92 X0 Y0 Z0	
G90 G44 Z10. 0 H04	
S1000 M03	
G00 X9. 9 Y - 12. 0 M08	
G01 Z - 8. 0 F150	
X76. 0	
Y20. 0	
X - 12. 0	
G28 Z10. 0	
G00 X 0 Y0	
M00	
N03 T03 M06	
G92 X0 Y0 Z0	
G90 G44 Z10. 0 H05 M08	
S1000 M03	
G99 G83 X15. 0 Y18. 0 Z - 27. 0 R - 6. 0 Q5 F100	
G98 Y46. 0 Z - 18. 0	
G99 X62. 0 R2. 0 Z - 27. 0	
X46. 0 Y32. 0 Z - 10. 0	
X62. 0 Y18. 0	
G00 G80 X 0 Y0	
G28 Z15. 0	
M00	
N04 T04 M06	
G92 X0 Y0 Z0	
G90 G44 Z 10. 0 H06 M08	

续表

程　序	注　释
S700 M03	
G99 G83 X62.0 Y32.0 Z−10.0 R2.0 Q5	
F100	
X46.0 Y46.0	
Y18.0 Z−27.0	
G98 X15.0 Y32.0 R−6.0 Z−18	
G00 G80	
G28 Z50.0	
G28 X0 Y0	
M30	

8)典型机床操作面板

数控铣床的典型机床操作面板由 CRT/MDI 面板和两块操作面板组成。

①CRT/MDI 面板,如图 5.13 所示,CRT/MDI 面板由一个 9″CRT 显示器和一个 MDI 键盘组成。

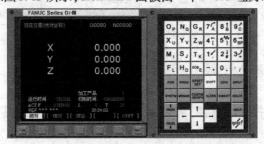

图 5.13　CRT/MDI 面板

现在位置(绝对)　　　　　　01130 N00260	现在位置(综合)　　　　　　01130 N00260
	相对坐标　　　　　　绝对坐标
	X 0.000　　　　　X 213.000
X 213.000	Y 0.000　　　　　Y 231.424
Y 231.424	Z 0.000　　　　　Z 508.500
Z 508.500	机械坐标　　　　　　余移动量
	X −412.997　　　X 0.000
	Y −91.202　　　　Y 0.000
	Z −20.702　　　　Z 0.000
JOG F 2000 加工产品数 142	JOG F 2000 加工产品数 142
运转时间 15H 0 M 切削时间 0 H 0 M 0 S	运转时间 15H 0 M 切削时间 0 H 0 M 0
ACT.F 0 mm/分 OS100% L 0%	ACT.F 0 mm/分 OS100% L 0%
JOG ＊ ＊ ＊ ＊ ＊ ＊ ＊ ＊　　10:03:04	JOG ＊ ＊ ＊ ＊ ＊ ＊ ＊ ＊　　10:03:04
[绝对][相对][综合][HNDL][操作]	[绝对][相对][综合][HNDL][操作]

图 5.14　两个位置显示画面

②系统操作面板(MDI/CRT 面板),系统为 FAUNC 0i-MB。当前位置坐标显示时,共有几组坐标显示,它们分别是:相对坐标系(RELATIVE):若需要将某坐标轴位置置为相对零点,可在 3 倍文字显示画页下,先按坐标轴地址键,这时所按的地址闪动;然后,再按原点[起源]软

键 ORIGIN,则该轴相对坐标就被复位为零。若按 ALLEXE 键,则所有轴的相对坐标值被复位为零。以后位置变动时,在相对坐标系中的坐标值均是相对于此设置的零点的。工件坐标系(ABSOLUTE):以 G92 或预置工件坐标系 G54~G59 指定的点为原点,显示当前刀具(或机械工作台)的位置坐标。

机床坐标系(MACHINE):以机床原点为原点的机械现在位置的坐标。

剩余移动量(DISTANCE TO GO):在自动、MDI、DNC 方式加工时,当前程序段中刀具还需要移动的距离。状态显示用于表示工作方式、零件计数、时间计数和实际进给速度等的状态。机床操作面板结构,如图 5.15 所示。

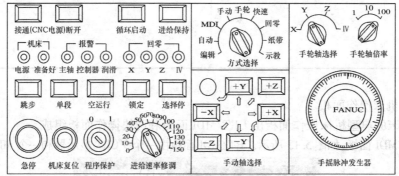

图 5.15　数控铣床操作面板

【活动场景】

在模具加工车间现场教学,或用多媒体展示设备的使用与生产。

【任务要求】

掌握常用的模具数控加工软件;掌握应用 Mastercam 进行模具零件的 CAD/CAM 一般要经过的步骤。

【知识准备】

目前,国内市场上应用较广的数控 CAD/CAM 软件主要有下列几种:Pro/Engineer;UG;Cimatron;Mastercam;CATIA。

(1)凹模的 CAD/CAM 过程

凹模的 CAD/CAM 加工过程如下:

①首先进行凹模实体的描述。

②再进行六方外轮廓面的 2D 加工路径的生成。

③启动钻孔加工模块,生成钻孔刀具路径。

④生成铰孔刀具路径。

⑤加工半径为 R32 的外圆柱面。

⑥进入系统的挖槽加工模块,生成零件梅花形凹腔的铣削加工路径。

⑦刀具走刀路径的模拟和实体切削仿真。

⑧生成数控加工 NC 程序并进行程序的存储和传输。

(2)手机外壳凹模 Mastercam9.0 操作步骤

1)图形处理

①从 Pro/E 系统中输出手机外壳凹模零件的 IGES 格式文件。

②在 Mastercam9.0 系统中将手机外壳凹模零件的 IGES 格式文件转换成 MC9 格式文件。在菜单栏中选择回主功能表/档案/档案转换/IGES/读取。在系统弹出如图 5.16 所示指定文档名对话框中读取 IGES 格式的文件名,单击打开。

图 5.16　指定文档名对话框

③系统弹出如图 5.17 所示的 IGES 文件参数设置对话框,单击 OK 按钮。

图 5.17　IGES 文件参数设置对话框

④在系统弹出如图 5.18 所示的删除当前文件提示对话框中,单击"是"按钮。

图 5.18　删除当前文件提示对话框

⑤单击工具栏中的 ❖(全屏显示),屏幕显示如图 5.19 所示的凹模线框模型。

图 5.19　凹模线框模型

2)坐标处理

①在菜单栏选择回主功能表。

②单击顶部工作栏中的 ❖(等角视图)按钮,单击 ❖(构图面——侧视图)按钮,单击 ❖(全屏显示)/ ●,图 5.20 为旋转前凹模模型。

③在菜单栏中选择转换/旋转/所有的/图素命令旋转所有几何图素。

④选择执行命令。

⑤系统提示选择旋转基准点,在菜单栏中选择原点命令以系统原点为旋转点。

⑥系统弹出如图5.21所示旋转参数设置对话框,输入旋转角度(根据自己设计的图形确定旋转角度,顺时针为"负",逆时针为"正",将模具的加工面旋转至XY平面上,将模具的长方向旋转至X轴),单击确定按钮/▓(清除颜色)/▓(全屏显示),屏幕显示如图5.22所示的旋转后凹模模型。

图5.20　旋转前凹模模型

图5.21　旋转参数设置对话框

图5.22　旋转后凹模模型

3)对刀点的确定

①在菜单栏单击层别,系统弹出如图5.23所示的设置图层对话框,输入"层别2",再单击确定,再单击顶部工作栏中的▧(构图面——空间绘图)按钮。

②绘制曲面边界线,在菜单栏中选择回主功能表/绘图/曲面曲线/所有边界/鼠标选取上曲面/执行/执行/回主功能表,生成如图5.24所示的深色线条为曲面边界。

图5.23　设置图层对话框

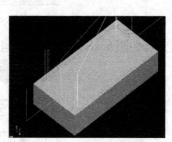

图5.24　产生曲面边界

③将边界线的左上角平移到系统的原点(为对刀点);在菜单栏中选择回主功能表/转换/平移/所有的/图素/两点间/单击边界线左上角/原点(对刀点),系统弹如图5.25所示的平移参数设置对话框,单击确定/▓(清除颜色)/▓(全屏显示)按钮,屏幕显示如图5.26所示的平移后凹模模型的对刀点,图5.27为平移前凹模模型的对刀点。

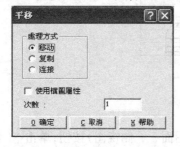

图5.25　平移参数设置对话框

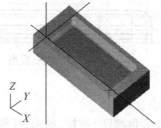

图5.26　平移前凹模模型

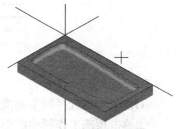

图5.27　平移后凹模模型

④保存文件。在菜单栏中选择回主功能表/档案/存档,系统弹如图5.28所示的保存文档对话框,输入文档名称,单击存档按钮即可完成。

图 5.28   保存文档对话框

4)规划曲面挖槽粗加工刀具路径(留余量 0.3)

①刀具路径规划。

a.单击工作栏中的 ⬡(构图面——俯视图)按钮,构图面设为俯视构图面。

b.选择刀具路径/曲面加工/粗加工/挖槽粗加工命令。

c.选择所有的/曲面命令,选择所有曲面,选择执行命令。

d.系统弹出如图 5.29 所示曲面粗加工挖槽刀具参数对话框,鼠标放在空白处,单击从刀库中选取刀具,系统弹出如图 5.30 所示的刀具库对话框,从刀具库中选取直径为 10 刀尖角为 1 的圆角铣刀(如果刀库中无此刀具,可单击建立新的刀具,系统弹出如图 5.31 所示的刀具形式对话框,选择圆鼻刀类型,并设置刀具规格如图 5.32 所示),在曲面挖槽刀具参数设置对话窗中输入切削参数、程序名、冷却等,如图 5.33 所示。

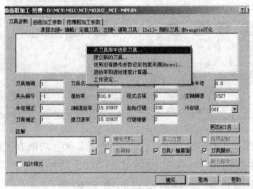

图 5.29   曲面粗加工挖槽刀具参数对话框

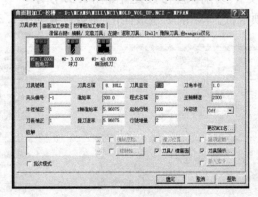

图 5.30   刀具库对话框

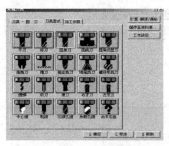

图 5.31　刀具形式对话框

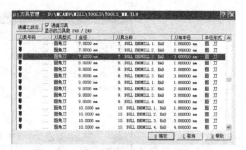

图 5.32　刀具规格选项卡

e. 单击曲面挖槽刀路对话框中的曲面加工参数选项卡,参数设置如图 5.34 所示。

图 5.33　已设置的刀具参数对话框

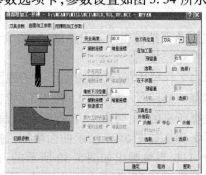

图 5.34　曲面加工参数选项卡

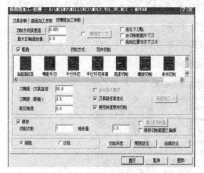

图 5.35　挖槽粗加工参数选项卡

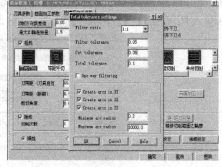

图 5.36　切削方向误差值选项卡

f. 单击挖槽粗加工参数选项卡,参数设置如图 5.35 所示。

g. 单击切削方向误差值选项卡,参数设置如图 5.36 所示。

h. 单击切削深度选项卡,切削深度参数设置如图 5.37 所示。

i. 单击间隙设置选项卡,选择切削顺序最佳化,参数设置如图 5.38 所示。

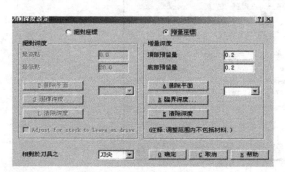

图 5.37　切削深度选项卡

图 5.38　间隙设置选项卡

130

j.单击曲面挖槽刀路对话窗中的确定按钮,系统提示选择刀路范围限定框(标箭头),选择如图5.39所示串联曲面边界线,鼠标拾取边界线,选择执行命令,系统产生如图5.40所示曲面挖槽刀路。

图5.39　选择刀路范围限定框

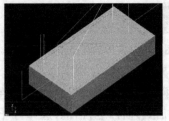
图5.40　曲面挖槽刀具路径

②刀具路径模拟。在菜单栏选择刀具路径/操作管理,系统弹出如图5.41所示的刀路操作管理对话框。选择刀路模拟选项卡,在菜单栏中选择手动模拟(按"S"键)或自动模拟,如图5.42所示。

图5.41　操作管理对话框

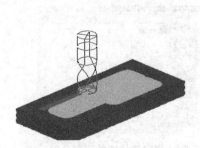
图5.42　凹模粗加工刀具路径模拟

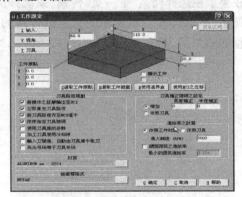
图5.43　工件设置对话框

③工件毛坯设置。在菜单栏选择刀具路径/工作设置,系统弹出如图5.43所示的工作设置对话框,鼠标捕捉毛坯的左上角为对刀点,分别在X,Y,Z位置上输入模型的长、宽、高,具体参数设置如图5.43所示。

④曲面挖槽粗加工实体验证。在菜单栏选择刀具路径/操作管理,系统弹出如图5.44所示的刀路操作管理对话框。选择实体验证选项卡,系统弹出如图5.45所示的实体验证操作对话框,单击▶按钮,实体验证过程(见图5.44)。

图 5.44　实体验证操作对话框　　　　图 5.45　凹模挖槽粗加工实体验证过程

5)后置处理(生成 NC 程序)

在菜单栏选择刀具路径/操作管理在弹出的对话框中单击后处理按钮,系统弹出如图 5.46 所示的后处理程式对话框,选择打开储存 NC 档、编辑,单击"确定"按钮,系统弹出如图 5.47 所示的输入程序名对话框,输入程序名,单击保存按钮,显示 NC 程序如图 5.48 所示,修改(FANUC 系统的程序格式)并保存。

图 5.46　后处理程式对话框　　　图 5.47　输入程序名对话框　　　　图 5.48　生成 NC 程序

6)传输 NC 程序

在菜单栏选择档案/下一页/传输,系统弹出如图 5.49 所示的传输参数设置对话框,单击传送按钮,显示如图 5.50 所示的指定欲传输的程序名对话框,再单击打开按钮,显示程序传输过程如图 5.51 所示。

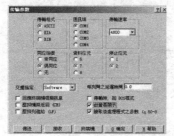 

图 5.49　传输参数设置对话框　　　图 5.50　指定欲传输的程序名对话框

图 5.51　程序传输过程

7)加工

①将平口虎钳装夹在数控铣床上、虎钳的固定面与 X 轴平行,将磁力表架吸附在机床主轴上,装上百分表,用电子手轮操作,将平口虎钳校直并夹紧;

②装夹模具毛坯,用电子寻边器找正毛坯的左上角为工件坐标系零点($X0$,$Y0$,$Z0$);

③计算工件坐标系零点处于机床坐标系的偏值,选择工件坐标($G54 \sim G59$)并输入数值;

④将方式选择开关置于"MDI"/按"OPR/ALARM"键/光标移到"ON"/将方式选择置于"自动运行"/按"PROGRAM"键/按"循环启动";

⑤执行程序加工。

思考与练习

1. 数控机床坐标系是怎样定义的? 简述数控机床的工作原理。

2. 说明数控机床的工艺特点,什么是数控加工? 数控加工有哪些特点?

3. 说明数控加工编程的一般步骤与方法。

4. 加工如图 5.52 所示的盖板零件外形,毛坯材料为铝板,尺寸如图中所示,编写加工程序。

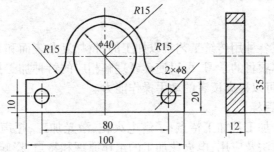

图 5.52   盖板零件图

项目 6

模具的特种加工技术

【问题导入】

特种加工可以加工各种用传统工艺难以加工的材料、复杂表面和某些模具制造企业有特殊要求的零件。通过本项目的学习，可以使读者理解相应的特种加工技术的理论知识；同时，通过不同任务的实施，可以提高读者的动手操作能力。

【学习目标及技能目标】

了解模具常见特种加工及加工特点；了解电火花、激光加工、超声波加工的加工特点；学会常见快速成型制造方法及应用；电火花加工的工作原理和特点，影响电火花加工质量、加工精度、表面质量的主要工艺因素。

【知识准备】

特种加工也称"非传统加工"或"现代加工方法"，泛指用电能、热能、光能、电化学能、化学能、声能及特殊机械能等能量达到去除或增加材料的加工方法，从而实现材料被去除、变形、改变性能或被镀覆等。常用特种加工方法分类见表 6.1。

表 6.1　常用特种加工方法分类表

特种加工方法		能量形式	作用原理	英文缩写
电火花加工	成型加工	电能、热能	熔化、气化	EDM
	线切割加工	电能、热能	熔化、气化	WEDM
电化学加工	电解加工	电化学能	阳极溶解	ECM
	电解磨削	电化学机械能	阳极溶解、磨削	EGM
	电铸、电镀	电化学能	阴极沉积	EFM　EPM
激光加工	切割、打孔	光能、热能	熔化、气化	LBM
	表面改性	光能、热能	熔化、相变	LBT
电子束加工	切割、打孔	电能、热能	熔化、气化	EBM
离子束加工	刻蚀、镀膜	电能、动能	原子撞击	IBM
超声加工	切割、打孔	声能、机械能	磨料高频撞击	USM

电火花机床在加工时,是在绝缘介质中通过机床的自动进给调整装置,使工具电极与工件之间保持一定的放电间隙,然后,在工具电极与工件之间施加强脉冲电压,击穿绝缘介质层,形成能量高度集中的脉冲放电,使工件与工具电极的金属表面因产生的高温(10 000 ~ 12 000 ℃)被熔化甚至被汽化,同时产生爆冲效应,使被蚀除的金属颗粒抛出加工区域,在工件上形成微小凹坑。然后绝缘介质恢复绝缘,等待下一次脉冲放电,这样周期往复,形成对工件的电火花加工。电火花特别适用于淬火钢、硬质合金等材料的成型加工,这样就解决了材料淬火后除磨削以外就不能再进行切削加工的困难,也解决了各种难加工材料的成型加工问题。

1)电火花加工原理

电火花加工又称放电加工(Electrical Discharge Machining, EDM),它是在加工过程中,利用两极(工具电极和工件电极)之间不断产生脉冲性的火花放电,靠放电时局部、瞬时产生的高温把金属蚀除下来,以使零件的尺寸、形状和表面质量达到预定要求的加工方法。因放电过程中可见到火花,故称为电火花加工,也称电蚀加工(见图 6.1)。加工中工件和电极都会受到电腐蚀作用,只是两极的蚀除量不同,其原理如图 6.2 所示。工件接正极的加工方法称为正极性加工;反之,称为负极性加工。电火花加工的质量和加工效率不仅与极性选择有关,还与电规准、工作液、工件、电极的材料、放电间隙等因素有关。电火花放电加工按工具电极和工件的相互运动关系的不同,可分为电火花穿孔成型加工、电火花线切割(见图 6.3)、电火花磨削、电火花展成加工、电火花表面强化和电火花刻字等。

便携式电火花小孔机　　　高温走丝电火花

图 6.1　电火花成型加工

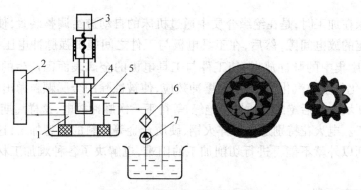

图 6.2　电火花加工原理示意图

1—工件;2—脉冲电源;3—自动进给调节系统;4—工具;5—工作液;6—过滤器;7—工作液泵

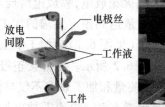

图 6.3　电火花线切割加工及设备

加工圆孔实例

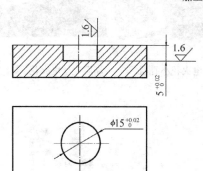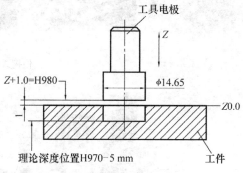

图 6.4　电火花加工实例

（a）石黑电极　　　　　（b）薄壁铜电极

图 6.5　电极

2)放电腐蚀原理

要使放电腐蚀原理用于导电材料的尺寸加工,工具电极和工件电极之间在加工中必须保持一定的间隙,一般是几微米至数百微米;火花放电必须在一定绝缘性能的介质中进行;放电点局部区域的功率密度足够高;火花放电是瞬时的脉冲性放电。在先后两次脉冲放电之间,有足够的停歇时间。脉冲波形基本是单向的,如图6.6所示。足够的脉冲放电能量,以保证放电部位的金属溶化或汽化。图6.7为放电状况微观图,图6.8为放凹坑剖面示意图,图6.9为加工表面局部放大图。

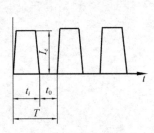

图6.6　脉冲电流波形

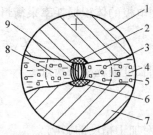

图6.7　放电状况微观图
1—阳极;2—阳极汽化、熔化区;3—熔化的金属微粒;
4—工作介质;5—凝固的金属微粒;6—阴极汽化、熔化区;
7—阴极;8—气泡;9—放电通道

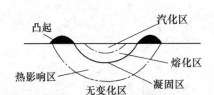

图6.8　放凹坑剖面示意图

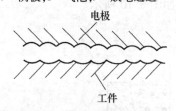

图6.9　表面局部放大图

3)电火花加工的特点

便于加工用机械加工难以加工或无法加工的材料;电极和工件在加工过程中不接触,便于加工小孔、深孔、窄缝零件;电极材料不必比工件材料硬;直接利用电能、热能进行加工,便于实现加工过程的自动控制;可以加工任何导电的难切削材料。在一定条件下也可加工半导体材料,甚至绝缘体材料。可加工聚晶金刚石、立方氮化硼一类超硬材料;不产生切削力引起的残余应力和变形(其材料去除是靠放电时的电热作用实现的,电极和工件间不存在切削力);脉冲参数可根据需要任意调节,因而可以在同一台机床上完成粗、细、精3个阶段的加工,易于实现自动化;尺寸精度为:0.01~0.05 mm,R_a=5~0.63。

4)电火花加工模具与普通机械加工

电火花加工模具与普通机械加工相比具有以下特点:电火花加工中,加工材料的去除是靠放电时的热作用实现的,几乎与其力学性能(硬度、强度)无关,适合于难切削材料的加工。放电加工中,加工工具电极和工件不直接接触,没有机械加工中的切削力,因此,适宜加工低刚度工件及微细加工。电火花加工是直接利用电能进行加工,而电能、电参数较机械量易于数字控制、适应智能控制和无人化操作。电火花加工已广泛应用于机械(特别是模具制造)、宇航、航空、电子、电机电器、精密机械、仪器仪表、汽车拖拉机、轻工业等行业。

电火花加工大部分应用于模具制造,主要有以下几方面:

①穿孔加工。加工冲模的凹模、挤压模、粉末冶金模等的各种异形孔及微孔。

②型腔加工。加工注射模、压塑模、吹塑模、压铸模、锻模及拉深模等的型腔。

③强化金属表面。凸凹模的刃口。磨削平面及圆柱面。

电火花加工的局限性：

①主要用于加工金属等导电材料。

②一般加工速度较慢。

③存在电极损耗。

5）影响电火花加工质量的主要工艺因素

①电极损耗对加工精度的影响。

型腔加工：用电极的体积损耗率来衡量。

$$C_V = \frac{V_E}{V_W} \times 100\%$$

穿孔加工：用长度损耗率来衡量。

$$C_L = \frac{h_E}{h_W}$$

②放电间隙对加工精度的影响。

$$\delta = K_\delta t_i^{0.3} I_e^{0.3}$$

③加工斜度对加工精度的影响，在加工过程中随着加工深度的增加，二次放电次数增多，侧面间隙逐渐增大，使加工孔入口处的间隙大于出口处的间隙，出现加工斜度，使加工表面产生形状误差，如图6.10所示。

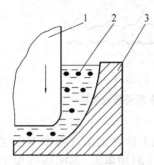

图6.10　二次放电造成侧面间隙增大
1—工件；2—工作液；3—电极

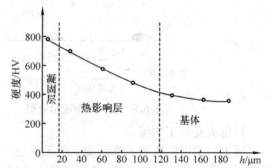

图6.11　未淬火 T10 钢经电火花加工后的表面显微硬

6）影响表面质量的工艺因素

①表面粗糙度。

$$R_a = K_R t_i^{0.3} I_e^{0.3}$$

②表面变化层。经电火花加工后的表面将产生包括凝固层和热影响层的表面变化层，如图6.11、图6.12所示。凝固层是工件表层材料在脉冲放电的瞬间高温作用下熔化后未能抛出，在脉冲放电结束后迅速冷却、凝固而保留下来的金属层。热影响层位于凝固层和工件基体材料之间，该层金属受到放电点传来的高温影响，使材料的金相组织发生了变化。

7）型孔加工

保证凸模、凹模配合间隙的方法。直接法，用加长的钢凸模作电极加工凹模的型孔，加工后将凸模上的损耗部分去除；混合法，将凸模的加长部分选用与凸模不同的材料，与凸模一起加工，以粘接或钎焊部分作穿孔电极的工作部分。修配凸模法，凸模和工具电极分别制造，在凸模上留一定的修配余量，按电火花加工好的凹模型孔修配凸模，达到所要求的凸模、凹模的配合间隙。二次电极法，利用一次电极制造出二次电极，再分别用一次和二次电极加工出凹模和凸模,并保证凸模、凹模配合间隙,如图 6.13 所示。

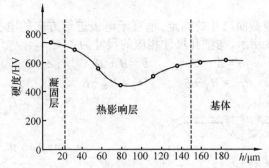

图 6.12 已淬火 T10 钢经电火花加工后的表面显微硬度

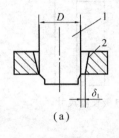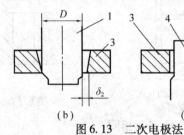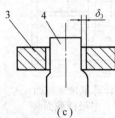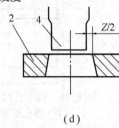

（a）　　　　　　　（b）　　　　　　　（c）　　　　　　　（d）

图 6.13 二次电极法

8) 电极设计

①电极材料见表 6.2。

表 6.2 常见电极材料的性质

电极材料	电火花加工性能		机械加工性能	说　明
	加工稳定性	电极损耗		
钢	较差	中等	好	在选择电参数时应注意加工的稳定性,可用凸模作电极
铸铁	一般	中等	好	
石墨	较好	较小	较好	机械强度较差,易崩角
黄铜	好	大	较好	电极损耗太大
紫铜	好	较小	较差	磨削困难
铜钨合金	好	小	较好	价格贵,多用于深孔、直壁孔、硬质合金穿孔
银钨合金	好	小	较好	价格昂贵,用于精密及有特殊要求的加工

②电极结构,整体式电极如图 6.14 所示。

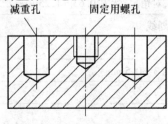

图 6.14 整体式电极

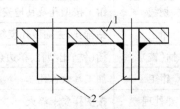

图 6.15 组合式电极
1—固定板;2—电极

③组合式电极,如图 6.15 所示。

139

④镶拼式电极,对于形状复杂的电极整体加工有困难时,常将其分成几块,分别加工后再镶拼成整体。

⑤电极尺寸,电极横截面尺寸的确定,垂直于电极进给方向的电极截面尺寸称为电极的横截面尺寸。如图 6.16 所示,与型孔尺寸相应的尺寸为:

$$a = A - 2\delta \qquad b = B + 2\delta \qquad c = C$$
$$r_1 = R_1 + \delta \qquad r_2 = R_2 - \delta$$

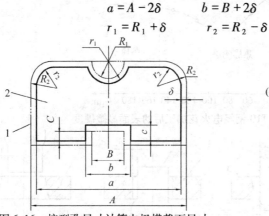

图 6.16 按型孔尺寸计算电极横截面尺寸
1—型孔轮廓;2—电极横截面

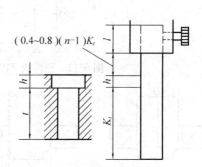

图 6.17 电极长度尺寸

$Z = 2\delta$ 时,电极与凸模截面基本尺寸完全相同。

$Z < 2\delta$ 时,电极轮廓应比凸模轮廓均匀地缩小一个数值 a_1,但形状相似。

$Z > 2\delta$ 时,电极轮廓应比凸模轮廓均匀地放大一个数值 a_1,但形状相似。

电极单边缩小或放大的数值:

$$a_1 = \frac{1}{2}|Z - 2\delta|$$

⑥电极长度尺寸的确定,如图 6.17 所示。$L = K_t + h + l + (0.4 \sim 0.8)(n-1)K_t$。

⑦电极公差的确定,截面的尺寸公差取凹模刃口相应尺寸公差的 $1/2 \sim 2/3$。

9)凹模模坯准备

常见的凹模模坯准备工序见表 6.3。

表 6.3 常见的凹模模坯准备工序

序 号	工 序	加工内容及技术要求
1	下料	用锯床锯割所需的材料,包括需切削的材料
2	锻造	锻造所需的形状,并改善其内容组织
3	退火	消除锻造后的内应力,并改善其加工性能
4	刨(铣)	刨(铣)四周及上下二平面,厚度留余量 $0.4 \sim 0.6$ mm
5	平磨	磨上下平面及相邻两侧面,对角尺,达 $R_a 0.63 \sim 1.25$ μm
6	划线	钳工按型孔及其他安装孔划线
7	钳工	钻排孔,去除型孔废料
8	插(铣)	插(铣)出型孔,单边余量 $0.3 \sim 0.5$ mm
9	钳工	加工其余各孔
10	热处理	按图样要求淬火
11	平磨	磨上下两面,为使模具光整,最好再磨四侧面
12	退磁	退磁处理

10)电规准的选择与转换

电火花加工中所选用的一组电脉冲参数称为电规准。

①粗规准,主要用于粗加工。

②中规准是粗、精加工间过渡加工采用的电规准,用以减小精加工余量,促使加工稳定性和提高加工速度。

③精规准,用来进行精加工。

11)电火花成型加工设备的组成

电火花成型加工机床一般由4部分组成,即主机、工作液循环系统、脉冲电源系统、控制系统。图6.18为某型电火花成型加工机的外观图。

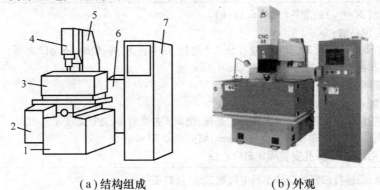

（a）结构组成　　　　　　（b）外观

图6.18　电火花成型加工机床

1—床身;2—过滤器;3—工作台;4—主轴头;5—立柱;6—液压泵;7—电源箱

【任务实施】

冲模的电火花加工工艺实例见表6.4。技术要求:材料 CrWMn;55~60HRC;凸模、凹模配合间隙0.04~0.06 mm。图6.19为冲模的电火花加工工艺图。

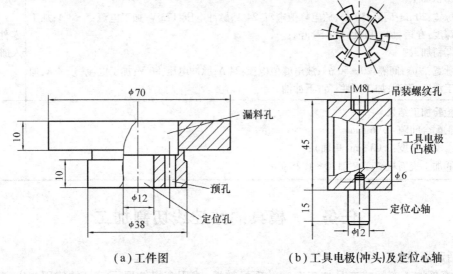

（a）工件图　　　　　　（b）工具电极(冲头)及定位心轴

图6.19　冲模的电火花加工

141

表 6.4 电火花加工电机转子凹模型孔的工艺实例

项目	工艺过程	备 注
1	工件在电火花加工前的工艺路线： ①车：$\phi38$ 外圆、$\phi12$ 内孔留 0.3~0.5 mm 磨量，上下表面留 0.4 mm 磨量，其余精车达图纸要求； ②铣：凹模刃口孔预铣，单面留量 0.3~0.5 mm，落料漏料孔铣达图纸要求； ③热处理：淬火处理 55~60HRC； ④平磨：磨上下端面达图纸要求； ⑤内外圆磨：精磨 $\phi38$ 外圆和 $\phi12$ 孔，达图纸要求	凹模固定用螺纹孔、销孔应在热处理前加工
2	工具电极（即冲头）的准备（见图 6.18(b)） ①准备定位心轴： 车：心轴 $\phi6$ 和 $\phi12$ 外圆，其外圆直径留 0.2 磨量，钻中心孔；磨：精磨 $\phi6$、$\phi12$ 外圆； ②车：粗车冲头外形，攻吊装内螺纹，$\phi6$ 孔留磨量； ③热处理：淬火处理； ④磨：精磨 $\phi6$ 定位心轴孔； ⑤线切割：以定位心轴 $\phi12$ 外圆为定位基准，精加工冲头外形，达图纸要求； ⑥化学腐蚀（酸洗）：单面腐蚀量 0.14 mm，腐蚀高度 20 mm； ⑦钳：利用凸模上 $\phi6$ 孔安装固定定位心轴	
3	工艺方法，凸模打凹模的阶梯工具电极加工法，反打正用	
4	装夹、校正、固定 ①工具电极：以定位心轴作为基准，校正后予以固定； ②工件：将工件自由放置工作台，将校正并固定后的电极定位心轴插入对应的 $\phi12$ 孔（不能受力），然后旋转工件，使预加工刃口孔对准冲头（电极），最后予以固定	
5	加工电规准 ①粗加工： 脉宽：20 μs；间隔：50 μs；放电峰值电流：24 A；脉冲电压：173 V；加工电流：7~8 A；加工深度：穿透；加工极性：负；下冲油； ②精加工： 脉宽：2 μs；间隔：20~50 μs；放电峰值电流：24 A；脉冲电压：80 V；加工电流：3~4 A；加工深度：穿透；加工极性：负；下冲油	零件全部浸入加工介质
6	检验加工结果 ①配合间隙：0.06 mm； ②型孔斜度：0.03 mm（单面）； ③加工表面粗糙度 R_a：1.0~1.25 μm	

任务 1 模具的数控线切割加工

【活动场景】

在模具加工车间或产品加工车间的现场教学，或用多媒体展示模具的使用与生产。

【任务要求】

掌握电火花线切割加工的基本概念；掌握线切割加工的特点及应用；电火花线切割加工程序编制的步骤。

【知识准备】

电火花线切割加工(Wire Cut EDM,WEDM)是在电火花加工基础上,于20世纪50年代末在苏联发展起来的一种新的工艺形式,是用线状电极(钼丝或铜丝)靠火花放电对工件进行切割,故称为电火花线切割,有时简称线切割。线切割加工机床分为快走丝和慢走丝线切割机床两种。

(1)线切割加工的特点

①电火花线切割加工过程的工艺和机理,与电火花成型加工既有共性,又有特性。电火花线切割加工与电火花成型加工的共性,线切割加工的电压、电流波形与电火花加工的基本相似。单个脉冲也有多种形式的放电状态,如开路、正常火花放电、短路等。线切割加工的加工机理、生产率、表面粗糙度等工艺规律,材料的可加工性等也与电火花成型加工基本相似,可以加工一切导电材料。

②线切割加工与电火花成型加工的不同特点,由于电极工具是直径较小的细丝,故脉冲宽度、平均电流等不能太大,加工工艺参数的范围较小,属中、精正极性电火花加工,工件常接脉冲电源正极。采用水或水基工作液,不会引燃起火,容易实现安全无人运转,但由于工作液的电阻率远比煤油小,因而在开路状态下,仍有明显的电解电流。

(2)线切割加工的应用

1)加工模具

适用于各种形状的冲压模具和直通的模具型腔。调整不同的间隙补偿量,只需一次编程就可切割凸模、凸模固定板、凹模及卸料板等。模具配合间隙、加工精度通常都能达到0.01~0.02 mm(快走丝)和0.002~0.005 mm(慢走丝)的要求。

2)加工电火花成型用的电极

电火花穿孔加工所用电极以及带锥度型腔加工用的电极,以及铜钨、银钨合金之类的电极材料,用线切割加工特别经济,同时,也适用于加工微细复杂形状的电极。

3)加工试制新产品的零件

用线切割在坯料上直接割出零件,例如,试制切割特殊微电机硅钢片定转子铁芯,由于无须另行制造模具,可大大缩短制造周期、降低成本。另外,修改设计、变更加工程序比较方便,加工薄件时还可多片叠在一起加工。在零件制造方面,可用于加工品种多、数量少的零件,特殊难加工材料的零件。

4)可加工微细异型孔

窄缝和复杂形状的工件,加工精度可控制在0.01 mm左右,表面粗糙度 R_a < 2.5 μm。

5)线切割

线切割因切缝很窄,对金属去除量很少,对节省贵重金属有重要意义。用于加工淬火钢、硬质合金模具零件、样板、各种形状的细小零件、窄缝等。

(3)数字程序控制基本原理

数控线切割加工时,数控装置要不断进行插补运算,并向驱动机床工作台的步进电动机发出相互协调的进给脉冲,使工作台(工件)按指定的路线运动。工作台的进给是步进的,它每走一步机床数控装置都要自动完成4个工作节拍,如图6.20所示。

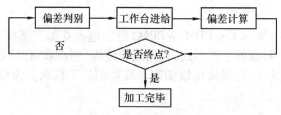

图 6.20 工作节拍方框图

1）偏差判别

判别加工点对规定图形的偏离位置,以决定工作台的走向。

2）工作台进给

工作台进给根据判断结果,控制工作台在 X 或 Y 方向进给一步,以使加工点向规定图形靠拢。

3）偏差计算

在加工过程中,工作台每进给一步,都由机床的数控装置根据数控程序计算出新的加工点与规定图形之间的偏差,作为下一步判断的依据。

4）终点判别

每当进给一步并完成偏差计算之后,就判断是否已加工到图形的终点,若加工点已到终点,便停止加工。

（4）程序编制

1）3B 格式程序编制

①3B 程序格式,见表 6.5。

表 6.5 3B 程序格式

B	X	B	Y	B	J	G	Z
分隔符号	X 坐标值	分隔符号	Y 坐标值	分隔符号	计数长度	计数方向	加工指令

分隔符号 B,X,Y,J 均为数码,用分隔符号（B）将其隔开,以免混淆。

坐标值 (X,Y),只输入坐标的绝对值,其单位为 μm（以下应四舍五入）。

计数方向 G,选取 X 方向进给总长度进行计数的称为计 X,用 G_X 表示;选取 Y 方向进给总长度进行计数的称为计 Y,用 G_Y 表示。

计数长度 J,指被加工图形在计数方向上的投影长度（即绝对值）的总和,以 μm 为单位。

②纸带编码。采用五单位标准纸带。纸带上有 I_1,I_2,I_3,I_4,I_5 五个大孔,为信息代码孔;一列小孔 I_0,称为同步孔。D——停机码;Φ——废码。

③程序编程的步骤与方法。工具、夹具的设计选择,尽可能选择通用（或标准）工具和夹具。正确选择穿丝孔和电极丝切入的位置,穿丝孔是电极丝相对于工件运动的起点,同时,也是程序执行的起点,也称"程序起点"。一般选在工件上的基准点外,也可设在离型孔边缘 2～5 mm 处。

④确定切割线路。一般在开始加工时应沿着离开工件夹具的方向进行切割,最后再转向夹具方向。

2）工艺计算

①根据工件的装夹情况和切割方向,确定相应的计算坐标系。

②按选定的电极丝半径 r,放电间隙和凸模、凹模的单面配合间隙 $Z/2$ 计算电极丝中心的

补偿距离 ΔR。

③将电极丝中心轨迹分割成平滑的直线和单一的圆弧线,按型孔或凸模的平均尺寸计算出各线段交点的左边值。

3)编制程序

根据电极丝中心轨迹各交点坐标值及各线段的加工顺序,逐段编制切割程序。程序检验,画图检验和空运行。

(5)手工编程实例

1)4B 格式程序编制

4B 格式是在 3B 格式的基础上发展起来的,这种格式按工件轮廓编制,数控系统使电极丝相对于工件轮廓自动实现间隙补偿。程序格式中增加一个 R 和 D 或 DD(圆弧的凸、凹性)而成为 4B 程序格式。4B 程序格式见表6.6。

表 6.6　4B 程序格式

B	X	B	Y	B	J	B	R	G	D 或 DD	Z
分隔符号	X 坐标值	分隔符号	Y 坐标值	分隔符号	计数长度	分隔符号	圆弧半径	计数方向	曲线形式	加工指令

2)ISO 代码数控程序编制

①程序字,简称"字",表示一套有规定次序的字符可以作为一个信息单元存储、传递和操作。一个字所包含的字符个数称为字长。程序字包括顺序号字、准备功能字、尺寸字、辅助功能字等。

②顺序号字,也称为程序段号或程序段号字。地址符是 N,后续数字一般 2~4 位。如 N02,N0010。

③准备功能字,地址符是 G,又称为 G 功能或 G 指令。它的定义是:建立机床或控制系统工作方式的一种命令。后续数字为两位正整数,即 G00~G99。

④尺寸字,也称尺寸指令。主要用来指令电极丝运动到达的坐标位置。地址符有 X,Y,U,V,A,I,J 等,后续数字为整数,单位为 μm,可加正、负号。

⑤辅助功能字,地址符 M 及随后的 2 位数字组成,即 M00~M99,也称为 M 功能或 M 指令。

⑥程序段,由若干个程序字组成,它实际上是数控加工程序的一句。例如 G01 X300 Y—5 000。

⑦程序段格式,是指程序段中的字、字符和数据的安排形式。

⑧程序格式,程序名(单列一段)+程序主体+程序结束指令(单列一段)。

3)ISO 代码及其程序编制

①G00 为快速定位指令,书写格式:G00 X— Y—。

②G01 为直线插补指令,书写格式:G01 X— Y— U— V—。

③G02,G03 为圆弧插补指令。

G02——顺时针加工圆弧的插补指令。书写格式:G02 X— Y— I— J—。

G03——逆时针加工圆弧的插补指令。书写格式:G03 X— Y— I— J—。

④G90,G91,G92 为坐标指令。

G90——绝对坐标指令,书写格式:G90(单列一段)。

G91——增量坐标指令,书写格式:G91(单列一段)。

G92——绝对坐标指令,书写格式:G90 X— Y—。

⑤G05,G06,G07,G08,G09,G10,G11,G12 为镜像及交换指令。

G05——X 轴镜像,函数关系式:X = − X。

G06——Y 轴镜像,函数关系式:Y = − Y。

G07——X,Y 轴交换,函数关系式:X = Y,Y = X。

G08——X 轴镜像、Y 轴镜像,函数关系式:X = − X,Y = − Y。即 G08 = G05 + G06。

G09——X 轴镜像、X,Y 轴交换。即 G09 = G05 + G07。

G10——Y 轴镜像、X,Y 轴交换。即 G10 = G06 + G07。

G11——X 轴镜像、Y 轴镜像。即 G11 = G05 + G06 + G07。

书写格式:G05(单列一段)。

⑥G40,G41,G42 为间隙补偿指令。

G41——左偏补偿指令,书写格式:G41 D—。

G42——右偏补偿指令,书写格式:G42 D—。

G40——取消间隙补偿指令,书写格式:G40(单列一段)。

⑦G50,G51,G52 为锥度加工指令。

G51——锥度左偏指令,书写格式:G51 D—。

G42——锥度右偏指令,书写格式:G52 D—。

G40——取消锥度指令,书写格式:G50(单列一段)。

⑧G54,G55,G56,G57,G58,G59 为加工坐标系 1 ~ 6。书写格式:G54(单列一段)。

⑨G80,G82,G84 为手动操作指令。

G80——接触感知指令。

G82——半程移动指令。

G84——校正电极丝指令。

⑩M 是系统的辅助功能指令。

M00——程序暂停。

M02——程序结束。

M05——接触感知解除。

M96——程序调用(子程序)。

书写格式:M96 程序名(程序名后加".")。

M96——程序调用结束。

(6)线切割加工工艺

线切割加工工艺,如图 6. 21 所示。

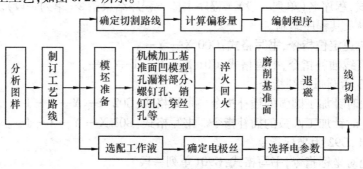

图 6.21 线切割加工工艺过程

146

1)模坯准备

①工件材料及毛坯。

②凹模坯准备工序。下料:用锯床切割所需材料;锻造:改善内部组织,并锻成所需的形状;退火:消除锻造内应力,改善加工性能;刨(铣):刨六面,厚度留余量0.4~0.6 mm;磨:磨出上下平面及相邻两侧面,对角尺;划线:划出刃口轮廓,孔(螺孔、销孔、穿丝孔等)的位置;加工型孔部分:当凹模较大时,为减少线切割加工量,需将型孔漏料部分铣(车)出,只切割刃口高度;对淬透形差的材料,可将型孔的部分材料去除,留3~5 mm切割余量;孔加工:加工螺孔、销孔、穿丝孔等;淬火:达到设计要求;磨:磨削上下平面及相邻两侧面,对角尺;退磁处理。

③凸模的准备工序。可参照凹模的准备工序,将其中不需要的工序去掉即可。注意事项:为便于加工和装夹,一般都将毛坯锻造成平面六面体;凸模的切割轮廓线与毛坯侧面之间应留足够的切割余量(一般小于5 mm);在某种情况下,为防止切割时模坯产生变形,在模坯上需加工出穿丝孔。

2)工艺参数的选择

①脉冲参数的选择,见表6.7。

表6.7　快速走丝线切割加工脉冲参数的选择

应　用	脉冲宽度/mm	电流峰值	脉冲间隔	空载电压
快速切割或加大厚度工作	20~40	大于12	为实现稳定加工,一般选择$t_0/t_1=3~4$以上	一般为70~90 V
半精加工	6~20	6~12		
精加工	2~6	4.8以下		

②电极丝的选择。钨丝抗拉强度高,直径为0.03~0.1 mm,一般用于各种窄缝的精加工,但价格昂贵。黄铜丝适用于慢速加工,加工表面粗糙度和平直度较好,但抗拉强度差,损耗大,直径为0.1~0.3 mm。钼丝抗拉强度高,适用于快走丝加工,直径为0.08~0.2 mm。

③工作液的选配,乳化液和去离子水。

3)工件的装夹与调整

工件的装夹,悬臂式装夹如图6.22所示;桥式支撑方式装夹,如图6.23所示;板式支撑方式装夹如图6.24所示。两端支撑方式装夹,如图6.25所示。

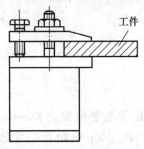

图6.22　悬臂方式装夹工作

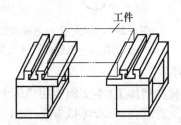

图6.23　两端支撑方式装夹

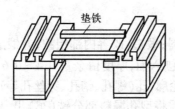

垫铁

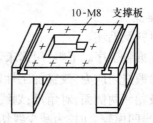

10-M8　支撑板

图 6.24　桥式支撑方式装夹　　　　图 6.25　板式支撑方式装夹

4）工件的调整

①用百分表找正，如图 6.26 所示。

②划线法找正，如图 6.27 所示。

③电极丝位置的调整，直接利用目测或借助 2～8 倍的放大镜来进行观察，如图 6.28 所示；火花法调整电极丝位置，如图 6.29 所示。

④自动找正中心，如图 6.30 所示。

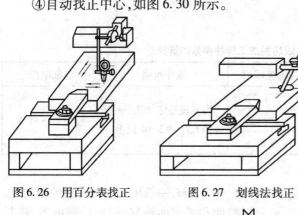

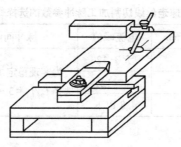

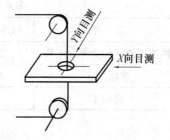

Y 向目测

X 向目测

图 6.26　用百分表找正　　　　图 6.27　划线法找正　　　　图 6.28　用目测法调整电极丝位置

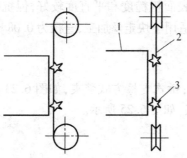

1

2

3

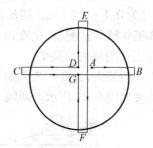

图 6.29　火花法调整电极丝位置　　　　　　图 6.30　自动找正中心
1—工件；2—电极丝；3—火花

【实例列举】

一个电极的精加工（本实例所用机床为 Sodick A3R，其控制电源为 Excellence ⅩⅠ）。加工条件：电极/工件材料：Cu/St(45 钢)；加工表面粗糙度：R_{max} 6 μm；电极减寸量（即减小量）：0.3 mm/单侧；加工深度：5.0±0.01；加工位置：工件中心；单电极加工时的加工条件及加工图形如图 6.31 所示。

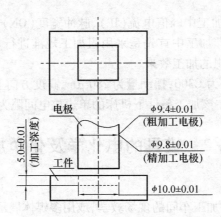

电极

工件

$\phi 9.4 \pm 0.01$
(粗加工电极)

$\phi 9.8 \pm 0.01$
(精加工电极)

5.0 ± 0.01（加工深度）

$\phi 10.0 \pm 0.01$

图 6.31　精、粗加工两个电极时的加工条件及加工图形

加工程序:

H0000 = +00005000;　　　/加工深度

N0000;

G00G90G54XYZ1.0;　　　/加工开始位置,Z 轴距工件表面距离为 1.0 mm

G24;　　　/高速跃动

G01 C170 LN002 STEP10 Z330-H000 M04;

/以 C170 条件加工至距离底面 0.33 mm,M04 然后返回加工开始位置

G01 C140 LN002 STEP134 Z156-H000 M04;

/以 C140 条件加工至距离底面 0.156 mm

G01 C220 LN002 STEP196 Z096-H000 M04;

/以 C220 条件加工至距离底面 0.096 mm

G01 C210 LN002 STEP224 Z066-H000 M04;/以 C210 条件加工至距离底面 0.066 mm

G01 C320 LN002 STEP256 Z040-H000 M04;/以 C320 条件加工至距离底面 0.040 mm

G01 C300 LN002 STEP280 Z020-H000 M04;/以 C300 条件加工至距离底面 0.020 mm

M02;/加工结束

①程序分析:本程序为 Sodick A3R 机床的程序,在加工前根据具体的加工要素(如加工工件的材料、电极材料、加工要求达到的表面粗糙度、采用的电极个数等)在该机床的操作说明书上选用合适的加工条件。本加工选用的加工条件见表 6.8。

表 6.8　加工条件表

C 代码	ON	IP	HP	PP	Z 轴进给余量/μm	摇动步距/μm
C170	19	10	11	10	Z330	10
C140	16	05	51	10	Z180	140
C220	13	03	51	10	Z120	200
C120	14	03	51	10	Z100	0
C210	12	02	51	10	Z070	30
C320	08	02	51	10	Z046	54
C310	08	01	52	10	Z026	74

②由表 6.8 可以看出,加工中峰值电流(IP)、脉冲宽度(ON)逐渐减小,加工深度逐渐加深,摇动的步距逐渐加大。即加工中首先是采用粗加工规准进行加工,然后慢慢采用精加工规准进行精修,最后得到理想的加工效果。

③最后采用的加工条件为 C300,摇动量为 280 μm,高度方向上电极距离工件底部的余量为 20 μm。由此分析可知,在该加工条件下机床的单边放电间隙为 20 μm。

任务 2　模具的电化学及化学加工

【活动场景】

在模具加工车间或产品加工车间的现场教学,或用多媒体展示模具的使用与生产。

【任务要求】

掌握电化学加工(电铸和电解)的基本概念;掌握电化学加工的特点及应用;电化学加工的步骤。

【知识准备】

(1)电化学加工基本原理

电化学加工(ECM)是当前迅速发展的一种特种加工方式,是利用电极在电解液中发生的电化学作用对金属材料进行成型加工,已被广泛地应用于复杂型面、型孔的加工以及去毛刺等工艺过程。

电化学加工按加工原理可以分为 3 大类:

①利用阳极金属的溶解作用去除材料。主要有电解加工、电解抛光、电解研磨、阳极切割等,用于内外表面形状、尺寸以及去毛刺等加工。

②利用阴极金属的沉积作用进行镀覆加工。主要有电铸、电镀、电刷镀,用于表面加工、装饰、尺寸修复、磨具制造、精密图案印制、电路板复制等加工。

③电化学加工与其他加工方法结合完成的电化学复合加工。主要有电解磨削、电解电火花复合加工、电化学阳极机械加工等,用于形状与尺寸加工、表面光整加工、镜面加工、高速切割等。如图 6.32 所示,即形成通路,导线和溶液中均有电流流过。溶液中正、负离子的定向移动称为电荷迁移,在阴、阳极表面发生得失电子的化学反应称之为电化学反应。利用这种电化学作用对金属进行加工的方法即为电化学加工。

(2)电铸加工

利用金属的电解沉积,翻制金属制品的工艺方法。

1)电铸加工的原理和特点

①电铸加工的原理,如图 6.33 所示用导电的原模作阴极,电铸材料作阳极,含电铸材料的金属盐溶液作电铸溶液。电铸加工在原理和本质上都是属于电镀工艺的范畴,刚好和电解加工相反,利用电镀液中的金属正离子在电场的作用下,镀覆沉积在阴极上的过程。

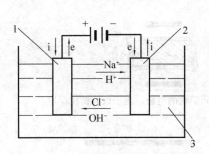
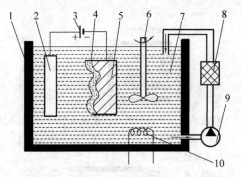

图6.32　电化学加工示意图
1—阳极;2—阴极;3—电解液

图6.33　电铸加工
1—电铸槽;2—阳极;3—直流电源;4—电铸层;5—原模;
6—搅拌器;7—电铸液;8—过滤器;9—泵;10—加热器

②电铸加工的特点为:能准确、精密地复制复杂型面和细微纹路;能获得尺寸精度高、表面粗糙度优于 $R_a = 0.1\ \mu m$ 的复制品,同一原模生产的电铸件一致性极好;将石膏、石蜡、环氧树脂等作为原模材料,可把复杂工件的内表面复制为外表面,外表面复制为内表面,然后再电铸复制,适应性广泛;电铸也有诸如生产周期长、尖角或凹槽部分铸层不均匀、铸层存在一定的内应力、原模上的伤痕会带到产品上、电铸加工时间长等缺点。

2)电铸法制模的工艺过程

根据母模所选用的材料和加工方法,电铸工艺过程大致如下:产品图纸→母模设计→母模制造→前处理→电沉积→加固→脱模→机械加工→成品。原模设计与制造→原模表面处理→电铸至规定厚度→衬套处理→脱模→清洗干燥→成品。

①原模设计与制造,原模的尺寸应与型腔一致,沿型腔深度方向应加长5~8 mm,以备电铸后切除端面的粗糙度部分,原模电铸表面应有脱模斜度,并进行抛光,使表面粗糙度 R_a 达0.08~0.16 μm。

②电铸金属及电铸溶液,常用的电铸金属有铜、镍和铁3种,相应的电铸溶液为含有所选用电铸金属离子的硫酸盐、氨基磺酸盐和氧化物等的水溶液。

③衬背和脱模,有些电铸件电铸成型之后,需要用其他材料在其背面加工(称为衬背),以防止变形,然后,再对电铸件进行脱模和机械加工。

3)电铸过程的要点

溶液必须连续过滤,以除去电解质水解或硬水形成的沉淀、阳极夹杂物和尘土等固体悬浮物,防止电铸件产生针孔、粗糙、瘤斑和凹坑等缺陷;必须搅拌电铸镀液,降低浓差极化,以增大电流密度,缩短电铸时间;电铸件凸出部分电场强,镀层厚,凹入部分电场弱,镀层薄。为了使厚薄均匀,凸出部分应加以屏蔽,凹入部分要加装辅助阳极,如图6.34所示。要严格控制镀液成分、浓度、酸碱度、温度、电流密度等,以免铸件内应力过大导致变形、起皱、开裂和剥落。通常开始时电流宜稍小,随后逐渐增加,中途不宜断电,以免分层。

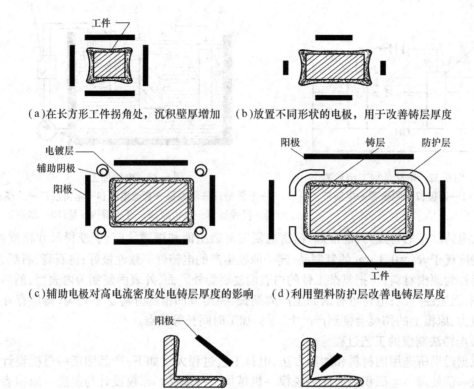

(a)在长方形工件拐角处,沉积壁厚增加　　(b)放置不同形状的电极,用于改善铸层厚度

(c)辅助电极对高电流密度处电铸层厚度的影响　　(d)利用塑料防护层改善电铸层厚度

(e)阳极位置对直角处铸层的影响

(f)内角处电铸层缺陷　　　(g)改善设计结构用以改善铸层性能

图6.34　在各种截面零件表面的电铸层

4)电铸的基本设备

电铸的主要设备有电铸槽、直流电源、搅拌和循环过滤系统、加热和冷却装置等部分组成,如图6.35所示。

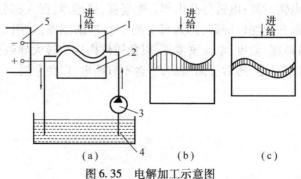

图6.35　电解加工示意图

1—工具电极(阴极);2—工件(阳极);3—电解液泵;4—电解液;5—直流电源

(3)电解加工

1)电解加工基本原理

电解加工是利用金属在电解液中产生阳极溶解的原理实现金属零件的成型加工,是利用金属在电解液中发生电化学阳极溶解的原理,将工件加工成型的一种工艺方法(见图6.35)。

2)电解加工主要特点

电解加工与其他加工方法相比,具有以下主要特点:

①能以简单的直线进给运动一次加工出复杂的型面和型腔,可以取代好几道切削加工工序,同时进给速度可达0.3~15 mm/min,生产率高,设备构成简单。

②可加工高硬度、高强度和高韧性等难以切削加工的金属材料,如淬火钢、钛合金、不锈钢、硬质合金等。

③加工过程中无切削力和切削热,工件不产生内应力和变形,适合于加工易变形和薄壁类零件。加工后的零件无毛刺和残余应力,加工表面粗糙度 R_a 可达到0.22~1.6 μm,尺寸精度对于内孔可以达到 ±(0.03~0.05) mm,对于型腔可以达到 ±(0.20~0.5) mm。

④加工过程中,工具阴极本身不参与电极反应,同时,工具材料又是抗腐蚀性好的不锈钢或黄铜等,所以,除了火花短路等特殊情况外,阴极基本上无损耗,可长期使用。

3)型腔电解加工工艺

①电解液的选择,中性、酸性和碱性溶液。

②工具电极设计与制造,电极材料包括黄铜、紫铜和不锈钢。电极尺寸一般是先根据被加工型腔尺寸和加工间隙确定电极尺寸,再通过工艺试验对电极尺寸、形状加以修正,以保证电解加工的精度。

③电极制造,采用机械加工、仿行铣、数控铣和反拷贝制作。

4)电解加工设备

电解加工设备就是电解加工机床,主要包括机床本体、直流电源、电解液系统和自动控制系统。

任务3　模具的其他加工方法

【活动场景】

在模具加工车间或产品加工车间的现场教学,或用多媒体展示模具的使用与生产。

【任务要求】

掌握电解磨削加工、超声加工、激光加工、超声波加工及其应用。

【知识准备】

(1)模具的电解磨削加工

1)电解磨削的基本原理

电解磨削是将金属的电化学阳极溶解作用和机械磨削作用相结合的一种磨削工艺。电解磨削原理,如图6.36所示。

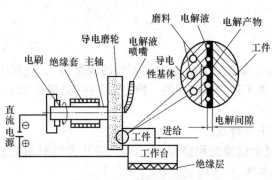

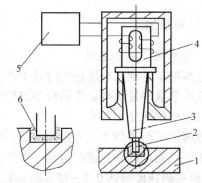

图 6.36　电解磨削原理图　　　　图 6.37　超声加工原理示意图

1—工具;2—工件;3—磨料悬浮液;4,5—变幅杆;

6—超声换能器;7—超声波发生器

2)电解磨削的特点

电解磨削的特点:加工范围广,生产效率高;加工精度高,表面质量好;砂轮的磨损量小。

3)电解磨削的应用

电解磨削在模具加工中主要应用于下列几个方面:

①磨削难加工材料;

②减少加工工序,保证磨削质量;

③提高加工效率;

④模具抛光。

4)化学腐蚀加工

①原理:是将零件要加工的部位暴露在化学介质中,产生化学反应,使零件材料腐蚀溶液,以获得所需要形状和尺寸的一种工艺方法。

②特点:可加工金属和非金属材料,不受被加工材料的硬度影响,不发生物理变化;加工后表面无毛刺、不变形、不产生加工硬化现象;只要腐蚀液能浸入的表面都可以加工,故适用于加工难以进行机械加工的表面;加工时不需要用夹具和贵重装备;辐射液和蒸汽污染环境,对设备和人体有危害作用,需采用适当的防护措施。

(2)模具的超声加工

①模具的超声加工是利用产生超声振动的工具,带动工件和工具间的磨料悬浮液冲击和抛磨工件的被加工部位,使局部材料破坏而成粉末,以进行穿孔、切割和研磨等,如图 6.37 所示。

②特点:适用于加工硬脆材料;结构比较简单、操作维修也比较方便;适合加工薄壁零件及工件的窄缝、小孔。

(3)模具的激光加工

激光加工(Laser machining)是利用激光固有的特性,使光能很快转变为热能来蚀除金属。激光是一种强度高、方向性好、单色性好的相干光,理论上可以把激光聚焦到微米甚至亚微米级大小的斑点上,使其在聚焦点处的功率密度达到 $10^7 \sim 10^{11}$ W/cm^2,温度可达 1 000 ℃ 以上。激光加工具有以下特点:

①激光加工不需要加工工具,适于自动化连续加工。

②由于它的能量密度大,可加工任何材料。

③加工速度快、效率高、热影响区小。

④适于加工深而小的孔和窄缝,尺寸可达几微米。

⑤可以透过光学透明材料对工件进行加工,特别适于此特殊环境要求的工件。

(4)模具的超声波加工

模具的超声波加工(Ultrasonic Machining)是利用作超声频(16～25 kHz)振动的工具,使工作液中的悬浮磨粒对工件表面撞击抛磨来实现加工,称为超声加工。适用于加工各种硬脆材料,特别是不导电的非金属材料,如玻璃、宝石、陶石及各种半导体材料。可加工各种复杂形状的型孔、型腔和型面,还可进行套料、切割和雕刻。工件受力小,变形小。精度可达0.01～0.05 mm,表面粗糙度R_a可达0.08～0.6 μm,优于电火花加工。

1)超声加工的基本工艺规律

加工速度及其影响因素,影响加工速度的因素有:工具振动频率与振幅、工具的压力、磨料种类与粒度、悬浮液浓度、工具与工件的材料等。工具的振幅与频率,提高振幅和频率,可以提高加工速度,但过大的振幅和过高的频率会使工具头或变幅杆承受很大的交变应力,降低其使用寿命。因此,一般振幅为0.01～0.1 mm,频率为16～25 kHz。

进给压力,加工时工具对工件应有一个适当的压力,过小的压力使间隙大,磨粒撞击作用弱而降低生产率;过大的压力又会使间隙过大而不利于磨粒循环更新,从而降低生产率。磨粒硬度高和颗粒大都有利于提高加工速度。使用时应根据加工工艺指标的要求及工件材料合理选用。磨料悬浮液浓度低,加工速度也低;反之,加工速度增加。但浓度太高将不利于磨粒的循环和撞击运动从而影响加工速度。

2)应用

不导电硬脆材料,也可加工各种高硬度与高强度的金属材料。要求较高的模具的抛磨精加工。各种圆孔、型孔、型腔、沟槽、异形贯通孔、弯曲孔、微细孔、套料等。超声波加工的生产率虽然比电火花加工和电化学加工低,但其加工精度和表面粗糙度都比较好,而且能加工半导体、非导体的硬脆材料,如玻璃、石英、陶瓷、宝石及金刚石等。一些淬火钢、硬质合金冲模、拉丝模和塑料模,最后也常用超声波抛磨和光整。

3)超声型孔、型腔的加工

超声加工(见图6.38)可用于模具型孔、型腔、凸面及微细孔的加工,也可用于切割加工,如图6.39所示。

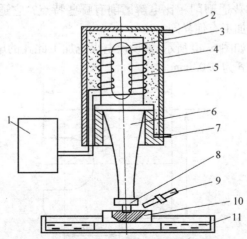

图6.38　超声波加工原理示意图

1—超声波发生器;2—冷却水入口;3—换能器;4—外罩;5—循环冷却水;
6—变幅杆;7—冷却水出口;8—工具;9—磨料悬浮液;10—工件;11—工作槽

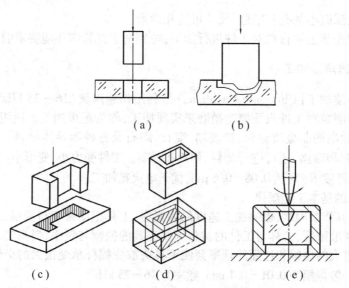

图 6.39　超声波加工模具

思考与练习

1. 名词解释

特种加工　电火花线切割加工　电化学抛光　电解磨削　超声波抛光

2. 掌握电火花加工的基本原理及特点。评价电火花加工工艺效果的指标有哪些? 各个指标的影响因素有哪些,如何影响? 掌握电火花线切割加工原理及特点。掌握典型零件电火花线切割加工程序的编制方法。型腔模电火花加工主要的加工方法有哪些? 各有何优缺点? 电火花加工的电规准包含哪些参数? 电规准转换的含义是什么? 掌握影响电火花线切割工艺效果的因素。掌握线切割电极丝的选择原则。

3. 电化学加工有哪几种类型? 各有何应用? 激光加工有何特点及应用? 电化学加工分为哪几种不同的类型? 电铸加工有何特点? 主要适合制造哪些模具零件? 电解加工有何特点? 多用于加工什么模具? 和普通磨削相比电解磨削有哪些特点? 它适合于加工哪些金属材料? 试比较电解加工与电火花加工有何异同?

4. 有一孔形状及尺寸如图 6.40 所示,请设计电火花加工此孔的电极尺寸。已知,电火花机床精加工的单边放电间隙 δ 为 0.03 mm。

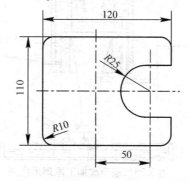

图 6.40　孔形状及尺寸

项目 **7**

模具工作零件的其他成型方法

【问题导入】

随着信息技术的不断发展,在模具制造中出现了许多先进的加工工艺方法,可以满足各种复杂型面模具零件的加工需求。模具制造应根据模具设计要求和现有设备及生产条件,恰当地选用模具的加工方法。了解模具生产的一般原理和模具加工的一些特殊方法及特点。

【学习目标及技能目标】

通过本模块的学习,要求掌握以下基本知识:了解陶瓷型铸造成型、挤压成型的加工特点及应用;学会常见快速成型制造方法及应用。

任务 1　挤压成型加工模具工作零件

【活动场景】

在模具加工车间或产品加工车间的现场教学,或用多媒体展示模具的使用与生产。

【任务要求】

掌握模具的作用,模具工业的现状与发展,模具制造技术的基本要求及特点,模具的加工方法及分类。

【知识准备】

在常温下,将淬硬的工艺凸模压入模坯,使坯料产生塑性变形,以获得与工艺凸模工作表面形状相同的内成型表面。冷挤压成型是在常温下,将淬硬的工艺凸模压入模坯,使坯料产生塑性变形,以获得与工艺凸模工作表面形状相同的内成型表面。冷挤压方法适于加工以有色金属、低碳钢、中碳钢、部分有一定塑性的工具钢为材料的塑模型腔、压铸模型腔、锻模型腔和粉末冶金模的型腔。

(1)冷挤压工艺的特点

模具冷挤压是利用金属塑性变形的原理得以实现的,是无切屑加工方法,适用于加工低碳钢、中碳钢、有色金属及有一定塑性的工具钢为材料的塑料模型腔和压铸模型腔。型腔冷挤压工艺的特点是挤压过程简单、迅速,生产率高,加工精度高(可达 IT7 级以上),表面粗糙度 R_a 小(可达 $0.08 \sim 0.32 \mu m$);可挤压难以切削加工的复杂型腔、浮雕花纹、字体等;经冷挤压的型腔,材料纤维未被切断,因而金属组织细密,型腔的强度和耐磨性高。但型腔冷挤压的单位挤压力大,需要具有大吨位的挤压设备才能完成加工。挤压成型示意图如图 7.1 所示。

型腔的冷挤压加工分为封闭式冷挤压和敞开式冷挤压两种。

1)封闭式冷挤压

封闭式冷挤压是将坯料放在冷挤压模套内进行挤压加工,如图 7.2 所示。对于精度要求较高、深度较大、坯料体积较小的型腔宜采用这种挤压方式加工。

2)敞开式冷挤压

敞开式冷挤压在挤压形腔毛坯外面不加模套,如图 7.3 所示。敞开式冷挤压只在加工要求不高的浅型腔时采用。冷挤压设备的选择型腔冷挤压所需的力,与冷挤压方式、模坯材料及其性能、挤压时的润滑情况等许多因素有关,一般采用下列公式计算 $F = pA$。

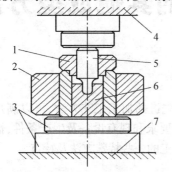 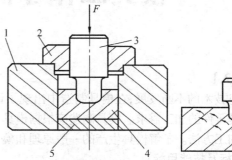 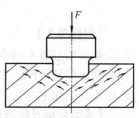

图 7.1 挤压成型示意图　　　　图 7.2 封闭式冷挤压　　　图 7.3 敞开式冷挤压

1—导向套;2—模套;3—垫板;4—压力机上座;　　　1—模套;2—导向套;

5—挤压凸模;6—坯料;7—压力机下座　　　3—工艺凸模;4—模坯;5—垫板

(2)工艺凸模和模套设计

1)工艺凸模

工艺凸模应有足够的强度、硬度和耐磨性,凸模材料还应有良好的切削加工性,其热处理硬度应达到 61~64HRC,工艺凸模的结构由以下 3 部分组成:

①工作部分。图 7.4 中 L_1 段应与型腔设计尺寸一致,精度比型腔精度高一级,表面粗糙度 R_a 为 $0.08 \sim 0.32 \mu m$。工作部分长度取型腔深度的 $1.1 \sim 1.3$ 倍。端部圆角半径 r 不应小于 0.2 mm。为了便于脱模,作出 1∶50 的脱模斜度。

②导向部分。图 7.4 中 L_2 段,一般取 $D = 1.5d$;$L_2 > (1 \sim 1.5)D$。外径 D 与导向套配合为 H8/h7,表面粗糙度 $R_a = 1.25 \mu m$。端部的螺孔是为了脱模而设计的。

③过渡部分。过渡部分是工艺凸模工作端和导向端的连接部分,为减少应力集中,一般 $R \geqslant 5$ mm,如图 7.4 所示。采用较大半径的圆弧平滑过渡,一般 $R \geqslant 5$ mm。

2)模套

模套的作用是限制模坯金属的径向流动,防止坯料破裂。模套有以下两种:

①单层模套,如图 7.5 所示。对于单层模套,比值 r_2/r_1 越大则模套强度越大。但当 $r_2/r_1 > 4$ 时,即使再增加模套的壁厚,强度的增大也不明显,所以,实际应用中常取 $r_2 = 4r_1$。

②双层模套,如图 7.6 所示。双层模套的强度约为单层模套的 1.5 倍。各层模套尺寸分别

为:$r_3 = (3.5 \sim 4)r_1$;$r_2 = (1.7 \sim 1.8)r_1$。内套与坯料接触部分的表面粗糙度为 $R_a = 0.16 \sim 1.25$ μm。单层模套和内模套的材料一般选用 45 钢、40Cr 等材料制造,热处理硬度 43 ~ 48HRC。外层模套材料为 Q235 或 45 钢。

3)模坯准备

宜于采用冷挤压加工的材料有:铝及铝合金、铜及铜合金、低碳钢、中碳钢、部分工具钢及合金钢。如 10,20,20Cr,T8A,T10A,3CR2W8V 等。坯料在冷挤压前必须进行热处理(低碳钢退火至 100 ~ 160HBS,中碳钢、部分工具钢及合金钢退火至 160 ~ 200HBS),模坯材料应具有低的硬度和高的塑性,型腔成型后其热处理变形应尽可能小。模坯的形状尺寸应考虑模具的设计尺寸要求和工艺要求。封闭式冷挤压坯料的外形轮廓,一般为圆柱体或圆锥体,如图 7.7(a)所示。封闭式冷挤压坯料的外形轮廓,一般为圆柱体或圆锥体,其尺寸按以下经验公式确定。$D = (2 \sim 2.5)d$;$h = (2.5 \sim 3)h_1$。有时为了减小挤压力,可在模坯底部加工减荷穴,如图 7.7(b)所示。减荷穴的直径 $d_1 = (0.6 \sim 0.7)d$,减荷穴处切除的金属体积约为型腔体积的 60%,但当型腔底面需要同时挤出图案或文字时,坯料不能设置减荷穴。

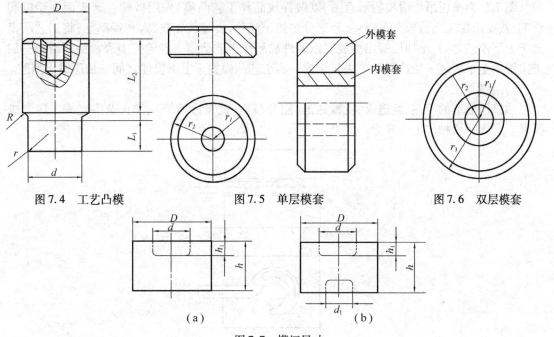

图 7.4　工艺凸模　　　　图 7.5　单层模套　　　　图 7.6　双层模套

（a）　　　　　　　　（b）

图 7.7　模坯尺寸

4)冷挤压时的润滑

在冷挤压过程中,工艺凸模与坯料通常要承受 2 000 ~ 3 500 MPa 的单位挤压力。为了提高型腔的表面质量和便于脱模,以及减小工艺凸模和模坯之间的摩擦力,从而减少工艺凸模破坏的可能性,应当在凸模与坯料之间施以必要的润滑。为了保证良好的润滑,防止在高压下润滑挤出润滑区,最简便的润滑方法是将经过去油清洗的工艺凸模与坯料在硫酸铜饱和溶液中浸渍 3 ~ 4 s,并涂以凡士林或机油稀释的二硫化钼润滑剂。

(3)热挤压成型工艺

将毛坯加热到锻造温度,用预先准备好的工艺凸模压入毛坯而挤压出型腔的制模方法称为热挤压法或热反印法,其制造工艺过程如图 7.8 所示。

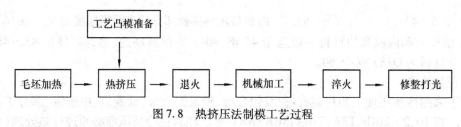

图 7.8　热挤压法制模工艺过程

1）工艺凸模

热挤压成型可采用锻件做工艺凸模。由于未考虑冷缩量,作出的锻模只能加工形状、尺寸精度要求较低的锻件。零件较复杂而精度要求较高时,必须事先加工好工艺凸模。工艺凸模材料可采用 T7,T8 或 5CrMnMo 等。尺寸按锻件尺寸放出锻件本身及型腔的收缩量,一般取 1.5% ~2.0%,并作出拔模斜度。在高度方向应放 5 ~15 mm 的加工余量,以便加工分模面。

2）热挤压工艺

图 7.9 为挤压吊钩锻模的示意图,以锻件成品作工艺凸模,先用砂轮打磨表面并涂以润滑剂;按要求加工出锻模上下模坯,经充分加热保温后,去掉氧化皮,入在锤砧上;将工艺凸模置于上下模坯之间;施加压锻出型腔。以锻件成品作工艺凸模—砂轮打磨表面涂润滑剂—加工出锻模上下模坯—加热保温—去氧化皮—将工艺凸模置于上下模坯之间—加压锻出型腔。

3）后续加工

热挤压成型的模坯,经退火、机械加工(刨分模面、铣飞边槽等)、淬火及磨光等工序制成模具。退火—机械加工—淬火—磨光。

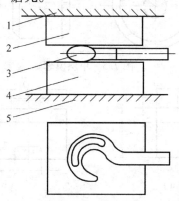

图 7.9　热挤压法制造吊钩锻模的示意图
1—上模座;2—上模;3—杯料;4—下模;5—下模座

任务2　其他模具零件的加工方法

【活动场景】

在模具加工车间或产品加工车间的现场教学,或用多媒体展示模具的使用与生产。

【任务要求】

掌握超塑性成型工艺,铸造成型加工模具零件,合成树脂制造模具零件,逆向工程技术制造模具零件,快速原型技术制造模具零件,高速切削加工模具零件。

【知识准备】

(1)超塑成型加工模具零件

模具型腔超塑成型是近十多年来发展起来的一种制模技术,除了锌基和铝基合金超塑成型塑料模具外,钢基型腔超塑成型也取得了进展。超塑成型的材料在一定的温度和变形速度下呈现出很小的变形抗力和远远超过普通金属材料的塑性——超塑性,其伸长率可达100% ~2 000%。

1)坯料准备
型腔的坯料尺寸可按体积不变原理,根据型腔的结构尺寸进行计算。

2)工艺凸模
①材料:中碳钢、低碳钢、工具钢或 HPb59-1 等;
②尺寸:计算公式如下:

$$d = D[1 - a_{l_1} \cdot t_1 + a_{l_2}(t_1 - t_2) + a_{l_3} \cdot t_2]$$

3)护套
4)挤压设备及挤压力的计算,可在液压机上进行。挤压力:

$$F = pA\eta$$

5)润滑
减小摩擦阻力,降低单位挤压力,同时,可以防止金属粘附,易于脱模,以获得理想的型腔尺寸和表面粗糙度。图 7.10 是用 ZnA122 注射模制作的尼龙齿轮。

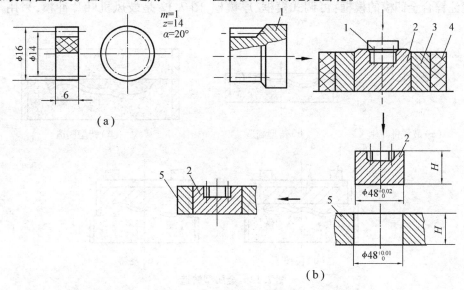

图 7.10 尼龙齿轮型腔的加工过程
1—工艺凸模;2—模坯;3—护套;4—电阻式加热圈;5—固定板

(2)铸造成型加工模具零件

1)锌合金模具
用锌合金材料制造工作零件的模具称为锌合金模具。模具必须具有一定的强度、硬度和耐磨性。锌合金模具制造工艺包括:
①砂型铸造法;

②金属铸造法；

③石膏型铸造法，图7.11是锌合金凹模的浇铸示意图。

A.熔化合金：融化温度为450~500 ℃。

B.预热：150~200 ℃。

C.浇注：420~450 ℃。

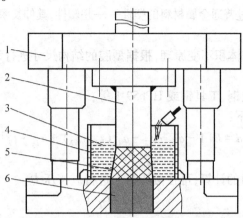

图7.11 锌合金凹模的浇铸示意图

1—模架；2—凸模；3—锌合金凹模；4—模框；5—漏料孔芯；6—干砂

浇注锌合金凹模的模框：可调式模框、厚模框，图7.12是鼓风机叶片冲模，采用金属型铸造。

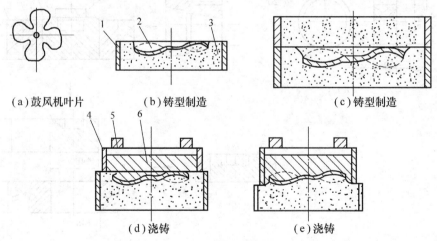

（a）鼓风机叶片 （b）铸型制造 （c）铸型制造

（d）浇铸 （e）浇铸

图7.12 金属型铸造

1—砂箱；2—模型；3—型砂；4—模框；5—压铁；6—锌合金

制作样件如图7.12(a)所示，必须有足够的刚度和强度，以防止在存放或浇注时产生变形而影响模具精度。铸型制作时，将样件置于型砂内找正，撞实，分型面撒上分型砂，如图7.12(b)所示。将另一砂箱置于砂型1上制成铸型，如图7.12(c)所示。将上、下砂箱打开，把预先按尺寸制造的铁板模框放上，压上压铁防止移动，如图7.12(d)、(e)所示。浇注合金，考虑冷凝时的收缩，浇注合金厚度为所需厚度的2~3倍。冷凝时用喷灯加热使其均匀凝固。完成如图7.12(d)所示的浇铸后取出样件，将其放入图7.12(e)的模框内浇铸，即可制成鼓风机叶片冲模的工作零件。

2)铍铜合金模具

铍铜合金的特点:导热性好;可缩短模具制造时间;热处理后强度均匀;耐腐蚀;铸造性好,可铸成复杂形状的模具;模型精度要求高;材料价格高;需要用压力铸造技术。铍铜合金模具的工艺过程如图7.13所示,图7.14是用金属模型浇铸铍铜合金的示意图。

母模制作→压铸箱组装→浇入熔料→对熔料加压→脱模、抛光处→切去烧口废料→热处理→装配

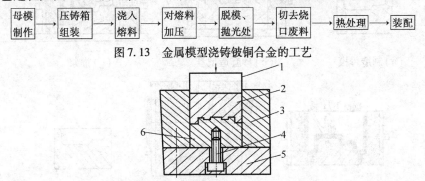

图7.13　金属模型浇铸铍铜合金的工艺

图7.14　铍铜合金铸造示意图

1—加压装置;2—凹模;3—模框;4—脱模螺钉;5—垫板;6—凸模

3)陶瓷型铸造

陶瓷型铸造成型是在一般砂型铸造基础上发展起来的一种新的精密铸造方法。在模具制造中,它常用来成型塑料模、拉深模等模具的型腔。陶瓷型铸造是用陶瓷浆料作造型材料灌浆成型,经喷烧和烘干后即完成造型工作。然后,再用陶瓷型进行铸造,经合箱、浇注金属液铸成所需零件,如图7.15所示。其工艺流程如下:母模准备→砂套造型→灌浆(灌注陶瓷浆料)→起模→喷浇→烘干→合箱→浇注合金→清理→铸件(所需的凹模或凸模)。

陶瓷层材料包括以下几种:

①耐火材料:刚玉粉、铝矾土、碳化硅及锆砂等。

②黏接剂:硅酸乙酯水解液。

③催化剂:氢氧化钙、氧化镁、氢氧化钠以及氧化钙等。

④脱模剂:上光蜡、变压器油、机油、有机硅油及凡士林。

⑤透气剂:双氧水。

陶瓷型铸造的工艺过程如下:

①母模制作,用来制造陶瓷型的模型称为母模。在陶瓷型铸造成型中,实际应用的陶瓷型仅为型腔表面一层是陶瓷材料,其余仍由普通铸造型砂构成。一般在陶瓷造型中先将这个砂型造好,即所谓"砂套",如图7.15所示。砂套造型时用粗母模,砂套造型完成后与精母模配合,形成5~8 mm的间隙,此间隙即为所需浇注的陶瓷层厚度。采用陶瓷型铸造工艺制造模具的特点是:大量减少了模具型腔制造时的切削加工,节约了金属材料,且模具报废后可重熔浇注,便于模具的复制;生产周期短,一般有了母模后两三天内即可铸出铸件;工艺设备简单,投资不大;使用寿命一般不低于机械加工的模具。

②砂套造型,如图7.15(b)所示。

③浇注和喷烧,浇注:如图7.15(c)所示;喷烧:如图7.15(d)所示;合箱:如图7.16所示。

陶瓷型铸造的特点:

①铸件尺寸精度高,表面粗糙度小。

②投资少、生产准备周期短。

③可铸造大型精密铸件。

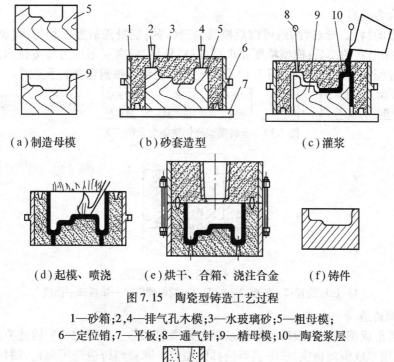

（a）制造母模　　（b）砂套造型　　（c）灌浆

（d）起模、喷浇　　（e）烘干、合箱、浇注合金　　（f）铸件

图7.15　陶瓷型铸造工艺过程

1—砂箱;2,4—排气孔木模;3—水玻璃砂;5—粗母模;
6—定位销;7—平板;8—通气针;9—精母模;10—陶瓷浆层

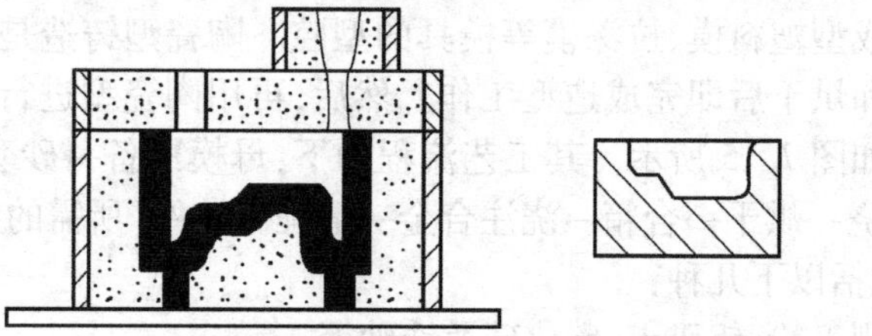

（a）备浇注的陶瓷型　　　　（b）铸件

图7.16　合箱

（3）合成树脂制造模具零件

1）制造模具的树脂

①聚酯树脂,机械强度高,成形方法容易,化学性能稳定。

②酚醛树脂,质脆,必须加入填料方能获得所要求的性能,价格低廉。

③环氧树脂,收缩率最小,机械性能高,耐酸、碱、盐和有机溶剂等化学药品的侵蚀,但抗冲击性能低,质脆,需加填充剂、稀释剂等来改善其性能。

④塑料钢,可作拉深模,其缺点是价格昂贵。

2）树脂模具的制作工艺

制作工艺过程如下：

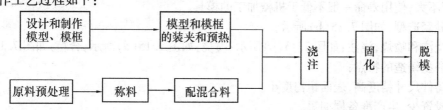

图7.17　树脂模具的制作

(4)逆向工程技术制造模具零件

逆向工程技术(Reverse Engineering,RE)又称为反求工程技术,是 20 世纪 80 年代末期发展起来的一项先进制造技术,是以产品及设备的实物、软件(图样、程序及技术文件等)或影像(图片、照片等)等作为研究对象,逆向出初始的设计意图,包括形状、材料、工艺、强度等诸多方面。简单地说,逆向就是对存在的实物模型或零件进行测量并根据测量数据重构出实物的CAD 模型,进而对实物进行分析、修改、检验和制造的过程(见图 7.18),从广义上讲,逆向工程可分为以下 3 类:

1)实物逆向

顾名思义,它是在已有实物条件下,通过试验、测绘和分析,提出再创造的关键。

2)软件逆向

产品样本、技术文件、设计书、使用说明书、图纸、有关规范和标准、管理规范和质量保证手册等均称为技术软件。

3)影像逆向

无实物,无技术软件,仅有产品相片、图片、广告介绍、参观印象和影视画面等,要从其中去构思、想象来逆向,称为影像逆向,这是逆向对象中难度最大的。

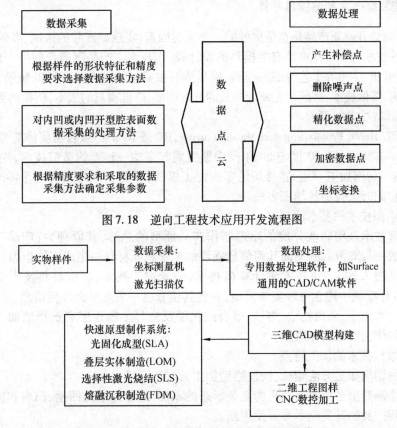

图 7.18　逆向工程技术应用开发流程图

图 7.19　逆向工程中的数据采集与处理技术

逆向工程的技术流程大致如下:

①逆向工程是以一个物理零件或模型作为开始,进而决定下游工程。

②点处理过程:主要包括多视点云的拼合、点云过滤、数据精简和点云分块等。

③曲线处理过程:决定所要创建的曲线类型。曲线可以设计得与点的片段相同,或让曲线更光滑些;由已存在的点创建出曲面;检查/修改曲线,检查曲线与点或其他曲线的精确度、平滑度与连续的相关性。

④曲面处理过程:决定所要创建的曲面类型,可以选择创建的曲面以精确为主或以光滑为主,或两者居中;由点云或曲线创建曲面;检查/修改曲面,检查曲面与点或其他曲面或特征的精确度、平滑度与连续的相关性。

⑤误差分析:应该考虑被测物对机构引起的综合轨迹误差、逆向工程设计所依据的数据值存在的测量误差、设计中的被测物存在的加工误差、设计中的曲线拟合存在的拟合误差等方面。

逆向工程中较大的工作量就是离散数据的处理。一般来说,逆向系统中应携带具有一定功能的数据拟合软件,或借用常规的 CAD/CAM 软件 CATIA、UG Ⅱ、Pro/E 等,也有独立的曲面拟合与修补软件,如 Surfacer 等。

目前,比较著名的逆向工程软件有:Geomagic(美国 RainDrop 公司的)逆向工程软件;Imageware 作为 UG NX 中提供的逆向工程造型软件;CopyCAD(英国 DELCAM 公司系列产品);RapidForm(韩国 INUS 公司开发)逆向工程软件。

(5)快速原型技术制造模具零件

快速、高效地开发新产品是竞争取胜的一个关键因素;实现新产品的快速、高效开发涉及多种领域的先进技术,其中,特别是有关模具的设计、制作技术。产品制造业的生产离不开模具,尤其是铸造、锻压、注塑等工艺所需的模具,模具的开发是制约新产品开发的瓶颈,要缩短新产品的开发周期、降低成本,必须首先缩短模具的开发周期,降低模具的成本,使模具更结实、耐用。

1)快速原型技术的概念

快速原型(Rapid Prototyping and Manufacturing,RP 或 RP&M)或自由实体造型(Solid Freeform Fabrication,SFF),是 20 世纪 80 年代中期发展起来的一种新的造型技术,快速原型技术突破了"毛坯→切削加工→成品"传统的零件加工模式,开创了不用刀具制作零件的先河,是一种前所未有的薄层叠加的加工方法。

2)快速原型技术的基本原理

快速原型技术是用离散分层的原理制作产品原型的总称,其原理为:产品三维 CAD 模型→分层离散→按离散后的平面几何信息逐层加工堆积原材料→生成实体模型(立体光造型技术原理图见图 7.20)。该技术集计算机技术、激光加工技术、新型材料技术于一体,依靠 CAD 软件,在计算机中建立三维实体模型,并将其切分成一系列平面几何信息,以此控制激光束的扫描方向和速度,采用黏结、熔结、聚合或化学反应等手段逐层有选择地加工原材料,从而快速堆积制作出产品实体模型。

3)快速原型技术的加工特点

与传统的切削加工方法相比,快速原型加工具有以下优点:

①可迅速制造出自由曲面和更为复杂形态的零件,如零件中的凹槽、凸肩和空心部分等,大大降低了新产品的开发成本和开发周期。

②属于非接触加工,不需要机床切削加工所必需的刀具和夹具,无刀具磨损和切削力影响。

③无振动、噪声和切削废料。

④可实现夜间完全自动化生产。

⑤加工效率高,能快速制作出产品实体模型及模具。

目前,按照所用材料的形态与种类不同,快速原型技术目前有4种类型:

①利用激光固化树脂材料的光造型法(见图7.20)。

②纸张叠层造型法(见图7.21)。

③熔融造型法。

④选择性激光烧结造型法(见图7.22)。

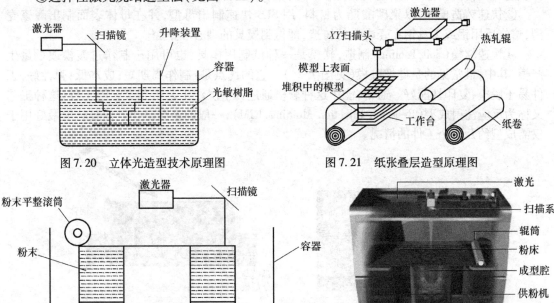

图 7.20　立体光造型技术原理图　　　　图 7.21　纸张叠层造型原理图

图 7.22　选择性激光烧结原理图　　　　图7.23　快速原型设备

选择性激光烧结工艺的应用特点:SLS 可采用多种材料;制造工艺简单;速度快;SLS 技术造型速度快(一般制品,仅需 1~2 d 即可完成),工作效率高;SLS 的造型精度高(每层粉末最小厚度约 0.07 mm,激光动态精度可达 ±0.09 mm,并具有自动激光补偿功能)、原型强度高(聚碳酸酯的弯曲强度可达 34.5 MPa,尼龙可达 55 MPa),因此,可用原型进行功能试验和装配模拟,以获取最佳曲面和观察配合状况;无须支撑结构,但是选择性激光烧结工艺的能量消耗高,原型表面粗糙、疏松、多孔以及对某些材料需要单独处理等。SLS 工艺材料适应面广,不仅能制造塑料零件,还能制造陶瓷、石蜡等材料的零件,特别是可以直接制造金属零件,这使 SLS 工艺颇具吸引力。用于 SLS 工艺的材料是各类粉末,包括金属、陶瓷、石蜡以及聚合物的粉末,如尼龙粉、覆裹尼龙的玻璃粉、聚碳酸脂粉、聚酰胺粉、蜡粉、金属粉(成型后常须进行再烧结及渗铜处理)、覆裹热凝树脂的细沙、覆蜡陶瓷粉和复蜡金属粉等,近年来,更多地采用复合材料。工程上一般按粒度的大小来划分颗粒等级,SLS 工艺采用的粉末粒度一般为 50~125 μm。间接 SLS 用的复合粉末通常有两种混合形式:一种是黏结剂粉末与金属或陶瓷粉末按一定比例机械混合;另一种则是把金属或陶瓷粉末放入黏结剂稀释液中,制取具有黏结剂包裹的金属或陶瓷粉末。

4)快速原型技术在模具制造中的应用

①快速制模铸造,其过程为:零件 CAD 三维设计→计算流体动力学分析(CFD)→LOM 模

型制造→熔模铸造金属零件。RP 指的是一种新工艺,它能根据工件的 CAD 三维模型,快速制作工件的实体原型,而无须任何附加的传统模具或机械加工。

②快速模具制造,RT 指的是用快速成型工艺及相应的后续加工,来快速制作模具,是不同于传统机械加工模具的一种新方法、新工艺,它涉及以下两个方面的功能:快速开发用于传统制造工艺的模具,如快速制作注塑模与铸造模型;减少用模具成型工件所需的时间,缩短成型的循环周期,提高模具的生产效率,例如,在注塑模中,采用与工件共形的冷却道,以便使塑料快速、均匀冷却,缩短注射成型的循环时间,改善工件的品质。

③快速铸造模具,以聚碳酸酯为材料,用 SLS 快速制出母型,并在母体表面制出陶瓷壳型,焙烧后用铝或工具钢在壳内进行铸造,即得到模具的型心和型腔。

④快速软模(Soft Tooling)制造,软模是一种试制用模具,也可用于制作过渡模或批量生产模,其中,最常见的是硅橡胶模(见图 7.24)。它的优点是:制作周期短;成本低;弹性好,工件易于脱模;复印性能好。通常,能用这种软模通过真空浇注工艺得到聚氨酯工件,这种工艺又称为反应注射成型(Reaction Injection Molding,RIM),一般的室温硫化硅橡胶软模最好用于仅需成型约几十个工件的情况。

图 7.24　硅橡胶软模的浇注设备

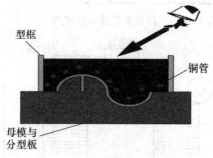

型框

铜管

母模与
分型板

图 7.25　铝填充的环氧树脂模

⑤真空浇注系统(Vacuum casting system),过渡模是指这种模具能在试制用软模与正式生产模之间起过桥(过渡)作用,目标是提供几百个工件,这些工件用期望的产品材料制成,快速且经济。目前,过渡模主要有以下 6 种:

a. 铝填充的环氧树脂模(见图 7.25);

b. SLA 成型的树脂壳-铝填充环氧树脂背衬模;

c. SLS 直接烧结低碳钢-渗铜模;

d. 低熔点金属模;

e. 三维打印-渗铜模;

f. 纤维增强聚合物压制模。

一般而言,CAFÉ 模可用于注塑 20 ~ 500 件工程热塑性塑料工件。铝填充的环氧树脂(CAFÉ)模,铝填充环氧树脂(Composite Aluminum-Filled Epoxy,CAFÉ)模,是利用快速成型的母模,在室温下浇注铝基复合材料——铝填充的环氧树脂而构成的模具。铝填充的环氧树脂(CAFÉ)模的用途:小批量生产注塑模;小批量生产用石蜡铸造压型;小批量生产用消失模压型;砂铸用金属模。

5)直接金属激光液相烧结(DMLS)模

直接金属激光液相烧结指的是采用直接金属激光液相烧结(Direct-Metal Laser-Sintering,DMLS)技术(见图 7.26),用合金粉烧结而成的模具,这种模具不必再进行后续烧结和渗铜。

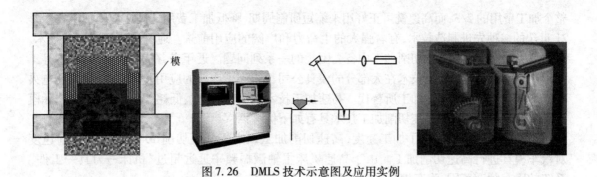

图 7.26　DMLS 技术示意图及应用实例

(6)高速切削加工模具零件

高速切削加工技术(HSMT)是目前各项先进制造技术中快速发展且应用前景极为广阔的一项先进应用技术,它已经被广泛地应用于汽车、航空、航天和模具制造加工行业。一般理论趋向于主轴转数在 8 000 r/min 以上;切削线速度在 500 ~ 7 000 m/min 以上或为普通切削加工的 5 ~ 10 倍,即为高速切削。高速加工切削速度范围随加工方法的不同而有所不同。车削:700 ~ 7 000 m/min;铣削:300 ~ 6 000 m/min;钻削:200 ~ 1 100 m/min。灰铸铁的高速切削速度为 800 ~ 3 000 m/min、钢件为 500 ~ 2 000 m/min、钛合金为 100 ~ 1 000 m/min、铝合金为 1 000 ~ 7 000 m/min。

高速切削加工作为模具制造中最为重要的一项先进制造技术,是集高效、优质、低耗于一身的先进制造技术。在常规切削加工中备受困扰的一系列问题,通过高速切削加工的应用得到了解决。其切削速度、进给速度相对于传统的切削加工,以级数级提高,切削机理也发生了根本的变化。与传统切削加工相比,其单位功率的金属切除率提高了 30% ~ 40%。高速铣削制造周期与常用材料切削速度切削力降低了 30%,刀具的切削寿命提高了 70%,留于工件的切削热大幅度降低,低阶切削振动几乎消失。随着切削速度的提高,单位时间毛坯材料的去除率增加,切削时间减少,加工效率提高,从而缩短了产品的制造周期,提高了产品的市场竞争力。同时,高速切削加工的小量快进使切削力减少,切屑的高速排除,减少了工件的切削力和热应力变形,提高了刚性差和薄壁零件切削加工的可能性。由于切削力的降低,转速的提高使切削系统的工作频率远离机床的低阶固有频率,而工件的表面粗糙度对低阶频率最为敏感,由此,降低了表面粗糙度。在模具的高淬硬钢件(HRC45 ~ 65)的加工过程中,采用高速切削可以取代电加工和磨削抛光的工序,避免了电极的制造和费时的电加工时间,大幅度减少了钳工的打磨与抛光量。一些市场上越来越需要的薄壁模具工件,高速铣削可顺利完成。

高速切削加工系统主要由可满足高速切削的高速加工中心、高性能的刀具夹持系统、高速切削刀具、安全可靠的高速切削 CAM 软件系统等构成。随着切削刀具技术的进步,高速加工已应用于加工合金钢 HRC > 30,广泛地应用于汽车和电子元件产品中的冲压模、注塑模具等零件的加工。高速加工的定义依赖于被加工的工件材料的类型。例如,高速加工合金钢采用的切削速度为 500 m/min,而这一速度在加工铝合金时为常规采用的顺铣速度。随着高速切削加工的应用范围扩大,对新型刀具材料的研究、刀具设计结构的改进、数控刀具路径新策略的产生和切削条件的改善等也有所提高。而且,切削过程的计算机辅助模拟技术也出现了,这项技术对预测刀具温度、应力、延长刀具使用寿命很有意义。铸造、冲模、热压模和注塑模加工的应用代表了铸铁、铸钢和合金钢的高速切削应用范围的扩大。工业领先的国家在冲模和铸模制造方面,研制时间大部分耗费在机械加工和抛光加工工序上。冲模或铸模的机械加工和抛光加工约占整个加工费用的 2/3,而高速铣可正好用来缩短研制周期,降低加工费用。高速切削加工技术是 21 世纪的一种先进制造技术,有着强大的生命力和广阔的应用前景。通过高速切削加工技术,可以解决在汽车模具常规切削加工中备受困扰的一系列问题。近年来,在美国、德国、日本等工业发达国家高速切削加工技术在大部分的模具公司都得到了广泛的应用,85% 左右的模具电火花成型加工工序已被高速加工所替代。高速加工技术集高效、优质、低耗于一身,已成为国际模具制造工艺中的主流。高速切削加工技术具有如下优势:

①高速切削加工提高了加工速度,高速切削加工以高于常规切削 10 倍左右的切削速度对汽车模具进行高速切削加工。由于高速机床主轴激振频率远远超过"机床—刀具—工件"系统的固有频率范围,汽车模具加工过程平稳且无冲击。

②高速切削加工生产效率高,用高速加工中心或高速铣床加工模具,可以在工件一次装夹中完成型面的粗、精加工和汽车模具其他部位的机械加工,即所谓"一次过"技术(One Pass Machining)。高速切削加工技术的应用大大提高了汽车模具的开发速度。

③高速切削加工可获得高质量的加工表面,由于采取了极小的步距和切深,高速切削加工可获得较高的表面质量,甚至可以省去钳工修光的工序。

④简化加工工序,常规铣削加工只能在淬火之前进行,淬火造成的变形必须要经手工修整或采用电加工最终成型。现在则可以通过高速切削加工来完成,而且不会出现电加工所导致的表面硬化。另外,由于切削量减少,高速加工可使用更小直径的刀具对更小的圆角半径及模具细节进行加工,节省了部分机械加工或手工修整工序,缩短生产周期。

⑤高速切削加工使汽车模具修复过程变得更加方便,汽车模具在使用过程中往往需要多次修复以延长使用寿命,如果采用高速切削加工就可以更快地完成该工作,取得以铣代磨的加工效果,而且可使用原 NC 程序,无须重新编程,且能做到精确无误。

⑥高速切削加工可加工形状复杂的硬质汽车模具,由高速切削机理可知:高速切削时,切削力大为减少,切削过程变得比较轻松,高速切削加工在切削高强度和高硬度材料方面具有较大优势,可以加工具有复杂型面、硬度比较高的汽车模具。

图 7.27　快速加工设备

(a)大型高速加工中心　(b)立式加工中心

图 7.28　快速切削加工中心

美国 Cincinnati 公司生产的 SuperMach 大型高速加工中心的主轴转速[见图 7.28(a)]: 60 000 r/min;瑞士 Mikron 公司的高速数控镗铣床,主轴转速为 42 000 r/min;目前,主轴最高转速可达 150 000 r/min。日本 Mori Seiki(森精机)[见图 7.28(b)]公司的立式加工中心 NV5000,14 000 rpm。北京第一机床厂 VRA400 立式加工中心,主轴转速 100 ~ 20 000 r/min,快速进给 45 m/min,换刀时间为 3.4 s;北京机电研究院展出的 5C-VMC1250 五轴联动立式加工中心,主轴转速 35 ~ 15 000 r/min,快速进给 20 m/min;大连机床集团公司展出的 DHSC-500 高速加工中心,主轴最高转速 18 000 r/min,换刀时间 2.5 s 等。对于复杂型面模具,模具精加工费用往往占到模具总费用的 50% 以上。采用高速加工可使模具精加工费用大大减少,从而可降低模具生产成本。成都宁江机床 NJ-5HMC40 五轴联动加工中心,可用于叶片、叶轮、模具等加工(见图 7.29)。

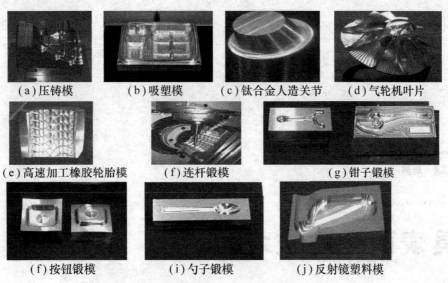

(a)压铸模　　(b)吸塑模　　(c)钛合金人造关节　　(d)气轮机叶片

(e)高速加工橡胶轮胎模　　(f)连杆锻模　　(g)钳子锻模

(f)按钮锻模　　(i)勺子锻模　　(j)反射镜塑料模

图7.29　快速切削加工的各式模具和产品

思考与练习

1.什么叫作逆向工程？逆向工程在模具制造中有哪些应用？快速原型的基本原理是什么？快速原型技术有哪几种基本类型？我国的快速原型技术处于什么水平？目前,快速原型技术主要应用于哪些方面？

2.高速加工有哪些特点,其应用领域是什么？

项目 8

模具表面处理技术

【问题导入】

合理地应用模具表面处理技术,可以以较低的工艺成本使模具寿命提高 5～10 倍甚至几十倍,经济效益十分显著。学习可以掌握各种模具的表面处理技术。

【学习目标及技能目标】

掌握模具表面处理技术的作用及应用;掌握模具零件常规热处理的方法;了解真空热处理的特点;了解常用模具钢的热处理工艺;各种表面处理方法如机械法、化学和电化学法及热能法的原理、操作方法、特点、设备及应用。

【知识准备】

合理地应用模具表面处理技术,可以以较低的工艺成本使模具寿命提高 5～10 倍甚至几十倍,经济效益十分显著。对模具表面进行处理的主要目的在于提高表面硬度、耐磨性和耐蚀性等,从而提高模具产品质量,延长模具使用寿命。常用的表面强化方法有表面电火花强化、硬质合金堆焊、渗氮、碳氮共渗、渗硫处理、表面镀铬等。表面电火花强化、硬质合金堆焊常用于冲裁模。渗氮(硬氮化)主要用于 3Cr2W8V,5CrMnMo 等热加工模具钢零件的表面强化,此方法除能提高零件的耐磨性外,还能提高零件的耐疲劳性、耐热疲劳性和耐磨蚀性,主要用于压铸模、塑料模等模具。碳氮共渗(气体软氮化)不受钢种的限制,能应用于各类模具。渗硫处理能减少摩擦系数,提高材料的耐磨性,一般只用于拉深模、弯曲模。表面镀铬主要用于塑料模及拉深模、弯曲模。除了上述常用方法外,模具的表面强化还有渗硼处理、渗金属处理、TM 法处理、化学气相沉积处理、碳氮硼多元共渗等许多方法。模具表面处理技术的作用及应用见表 8.1。

表 8.1　模具表面处理技术的作用及应用

处理工艺	作　用	应　用
渗碳	提高硬度(52～56HRC)、耐磨性、耐疲劳性	挤压模、穿孔工具等
渗氮	提高硬度、耐磨性、抗黏附性、热硬性、耐疲劳性、抗蚀性(但周期长,表面有白色脆化层)	挤压模、冷挤模等
离子渗碳	可消除表面白色的脆化层,耐磨性、耐疲劳性和变形均优于氮化	挤压模、挤压工具等

续表

处理工艺	作　用	应　用
碳氮共渗	相比渗碳和渗氮,具有更高的硬度、耐磨性、耐疲劳性、热硬性、热强性,生产周期短	成型模、冷挤模、热挤模和模架等
氮碳共渗	提高硬度、耐磨性、抗黏附性、抗蚀性、耐热疲劳性	冷挤模、拉深模、挤压模穿孔针
渗硼	具有极好的表面硬度、耐磨性、抗黏附性、抗氧化性、热硬性、良好的抗蚀性	挤压模、拉深模
碳氮硼三元共渗	提高硬度、强度、耐磨性、耐疲劳性、抗蚀性	挤压模、冲头针尖
盐浴覆层（TD 处理）	提高硬度、耐磨性、耐热疲劳性、抗蚀性、抗黏附性、抗氧化性	挤压模
渗铬	提高硬度、耐磨性、抗蚀性、抗黏附性、抗氧化性	挤压模、拉深模
镀硬铬	降低表面粗糙度,提高表面硬度、耐疲劳性、抗蚀性	挤压模、拉深模等
钴基合金堆焊	提高硬度、耐磨性、热硬性	挤压模冲头、芯杆针尖
电火花表面强化	提高硬度、强度、耐磨性、耐疲劳性、抗蚀性	冷、热挤压模等
喷丸处理	提高硬度、强度、耐磨性、耐疲劳性、抗蚀性	热挤压模、冲头针尖

模具表面处理的主要目的(主要是提高表面质量),降低工件表面粗糙度 R_a 的值,改善工件表面物理力学性能,去除毛刺飞边、棱边倒圆角。按加工时能量的提供方法分为机械法、化学和电化学法及热能法。按加工工具的特性分为研磨与抛光。抛光不能提高工件的尺寸精度或几何形状精度,而是以得到光滑表面或镜面光泽为目的。习惯上把使用硬质研具的加工称为研磨,而使用软质研具的加工称为抛光。物理作用:微量切削和微挤压塑性变形;化学作用:采用氧化铬、硬脂酸等研磨剂时,生成一层极薄的易磨掉的氧化膜。

(1)研磨

研磨是将研具表面嵌入磨料或敷涂磨料并添加润滑剂,在一定的压力作用下,使研具与工件接触并作相对运动(见图 8.1)。通过磨料作用,从工件表面切去一层极薄的切屑,使工件具有精确的尺寸、准确的几何形状和较低的表面粗糙度,这种对工件表面进行最终精密加工的方法叫作研磨。借助研具与研磨剂(游离的磨料),在工件的被加工表面和研具之间产生相对运动,并施以一定的压力,从工件上去除微小的表面凸起层,以获得较低的表面粗糙度和很高的尺寸精度、几何形状精度等。

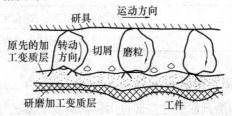

图 8.1　研磨示意图

研磨是一种重要的进行精饰加工的工艺方法。一般来说,研磨同其他机械加工方法,如车、钳、铣、刨、磨比较,具有加工余量小、精度高、研磨运动速度慢和研具比工件材质软等特点。研磨是在工件和工具(研具)之间加入研磨剂,在一定压力下由工具和工件间的相对运动,驱动大量磨粒在加工表面上滚动或滑擦,切下微细的金属层而使加工表面的粗糙度减小。同时,研磨剂中加入的硬脂酸或油酸与工件表面的氧化物薄膜产生化学作用,使被研磨表面软化,从而促进了研磨效率的提高。研磨剂由磨料、研磨液(煤油或煤油与机油的混合液)及适量辅料(硬脂酸、油酸或工业甘油)配制而成。研磨钢时,粗加工用碳化硅或白刚玉,淬火后的精加工则使用氧化铬或金刚石粉作磨料。磨料粒度选择可参见表8.2。研磨抛光的加工要素见表8.3。

表8.2　磨粒的粒度选择

粒　度	能达到的表面粗糙度 R_a/μm	粒　度	能达到的表面粗糙度 R_a/μm
100 ~ 120	0.8	W14 ~ W28	0.10 ~ 0.20
120 ~ 320	0.20 ~ 0.8	≤W14	≤0.10

表8.3　研磨抛光的加工要素

加工要素		内　　容
加工方式	驱动方式	手动、机动、数字控制
	运动形式	回转、往复
	加工面数	单面、双面
研　具	材料	硬质(淬火钢、铸铁),软质(木材、塑料)
	表面状态	平滑、沟槽、孔穴
	形状	平面、圆柱面、球面、成型面
磨　料	材料	金属氧化物,金属碳化物,氮化物,硼化物
	粒度	0.01 μm 至数十微米
	材质	硬度、韧性
研磨液	种类	油性、水性
	作用	冷却、润滑、活性化学作用
加工参数	相对运动	1 ~ 100 m/min
	压力	0.001 ~ 3.0 MPa
	时间	视加工条件而定
环　境	温度	视加工要求而定,超精密型为(20 ± 1)℃
	净化	视加工要求而定,超精密型为净化间 100 ~ 1 000 级

研磨工具根据不同情况可用铸铁、铜或铜合金等制作。对一些不便进行研磨的细小部位如凹入的文字、花纹可将研磨剂涂于这些部位用铜刷反复刷擦进行加工。

1)研磨的工作原理

研磨加工时,在研具和工件表面间存在着分散的磨料或研磨剂,在两者之间施加一定的压力,并使其产生复杂的相对运动,这样经过磨粒的切削作用和研磨剂的化学和物理作用,在工件表面上即可去掉极薄的一层,获得较高的尺寸精度和较低的表面粗糙度。

2)研磨的分类

①湿研磨。湿研磨即在研磨过程中将研磨剂涂抹在研具或工件上,用分散的磨粒进行研磨。它是目前最常用的研磨方法。研磨剂中除磨粒外还有煤油、机油、油酸、硬脂酸等物质。磨粒在研磨过程中有的嵌入了研具,极个别的嵌入了工件,但大部分存在于研具与工件之间,如图8.2(a)所示。此时磨粒的切削作用以滚动切削为主,生产效率高,但加工出的工件表面一般无光泽。加工的表面粗糙度 R_a 一般达到 $0.025\ \mu m$。

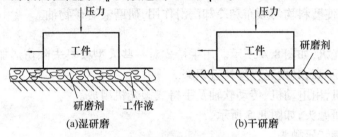

图8.2　湿研磨与干研磨

②干研磨。干研磨即在研磨以前,先将磨粒压入研具,用压砂研具对工件进行研磨。这种研磨方法一般在研磨时不加其他物质,进行干研磨,如图8.2(b)所示。磨粒在研磨过程中基本固定在研具上,它的切削作用以滑动切削为主。磨粒的数目不能很多,且均匀地压在研具的表面上形成很薄的一层,在研磨的过程中始终嵌在研具内,很少脱落。这种方法的生产效率不如湿研磨,但可以达到很高的尺寸精度和很低的表面粗糙度。

手动研磨,手动操作,对操作者技能要求高,劳动强度大,工作效率低。模具成型零件上的局部窄缝、狭槽、深孔、盲孔和死角等部位,以手工为主。

机械研磨,工件、研具的运动均为机械运动。加工质量靠机械设备保证,工作效率比较高。但只能适用于表面形状不太复杂等零件的研磨。

(2)抛光

抛光加工多用来使工件表面显现光泽,在抛光过程中,化学作用比在研磨中要显著得多。抛光可以选用较软的磨料。例如,在湿研磨的最后,用氧化铬进行抛光,这种研磨剂粒度很细,硬度低于研具和工件,在抛光过程中不嵌入研具和工件,完全处于自由状态。由于磨料的硬度低于工件的硬度,所以磨粒不会划伤工件表面,可以获得较高的表面质量。抛光加工是模具制造过程中的最后一道工序。抛光工作的好坏直接影响模具使用寿命、成型制品的表面光泽度、尺寸精度等。抛光加工一般依靠钳工来完成,传统方法是用锉刀、纱布、油石或电动软轴磨头等工具。随着现代制造技术的发展,引用了电解、超声波加工等技术,出现了电解抛光、超声波抛光以及机械—超声波抛光等抛光新工艺,可以降低劳动强度,提高抛光速度和质量。下面介绍几种常用的抛光工艺。

1)手工抛光

手工抛光主要有以下几种方式。

①用油石抛光。油石抛光主要是对型腔的平坦部位和槽的直线部分进行抛光。抛光前应做好以下准备工作。选择适当种类的磨料、粒度、形状和硬度的油石。应根据抛光面大小选择适当的油石,以使油石

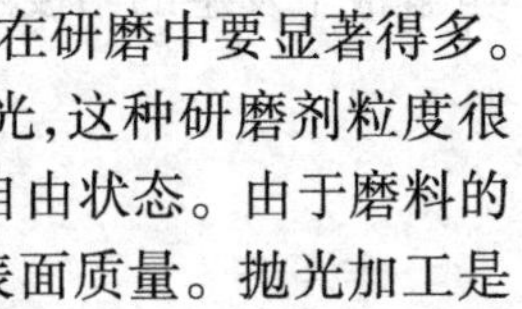

图8.3　修整后的油石

能纵横交叉运动。当油石形状与加工部位的形状不相吻合时,需用砂轮修整器对油石形状进行修整。主要是对型腔的平坦部位和槽的直线部分进行,经修整后的油石如图8.3所示。

②用砂纸抛光。手持砂纸,压在加工表面上作缓慢运动,以去除机械加工的切削痕迹,使表面粗糙度减小,这是一种常见的抛光方法。操作时也可用软木压在砂纸上进行。根据不同的抛光要求可采用不同粒度号数的氧化铝、碳化硅及金刚石砂纸。抛光过程中必须经常对抛光表面和砂纸进行清洗,并按抛光的程度依次改变砂纸的粒度号数。

③研磨抛光剂。磨料种类(如氧化铝、碳化硅、金刚石、氧化铬等);研磨抛光膏,由磨料和研磨液组成,硬磨料(氧化铝、碳化硅、碳化硼和金刚石等);研磨抛光液,研磨液在研磨抛光过程中起调和磨料、使磨料均匀颁布和冷却润滑作用,研磨液有矿物油。

2)机械抛光

①圆盘式磨光机,如图8.4所示。用手持式对一些大型模具去除仿形加工后的走刀痕迹及倒角,抛光精度不高,其抛光程度接近粗磨。

②电动抛光机,由电动机、传动软轴及手持式抛光机组成。

③手持往复研抛头,如图8.5所示。

④手持直式旋转研抛头。

 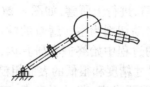 

图8.4　圆盘式磨光机　　图8.5　手持往复研抛头的应用　　图8.6　用手持直式研抛头进行加工

3)电解接触抛光

电解接触抛光(或称电解修磨)是电解抛光的形式之一,是利用通电后的电解液在工件(阳极)与金刚石抛光工具(阴极)间流过,发生阳极溶解作用来进行抛光的一种表面加工方法。在抛光工件和抛光工具之间施压以直流,利用通电后工件(阳极)与抛光工具(阴极)在电解液中发生的阳极溶液作用来进行抛光的一种工艺方法,如图8.7所示。

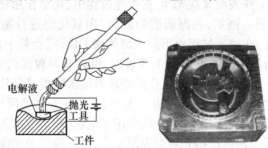

图8.7　电解修磨抛光与样品

电解接触抛光的特点如下:

①电解修磨抛光不会使工件产生热变形或应力。

②工件硬度不影响加工速度。

③对型腔中用一般方法难以修磨的部分及形状,可采用相应形状的修磨工具进行加工,操作方便、灵活。

④粗糙度 R_a 一般为 $3.2 \sim 6.3\ \mu m$。

⑤装置简单,工作电压低,电解液无毒,生产安全。电解接触抛光装置,如图 8.8 所示。

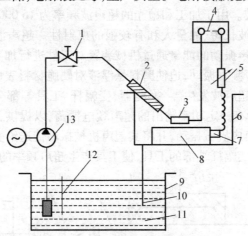

图 8.8　电解接触抛光装置

1—阀门;2—手柄;3—磨头;4—电源;5—电阻;
6—工作槽;7—磁铁;8—工件;9—电解液箱;
10—回液管;11—电解液;12—隔板;13—离心式水泵

被加工的工件 8 由一块与直流电源正极相连的永久磁铁 7 吸附在上面,修磨工具由带有喷嘴的手柄 2 和磨头 3 组成,磨头连接负极。电源 4 供应低压直流电,输出电压为 30 V,电流为 10 A,外接一个可调的限流电阻 5。离心式水泵 13 将电解液箱 9 内的电解液通过控制流量的阀门 1 输送到工件与磨头两极之间。电解液可将电解产物冲走,并从工作槽 6 通过回液管 10 流回电解液箱中,箱中设有隔板 12,起到过滤电解液的作用。加工时握住手柄,使磨头在被加工表面上慢慢滑动,并稍加压力,工具磨头表面上敷有一层绝缘的金刚石磨粒,防止两电极接触时发生短路,如图 8.9 所示。

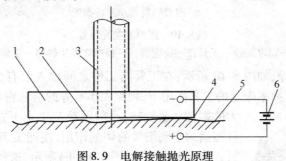

图 8.9　电解接触抛光原理

1—工具(阴极);2—磨料;3—电解液管;4—电解液;5—工件(阳极);6—电源

当电流及电解液在两极间通过时,工件表面发生电化学反应,溶解并生成很薄的氧化膜,这层氧化膜被移动着的工具磨头上的磨粒所刮除,使工件表面露出新的金属表面,并继续被电解。刮除氧化膜和电解作用如此交替进行,达到抛光表面的目的。抛光速度为 $0.5 \sim 2\ cm^2/min$,抛光后的工件应立即用热水冲洗,如再用油石及砂布加工,表面粗糙度 R_a 能较容易地达到 $0.32 \sim 0.63\ \mu m$。电解液常用每升水中溶入 150 g 硝酸钠($NaNO_3$)、50 g 氯酸钠($NaClO_3$)制成。电解接触抛光不会使工件引起热变形或产生应力;工件表面的硬度不影响溶解速度,对模具型腔不同的部位及形状可选用相适应的磨头,操作灵活;工作电压低,电解液无毒,生产安全。

4)超声波抛光

人耳能听到的声波频率为 16～16 000 Hz,频率低于 16 Hz 的声波为次声波,频率超过 16 000 Hz 的声波为超声波。用于加工和抛光的超声波频率为 16 000～25 000 Hz,超声波和普通声波的区别是频率高、波长短、能量大和有较强的束射性。超声波抛光是超声加工的一种形式,超声加工是利用超声振动的能量通过机械装置对工件进行加工。超声波加工的基本原理是利用工具端面作超声频率振动,迫使磨料悬浮液对硬脆材料表面进行加工。超声波抛光装置,如图 8.10 所示,由超声波发生器、换能器、变幅杆、工具等部分组成。超声波发生器是将 50 Hz 的交流电转变为有一定功率输出的超声频电振荡,以提供工具振动能量。换能器将输入的超声频电振荡转换成机械振动,并将其超声机械振动传送给变幅杆(又称振幅扩大器)加以放大,再传至固定在变幅杆端部的工具,使工具产生超声频率的振动。

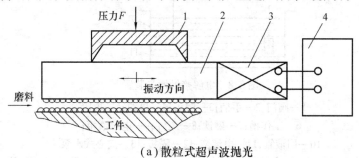

(a)散粒式超声波抛光

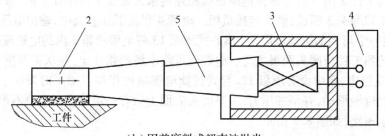

(b)固着磨料式超声波抛光

图 8.10　超声波抛光装置

1—固定架;2—工具;3—换能器;4—超声波发生器;5—变幅杆

散粒式超声波抛光,如图 8.10 所示,在工具与工件之间加入混有金刚砂、碳化硼等磨料的悬浮液,在具有超声频率振动的工具作用下,颗粒大小不等的磨粒将产生不同的激烈运动,

图 8.11　超声波抛光机

大的颗粒高速旋转,小的颗粒产生上下左右的冲击跳跃,对工件表面均起到细微的切削作用,使加工表面平滑光整。固着磨料式超声波抛光,如图 8.10(b)所示,这种方法是把磨料与工具制成一体,就如使用油石一样,用这种工具抛光,无须另添磨剂,只要加些水或煤油等工作液,其效率比手工用油石抛光高十多倍。为什么会有如此高的效率呢? 这是由于振动抛光时,工具上露出的磨料都在以每秒两万次以上的频率进行振动,也就是露出的每一颗磨粒都在以如此高的频率进行微细的切削,虽然振幅仅有 0.025～0.01 mm,但每秒钟能切削几万次。因为工具的振幅很小,所以加工表面的切痕均匀细密,能达到抛光的目的。这种形式较散粒式节约研磨剂,使磨剂利用率和抛光效率提高。这种形式的超声波抛光机,如图 8.11 所示。

　　超声清洗,采用不燃性有机溶剂如三氯乙烯、三氯乙烷或氟利昂 F13 等作为清洗剂,具备:热浸洗、超声波清洗、蒸汽洗、冷冻干洗、溶剂回收等功能。适用于清洗电子零件及线路板上的松脂、精密机械零件的油脂、表带表壳及抛光污垢,灯饰及玻璃制品等。激光表面强化与修复,为了提高模具的使用寿命,常常需要对模具表面进行强化处理。采用激光技术来强化和修复模具,具有柔性大(可对大型模具进行局部淬火)、表面强度高(比常规热处理硬度高5% ~15% ,且均匀)、变形小、对不需要强化的部位影响小、工艺周期短和工艺简单等优点。

　　5)照相腐蚀

　　工作零件工作型面上的复杂图形、文字和花纹的加工,如目前十分流行的皮革纹、橘皮纹、雨花纹、亚光表面的塑件,其模具工作零件型面上的花纹都是由照相腐蚀方法来加工的。前述电火花加工的电极上的图文也可由照相腐蚀来制作。这种制作方法克服了机械刻制和电火花加工的不足,是一种高质量、低成本、可靠、高效的加工工艺,它是照相制版和化学腐蚀照相腐蚀常用于模具相结合的技术。照相腐蚀是通过在模具工作零件型面上所要加工图文的部分,涂布一层感光胶,紧贴上要加工的透明图案模板,经感光、显影、清洗,利用感光后胶膜稳定的原理,采用化学腐蚀去掉未被感光部分的金属,以获得带有所需要图文的模具型腔或电极,如图 8.12 所示。

　　　　(a)阳文腐蚀　　　　　　　　(b)阴文腐蚀

图 8.12　照相腐蚀

　　①特点及其对模具工作零件的要求。照相腐蚀的特点。照相腐蚀作为模具工作零件型面精饰加工的一种特殊工艺,有以下优点:

　　a.用照相腐蚀加工的图文精度高,图案仿真性强,腐蚀深度均匀,保证加工的塑件具有良好的外观质量。

　　b.用照相腐蚀法加工模具的图文可在零件淬火、抛光后进行,不会因淬火、热处理使零件变形。

　　c.可加工模具工作零件的曲面型腔。对于大型模具零件型面可采用滴加腐蚀液进行局部腐蚀,而不影响整个已加工好的表面。

　　d.由于所加工的图文均匀,模具寿命会相应提高。

　　e.不需要大型、专用的设备。

　　f.由于加工图文是模具工作零件加工的最后一道工序,应保证安全可靠,不可靠的操作会使整个零件报废,而照相腐蚀是一种安全、可靠的工艺。

　　②照相腐蚀对模具工作零件的要求。

　　a.对模具工作零件材料的要求。用照相腐蚀制作图文的钢材除应具有选材的要求外,即:强度高,韧性强,硬度高,耐磨性、耐腐蚀性好,切削加工性能优良,易抛光性等优点,还应具有良好的图文饰刻性能,即:钢质纯洁,结晶细小,组织结构均匀。常用的钢材(如 45 钢、T8、T10、P20、40Cr、CrWMn 等)均具有良好的饰刻性,而 Cr12,Cr12MoV 等材料的饰刻性较差,花纹装饰效果不太理想。如果在模具工作零件的补焊部分需要装饰花纹,要选择与其基体一致或相近的材料进行补焊,以免由于材料的腐蚀参数不同,而使腐蚀出的花纹不一致,影响装饰效果。某些表面热处理工艺,如氮化、电火花强化处理等,使得模具凹模表面钢材的饰刻性降低,均匀性变差,因此,这些表面热处理工艺应尽量安排在制作花纹之后再进行。

b. 对模具拔模斜度的要求。如果型腔的侧壁要做图文,则要求其有一定的拔模斜度。拔模斜度除了要根据塑件的材料、尺寸、尺寸精度来确定以外,还须要考虑图文深度对拔模斜度的要求,图文越深,拔模斜度也就要求越大,一般来说,它的值为 $1° \sim 2.5°$,如果图文深度在 $100\ \mu m$ 以上,拔模斜度需要增大到 $4°$。如果制件不允许做较大的拔模斜度,图文要做浅,如果是花纹,也可以考虑做成浅花纹或细砂纹。

c. 对模具凹模表面粗糙度的要求。如果模具凹模表面光洁,无疑使工件美观,注塑工艺性变好,但增加了加工难度和工时,另外,如在表面粗糙度要求较高的型腔表面上制作图文,则在表面涂感光胶和贴花纹版时,会打滑,不易粘牢,如果模具凹模表面太粗糙,图文的效果就差,因此,应根据图文的要求,给出型腔适当的表面粗糙度。如果是亚光细砂纹,取表面粗糙度 R_a 为 $0.4 \sim 0.8\ \mu m$;细花纹或砂纹取表面粗糙度 R_a 为 $1.6\ \mu m$;一般花纹取表面粗糙度 R_a 为 $3.2\ \mu m$;如果是粗花纹,表面粗糙度还可适当增加。

d. 尽量采用镶嵌块结构。如果图文面积很小,应尽量做成镶嵌块,只对镶嵌块做照相腐蚀,其优点是:小块腐蚀的工艺性好,容易制作;安全,不会因为腐蚀的失败而破坏已加工好的模具工作零件;工作零件的工作型面磨损后,更换方便。

一般的模具生产单位不都具备用照相腐蚀制作图文的技术。这门技术专业性强,一旦有些差错,会使已加工好的模具工作零件损坏,甚至报废,因此,可把已加工好并已试模成功的模具(工作零件),连同试模件一同送到专门加工模具图文的单位进行加工。

照相腐蚀这门技术已成功地应用于塑胶成型模具和有色金属压铸模的凹模型腔花纹加工。如汽车驾驶室内花纹装饰板的注塑模,带有文字、符号的电闸盒压塑模,轧制带有花纹的铝合金钢模等。

工艺过程:画稿→制版模具工作零件的表面处理→涂感光胶→贴膜→曝光→显影→坚膜及修补→腐蚀→去胶及整修。

任务 1　模具表面化学热处理技术

【活动场景】

在模具加工车间或产品加工车间的现场教学,或用多媒体展示模具的使用与生产。

【任务要求】

掌握模具表面处理技术,模具表面处理技术的作用及应用,渗碳、渗氮、渗硫、碳氮共渗与氮碳共渗、渗硼、多元共渗的基本概念、特点及操作、应用及操作步骤。

【知识准备】

化学热处理技术只改变模具表层的成分、组织、性能,与适宜的心部性能相配合,就可使零件具有高硬度、耐磨、耐蚀、耐热等特殊性能,同时,心部具有一定的韧性,从而数倍、数十倍地提高模具使用寿命。这对于提高模具质量,充分发挥模具材料的潜力,大幅度降低成本,都具有重要意义。物理表面处理法(高频感应加热淬火、火焰淬火、激光淬火、喷丸硬化);化学表面处理法(热扩渗技术);表面覆层处理法(电镀、气相沉积技术)。表面化学热处理的作用主要有以下两个方面,将工件放在特殊介质中加热至一定温度,保持一定时间,使介质中某一种或几种元素渗入工件表面,形成合金层或掺杂层,从而极大地提高工件表面一定深度的耐磨性、耐蚀性、耐疲劳性、抗高温氧化性等。

渗层与基体之间是冶金结合,结合强度很高,不易脱落或剥落。渗碳是为解决钢件(常用于中、低碳钢)表面要求高硬度、高耐磨性,而心部又要求较高的韧性这一矛盾而发展起来的工艺方法。渗碳就是将低碳钢工件放在增碳的活性介质中,加热(900 ~ 950 ℃)、保温,使碳原子渗入钢件表面,并向内部扩散形成一定碳浓度梯度的渗层。渗碳并不是最终目的,为了获得高硬度、高耐磨的表面及强韧的心部,渗碳后必须进行淬火加低温回火。

(1)渗碳

1)气体渗碳

气体渗碳是将工件置于密闭的渗碳炉中加热到 900 ~ 950 ℃(常用 930 ℃),通入渗碳气体(如煤气、石油液化气和丙烷等)或易分解的有机液体(如煤油、甲苯和甲醇等),在高温下通过反应分解出活性炭原子,活性炭原子渗入工件表面的高温奥氏体中,并通过扩散形成一定厚度的渗碳层。将气体渗碳剂通入或滴入高温的渗碳炉中,进行裂化分解,产生活性原子,然后渗入模具表面。图 8.13 为滴注式气体渗碳炉工作示意图。

渗碳剂的类型,液体:碳氢化合物有机液体(煤油、苯、甲苯、丙酮等),采用滴入法气体:有天然气、丙烷及吸热式可控气氛,直接通入渗碳炉中。优点:渗碳质量容易控制,渗碳效率高,可直接淬火。缺点:需专门的设备(渗碳炉)。

2)固体渗碳

在固体渗碳介质中进行的渗碳过程。渗碳剂的组成固体炭:木炭或焦炭。催渗剂:碱金属或碱金属的碳酸盐可用作催渗剂,其醋酸盐有更好的催渗作用和活性。在密封钢制箱中进行,一般采用箱式电炉加热渗碳箱。优点:无须专用设备,工艺简单,特别适用于批量小、尺寸大的零件。缺点:渗碳过程控制困难,渗碳加热效率低,能源浪费大。图 8.14 为固体渗碳装箱示意图。

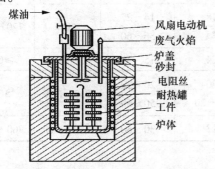 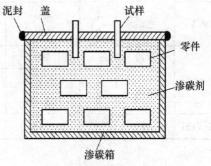

图 8.13　滴注式气体渗碳炉工作示意图　　　　图 8.14　固体渗碳装箱示意图

3)液体渗碳

在能提供活性炭原子的熔融盐浴中进行的渗碳,渗碳用盐浴通常由渗碳剂和中性盐组成。渗碳剂:主要起渗碳作用,提供活性炭原子。中性盐:主要起调节盐的相对密度、熔点和流动性的作用。最初的液体渗碳都是采用氰盐作为渗碳剂,后代之以无毒盐配方,如木炭粉(60 ~ 100 目)70% ,NaCl 30% 。设备简单,渗碳速度快,碳量容易控制等。它适合于无专门的渗碳专用设备、中小零件的小批量生产。

(2)渗氮

渗氮也称为氮化,是指在一定温度下使活性氮原子渗入工件表面的化学热处理工艺。渗氮后模具的变形小,具有比渗碳更高的硬度,可以增加其耐磨性、疲劳强度、抗咬合性、抗蚀性及抗高温软化性等。渗氮工艺有气体渗氮、离子渗氮两种。

渗氮的特点:氮化物层形成温度低,一般为480~580 ℃,所以变形很小,但由于扩散速度慢,所以工艺时间较长;不需再进行热处理,便具有较高的表面硬度(850~1 200HV)。

常用的渗氮方法有:气体渗氮、离子渗氮、真空渗氮、电解催渗渗氮、氮碳共渗。

①气体渗氮,把工件放入密封容器中,通以流动的氨气并加热,保温较长时间后,氨气热分解产生活性氮原子,不断吸附到工件表面,并扩散渗入工件的表层内,从而改变表层的化学成分和组织,获得优良的表面性能,气体参氮可采用一般渗氮法(等温渗氮)或多段(二段、三段)渗氮法等温渗氮:在整个渗氮过程中渗氮温度和氨气分解率保持不变,这种工艺适用于渗层浅、畸变要求严、硬度要求高的零件,但处理时间过长(80 h)。

②多段渗氮:在整个渗氮过程中,按不同阶段分别采用不同温度、不同氨分解率、不同时间进行渗氮和扩散。整个渗氮时间可以缩短到近50 h,能获得较深的渗层,但这样渗氮温度较高,畸变较大。

经过渗氮后钢表面形成一层极硬的合金氮化物,渗氮层的硬度一般可达到68~72HRC,不需要再经过淬火便具有很高的表面硬度和耐磨层,而且,还可以保持到600~650 ℃而不明显下降;渗氮后钢的疲劳极限可提高15%~35%。这是由于渗氮层的体积增大,使工件表面产生了残余压应力;渗氮后的钢具有较高的抗腐蚀能力;渗氮处理后,工件的变形很小,适合精密模具的表面强化。表8.4列出了部分模具钢的气体渗氮工艺规范。

表 8.4　部分模具钢的气体渗氮工艺规范

牌　号	处理方法	渗氮工艺规范				渗氮层深度/ mm	表面硬度
		阶段	渗氮温度/℃	时间/h	氨分解率/%		
30CrMnSiA	一段	—	500 ± 5	25~30	20~30	0.2~0.3	>58HRC
Cr12MoV	二段	I	480	18	14~27	≤0.2	720~860HV
		II	530	25	36~60		
40Cr	一段	—	490	24	15~35	0.2~0.3	≥600HV
	二段	I	480 ± 10	20	20~30	0.3~0.5	≥600HV
		II	500 ± 10	15~20	50~60		
4Cr5MoV1Si	一段	—	530~550	12	30~60	0.15~0.2	760~800HV

③离子渗氮,离子渗氮又称辉光离子渗氮。把金属工件作为阴极放入通有含氮介质的负压容器中,通电后介质中的氮氢原子被电离,在阴阳极间形成等离子区。在等离子区强电场作用下,氮和氢的正离子以高速向工件表面轰击,高动能转变为热能,加热工件表面至所需温度,同时获得电子,变成氮原子被模具表面吸收,并向内扩散形成氮化层,离子氮化可提高模具耐磨性和疲劳强度。

离子渗氮技术的特点:

①加速了渗氮过程,仅相当于气体渗氮周期的1/3~1/2。

②渗氮温度低,可在350~500 ℃下进行,工件变形小。

③由于渗氮时气体稀薄,过程可控,使得渗层脆性小。

④局部防渗简单易行,只需采取机械屏蔽即可。

⑤经济性好,热利用率高,省电、省氨。

离子渗氮有如下特点:

①渗氮速度快,生产周期短。

②渗氮层质量高。

③工件的变形小。

④对材料的适应性强。

表 8.5 列出了部分模具钢的离子渗氮工艺与使用效果。

表 8.5　部分模具钢的离子渗氮工艺与使用效果

模具名称	模具材料	离子渗氮工艺	使用效果
冲头	W18Cr4V	500 ℃ ~ ,6 h	力学性能提高 2 ~ 4 倍
铝压铸模	3Cr2W8V	500 ℃ ~ ,6 h	力学性能提高 1 ~ 3 倍
热锻模	5CrMnMo	480 ℃ ~ ,6 h	力学性能提高 3 倍
冷挤压模	W6Mo5Cr4V2	500 ℃ ~ ,2 h	力学性能提高 1.5 倍
压延模	Cr12MoV	500 ℃ ~ ,2 h	力学性能提高 5 倍

(3)渗硫

在含硫介质中加热,使工件表面形成以 FeS 为主的转化膜的化学热处理工艺。硫不固溶于 α 铁,且迄今尚未证实渗硫工件的 FeS 膜内侧有硫的扩散层存在,故亦有称此工艺为硫化者。低温电解渗硫是唯一应用较广的渗硫法。在由 70% ~ 80% KCNS、20% ~ 30% NaCNS 和少量 $K_3Fe(CN)_6$、$K_4Fe(CN)_6$ 组成的盐浴中,以工件为阳极,坩埚为阴极,于 150 ~ 220 ℃ 进行。处理过程中盐浴因与工件发生作用而迅速老化。100 ~ 200 kg 新配盐浴仅经 10 ~ 15 h后,其渣量即达盐重的 3.5% ~ 4.0% 而使熔盐失去活性(老化)。

渗硫只能用来提高已淬硬或表面已经由渗碳、渗氮而硬化的成品工件的减摩和抗咬死性能。形成 FeS 型转化膜后,摩擦系数降低至处理前的 1/4 ~ 2/5;抗咬死载荷可提高 2 ~ 5 倍。随着现代工业技术的发展,对于模具使用性能提出了更高的要求。众所周知,材料和热处理是影响模具使用寿命最重要的内在因素。钢铁渗硫技术以极其良好的减磨、抗黏着性能引起国内外研究者的普遍关注,成为合金钢工模具,滑动零部件表面减磨,耐摩擦系数,减少表面的塑性变形程度与温升,减少了磨损,大大延长其使用寿命。渗硫主要适用于磨损条件下工作的模具,如各种成型模,弯曲、拉深冲模不适用于单纯进行往返切削的模具,如冲裁模。钢件经渗硫后,表面形成层约 15 mm 厚的微孔状软质渗硫层。渗硫层很薄,但与基体之间呈锯齿交错状接触,其结合紧密,耐久性好。渗硫层可与 MoS_2 涂层磷化膜一样做润滑剂,从而减轻了金属间的直接接触,有效地防止金属直接接触产生黏着与磨损。渗硫工件的减磨作用不仅在有润滑的条件下有效,而且在干摩擦的条件下效果更为显著。

研究表明,渗硫层耐磨性的改善主要靠摩擦系数的下降,而不在于硬度的提高,按正常工艺渗硫使耐磨性提高 1.7 倍多。根据所用渗剂状态的不同,一般可将渗硫区分为固体渗硫、液体渗硫、气体渗硫 3 大类。按处理温度可分为低温(160 ~ 200 ℃)、中温(500 ~ 600 ℃)、高温(600 ~ 930 ℃)渗硫。其中,180 ~ 200 ℃ 进行的低温电解渗硫、130 ~ 160 ℃ 进行的低温碱性液体渗硫、160 ~ 200 ℃ 进行的低温离子渗硫在模具表面处理中有较大的优越性,正在模具制造行业大幅度推广使用。

模具低温电解渗硫是把被处理的模具零件放在加热至 180 ~ 200 ℃ 的硫氰基为主要成分的盐溶液中,以被处理的模具零件为正极,不锈钢焊成的熔盐槽为负极,两极之间加上一个直流电压。当渗硫盐浴加热到 180 ℃ 以上时,硫氰盐发生电离,形成 SCN-根。通电后 SCN-再分解,形成硫的阴离子,并且在正极上得到铁的阳离子,Fe 的阳离子和 S 的阴离子在模具工件表面形成 FeS,从而达到渗硫的目的。

低温电解渗硫工艺流程为:除油污→酸洗→清水冲洗→擦干→装夹具→电解渗硫→空冷至室温→清洗→擦干→浸入 100 ℃ 油中。

低温电解渗硫的最大缺点是盐浴易老化,且使用寿命短,这就成了推广和应用该工艺的障碍。为此法国作了改进,并于 1971 年公布了第二份专利,其核心是向盐浴中添加 0.5% ~ 4% 氰化钾或氰化钠,并在电解渗硫时不断搅拌盐浴。我国经过长期试验研究和大量实践表明,使用添加剂 LQA 及定时向盐浴中补加适量新盐也解决了这一问题。

低温电解渗硫一般在 150 ~ 200 ℃ 进行,主要用于提高碳钢和合金工具钢所制的冷冲模具和刀具的耐磨性,以便延长其使用寿命。由于处理温度低,不会导致模具零件硬度明显下降,也可与淬火后的低温回火同时进行。冲模经低温电解渗硫后,可减少磨损,防止拉毛,从而改善了加工质量。根据资料报道,低温电解渗硫应用于各种承受摩擦的工模具,均取得明显效果,寿命可提高 2 ~ 10 倍,如冷冲模未渗硫 50 次产生磨损,经渗硫后冲 1 050 次才有磨损。

(4)碳氮共渗与氮碳共渗

碳氮共渗/氮碳共渗是在渗碳和渗氮的基础上发展起来的二元共渗工艺:520 ~ 580 ℃:氮碳共渗,以渗氮为主(又称软氮化);780 ~ 930 ℃:碳氮共渗,以渗碳为主(又称氰化)。氮碳共渗与渗氮相比,大大缩短工艺时间,是一种表面硬度高、耐磨性好、耐疲劳性好、尺寸变形小的热扩渗工艺。

气体氮碳共渗所用的温度常采用 560 ~ 570 ℃,时间为 2 ~ 3 h。与气体渗氮相比,低温气体氮碳共渗的特点有:渗入温度低,时间短,工件变形小;不受钢种限制,碳钢、低碳合金钢、工具钢及不锈钢等材料均可进行低温气体氮碳共渗;能显著提高工件的疲劳极限、耐磨性和耐蚀性;共渗层硬而具有一定的韧性,不易剥落。碳氮共渗与渗碳相比,处理温度低,晶粒不易长大,渗后可直接淬火,变形开裂倾向小,耐疲劳性、耐磨性、耐蚀性和抗回火稳定性更好;与渗氮相比,生产周期大大缩短,对材料适用广。

(5)渗硼

渗硼是继渗碳、氮之后发展起来的一项重要、实用的化学热处理工艺技术,是提高钢件表面耐磨性的有效方法。将工件置于能产生活性硼的介质中,经过加热、保温,使硼原子渗入工件表面形成硼化物层的过程称为渗硼。金属零件渗硼后,表面形成的硼化物(FeB,Fe_2B,TiB_2,ZrB_2,VB_2,CrB_2)及碳化硼等硬度极高(1 300 ~ 2 000HV)的化合物,热稳定好。其耐磨性、耐腐蚀性、耐热性均比渗碳和渗氮高,可广泛用于模具表面强化,尤其适合在磨粒磨损条件下的模具。渗硼的特点如下:

1)固体渗硼

用粉末或粒状介质进行渗硼的化学热处理工艺。固体渗硼时将工件埋入含硼的介质中或在工件表面涂以含硼膏剂,装箱密封,加热保温常用的渗硼剂有:碳化硼、硼铁合金、硼砂。渗硼工艺主要是控制温度与保温时间,其中温度是影响渗硼层质量的主要因素。渗硼温度选择一般在 850 ~ 1 000 ℃。渗硼保温时间一般为 3 ~ 5 h,最长不超过 6 h。最有实用价值的渗硼层厚度为 70 ~ 150 μm。过长的渗硼保温时间不仅渗层深度增加不明显,而且使基体晶粒长大,渗层脆性增加,渗层与基体的结合力减弱。

2）液体渗硼

液体渗硼包括电解渗硼和盐浴渗硼两种。

3）电解渗硼

将工件浸入熔融状态的硼砂浴中，用石墨或不锈钢作阳极，以工件为阴级，以 0.1 ~ 0.5 A/cm² 的直流电在熔融的硼砂浴中进行电解渗硼。在电解渗硼过程中，在阳极上将有氧气放出，在阴极上所电解出的钠将与工件表面附近的氧化硼发生置换反应，替出其中的硼，使之沉积在工件表面，达到渗硼的目的。电解渗硼的效率高，可在较低温度下渗硼，渗硼剂便宜，渗层深度易于控制。电解渗硼只适用于形状简单的零件，对于形状复杂的零件，由于各部分电流密度不同，会使渗硼层厚度不均匀。

4）盐浴渗硼

盐浴渗硼是国内应用较多的一种渗硼法，渗硼剂的主要组成是以硼砂或碱金属的氯化物为主，加入碳化硅、铝、硅铁、锰铁还原剂。一般情况下，渗硼温度为 850 ~ 950 ℃，时间为 3 ~ 6 h，熔融硼砂中加入氯化钠、氯化钡或碳酸盐等助熔盐类，可使渗硼温度降至 700 ~ 800 ℃。盐浴渗硼设备简单，操作方便，渗层组织容易控制，而且能处理形状较复杂的零件。但盐浴的活性差，工件清洗困难，坩埚寿命短，在大量生产中盐浴温度的均匀性、盐浴成分的均匀性均难保证。

5）气体渗硼

气体渗硼法是将工件密封在渗硼罐内，加热至渗硼温度（可低至 750 ℃，但渗层极薄；以在 950 ℃为宜），并以氢气为载流和稀释气体将三氯化硼（BCl_3）渗硼剂通入罐内。在通入三氯化硼的渗硼剂之前应先通入氢气 10 ~ 15 min，以驱除渗硼罐内的空气。表 8.6 列出了部分模具渗硼的强化效果。

表 8.6　部分模具渗硼的强化效果

模具名称	钢　号	淬火、回火态寿命	渗硼态寿命
冷冲裁模	CrWMn	0.5 万件	1 万件
热挤压模	30Cr3W5V	100 h	261 h
热锻模	5CrNiMo	0.5 万件	1 万件
热锻用冲头	55Ni2CrMnMo	100 h	240 h
连杆热成型模	5CrMnMo	2 万件	6 万件
冷镦六方螺母凹模	Cr12MoV	0.5 万件	6 万件
冷轧顶头凸模	65Mn	0.4 万件	2 万件

（6）多元共渗

除渗入碳、氮、硼等非金属元素，还可以渗入铬、铝、锌等金属元素。在钢的表面渗入金属元素后，使钢的表面形成渗入金属的合金，从而可提高抗氧化、抗腐蚀等性能。各种合金钢的化学成分中，含有多种元素，因而可以兼有多种性能。同样在化学热处理中若向同一金属表面渗入多种元素，则在钢的表面可以具有多种优良的性能。将工件表层渗入多于一种元素的化学热处理工艺称为多元共渗。由于各种模具的工作条件差异很大，只能根据模具工作零件的工作条件，经过分析和实验，找出最适宜的表面强化方法。当渗入单一元素的化学热处理不能满足模具寿命的要求时，可考虑多元共渗的方法。实践证明，适当的多元共渗方法对提高模具具有显著的效果。

任务 2 模具表面涂镀技术

【活动场景】

在模具加工车间或产品加工车间的现场教学,或用多媒体展示模具的使用与生产。

【任务要求】

掌握涂镀技术的作用及应用,掌握电镀、电刷镀、化学镀、热浸镀、热喷涂的基本概念、特点、应用及操作步骤。

【知识准备】

(1)电镀

在含有欲镀金属的盐类溶液中,在直流电的作用下,以被镀基体金属为阴极,以欲镀金属或其他惰性导体为阳极,通过电化学反应,在基体表面上获得结合牢固的金属膜。电镀可以改善模具外观,满足表面特殊性能(耐磨性、耐蚀性、导电性等)。

电镀基本工艺可用流程表示为:磨光→抛光→脱脂→水洗→去锈→水洗→电镀→酸洗→碱洗→清洗→出槽。

(2)电刷镀

电刷镀(见图 8.15)具有以下特点:

①镀层质量高。

②不受镀件、模具形状和大小的限制,设备简单,工艺灵活,操作方便,可在现场作业。

③可以进行槽镀困难或实现不了的局部电镀。

④沉积速度快,生产率高。

⑤操作安全,对环境污染小。

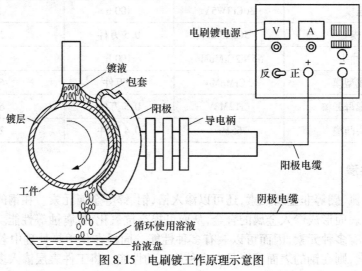

图 8.15 电刷镀工作原理示意图

(3)化学镀

化学镀是利用合适的还原剂,使溶液中的金属离子在经催化的表面上还原出金属镀层的化学方法。

（4）热浸镀

热浸镀简称热镀，是将基体金属浸在熔融状态的另一种低熔点金属中，在其金属表面发生一系列物理和化学反应，形成一层保护膜的方法。热浸镀工艺分镀前表面处理、助镀处理、热浸镀和镀后处理 4 个基本工艺阶段，主要工艺流程为：预镀件碱洗→酸洗→水洗→稀盐酸处理→水洗→溶剂处理→烘干→热浸镀→镀后处理。其中，溶剂处理是该工艺的重要环节，是提高镀层质量、防止漏镀的关键。

（5）热喷涂

热喷涂是一项迅速发展的表面强化新工艺、新技术。它是通过专用的技术装备，将所需的金属、非金属材料加热至熔化或半熔融状态，并随高速焰流的细微粒子沉积于经过预先制备的基体表面形成涂层。热喷涂技术已在模具工业中得到了广泛的应用。

热喷涂技术在模具工业的应用大体可分为两个方面：一是基于快速原型的热喷涂直接金属模具制造技术；二是基于热喷涂的模具表面强化与修复技术。

模具，特别是热作模具，不仅在较高的温度环境下工作，而且遭受磨损、挤压、冲击及冷热疲劳作用。因此，对其表面性能通常有严格的要求，若表面硬度、红硬性、抗氧化性、抗腐蚀性不足，则在使用过程中容易损坏，缩短使用寿命，因此，模具表面一般要进行强化处理。当模具表面划伤后，只要程度不严重，也可进行修复，延长模具使用寿命。热喷涂技术在表面强化与零件修复工艺方面具有工艺方法灵活多样、材料选择范围广、施工方便迅速、适应性强、修复强化效果显著及经济效益高等优点，适合大型模具以及严重磨损条件下工作的模具。进行模具表面强化与修复使用较多的有火焰喷涂、等离子喷涂、超音速喷涂。火焰喷涂设备简单、操作方便、成本低，但其喷涂层强度不高，热影响区和变形较大，因此，常常用于低强度模具的表面形状修复，修复后模具使用寿命较低。五菱汽车股份有限公司使用火焰喷涂 NiCr60A 修复汽车大梁成型模，取得了较好的效果。

等离子喷涂热源能量密度较高，可用于模具表面改性处理，或用于微量磨损模具表面修复。但喷涂层与基材之间为机械结合，所以，多用于非冲击载荷条件下的模具表面改性及形状修复。例如，在热作模具表面等离子喷涂钴基合金较传统方法可延长两倍寿命。在工具钢制作的高熔点金属挤压模上等离子喷涂 0.5~1 mm 的氧化铝涂层，可将使用温度从 1 320 ℃提高到 1 650 ℃，喷涂氧化铝涂层，挤压温度可达 2 370 ℃，模具的使用寿命可延长 5~10 倍。超音速喷涂获得的喷涂层与基材之间结合强度高，故可用于中等冲击载荷作用下的模具表面改性及修复，且修复后模具不需要或少量机加工就可以使用。该技术已被第一汽车制造厂成功用于拉延模重要工作面的表面改性，模具使用寿命明显提高。广州有色金属研究院采用超音速喷涂硬质合金工艺，使 Cr12 拉延模修模频率从 500 件/次提高到 7 000 件/次，使用寿命提高了 3~8 倍。

（6）激光表面处理

激光表面工程技术是利用激光的高能量密度、高方向性、高单色性、高相干性等特性，结合数控技术，将激光聚焦到工件表面并快速移动，实现工件表面改性的一项系统工程。激光表面处理的特点有：

①能量集中，可对工件表面实行选择性处理。

②能量利用率高，加热极为迅速并靠自激冷冷却。

③畸变极小,可大大减少后续加工工时。

④利用高能束可以对材料的表面实现相变硬化、微晶化、冲击加热硬化、覆层镀层合金化等多种表面改性处理,可产生用其他表面加热处理淬火强化难以达到的表面成分、组织、性能的改变。激光表面处理装置示意图及应用,如图 8.16 所示。

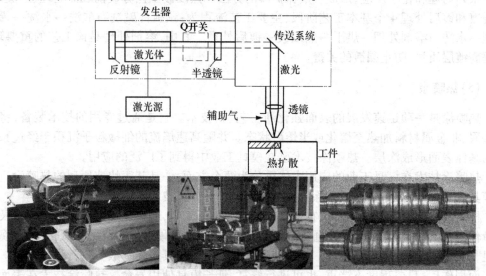

图 8.16　激光表面处理装置示意图及应用

1)激光淬火

利用高能激光束在金属表面扫描,实现金属表面超快速加热和冷却的过程,完成金属表面的淬火工艺。激光淬火工艺可使工件表层得到强化,提高表层硬度、强度、耐磨性,同时,工件心部仍保持较好的韧性,使工件得到结构性的性能组合。

2)激光熔覆

利用高能激光束在金属表面扫描过程中,将合金材料熔化并冶金结合在金属材料表面,完成金属表面的修复工艺,也称为激光堆焊。

激光表面强化技术(见表 8.7)目前主要的应用方式有两种:一是模具表面激光淬火硬化;二是模具表面局部损伤部位的激光熔焊修复。该技术非常适用于绝大部分汽车拉延模具,既适用于新制模具,又适用于在役模具。模具材料包括各类灰铸铁、铬钼合金铸铁及空冷钢,对于反复补焊过或火焰淬火模具也有显著强化效果。

表 8.7　激光表面热处理种类与特点

工艺方法	功率密度/(W·cm^{-2})	冷却速度/(℃·S^{-1})	作用深度/mm
相变	103～104	104～106	0.2～1
熔凝	104～105	104～106	0.2～2
熔复	104～106	104～106	0.2～2
合金化	104～105	104～106	0.2～2
非晶化	106～1 010	106～108	0.01～0.1
毛化	107～1 010	106～109	0.01～0.1
冲击硬化	109～1 012	106～109	0.02～0.2

(7)离子注入

将注入元素的原子电离成离子,在获得较高速度后射入放在真空靶室中的工件表面的一种表面处理技术。大量离子(如氮、碳、硼、钼等)的注入可使模具基体表面产生明显的硬化效果,大大降低了摩擦因数,显著地提高了模具表面的耐磨性、耐腐蚀性以及抗疲劳等多种性能。因此,近年来离子注入技术在模具领域中,如冲裁模、拉丝模、挤压模、拉伸模、塑料模等得到了广泛应用,其平均寿命可提高2~10倍。但目前离子注入技术在运用中还存在一些不足,如离子注入层较薄、小孔处理困难、设备复杂昂贵等,其应用也受到一定的限制。

离子注入技术与气相沉积、等离子喷涂、电子束和激光束热处理等表面处理工艺不同,其主要特点如下:

①离子注入是一个非热平衡过程,注入离子的能量很高,可以高出热平衡能量的2~3个数量级。原则上,元素周期表上的任何元素都可注入任何基体材料。

②注入元素的种类、能量、剂量均可选择,用这种方法形成的表面合金,不受扩散和溶解度的经典热力学参数的限制,即可得到用其他方法得不到的新合金。

③离子注入层相对于基体材料没有边缘清晰的界面,因此,表面不存在粘附破裂或剥落的问题,与基体结合牢固。

④离子注入控制电参量,故易于精确控制注入离子的密度分布,浓度分布可以通过改变注入能量加以控制。

⑤离子注入一般是在常温真空中进行,加工后的工件表面无形变、无氧化,能保持原有尺寸精度和表面粗糙度,特别适于高精密部件的最后工序。

⑥可有选择地改变基体材料的表面能量,并在表面内形成压应力。

(8)气相沉积

采用气相沉积技术在模具表面上制备硬质化合物涂层的方法,由于其技术上的优越性及涂层的良好特性,因此,在各种模具、切削工具和精密机械零件等进行表面强化的主要技术,有着广阔的应用前景。根据沉积的机理不同,气相沉积可分为化学气相沉积(CVD)、物理气相沉积(PVD)和等离子体化学气相沉积(PCVD)等。它们的共同特点是将具有特殊性能的稳定化合物 TiC、TiN、SiN、Cr_7C_3 等直接沉积于金属表面,形成一层超硬覆盖膜,从而使工件具有高硬度、高耐磨性、高抗蚀性等一系列优异性能:涂层具有较高的硬度(TiC 为 3 200 ~ 4 100HV,TiN 为 2 450HV)、低的摩擦系数和自润滑性能,所以抗磨损性能良好。涂层具有很高的熔点(TiC 为 3 160 ℃,TiN 为 2 950 ℃),化学稳定性好,具有很好的抗黏着磨损能力,发生冷焊和咬合的倾向很小。涂层具有较强的抗腐蚀能力,在高温下也具有良好的抗氧化性能。

1)化学气相沉积

化学气相沉积(CVD)如图 8.17 所示,在一定的温度条件下,混合气体与基体表面相互作用,使混合气体中的某些成分分解,并在基体表面形成金属或化合物等的固态膜或镀层。(化学气相沉积就是利用气态物质在固体表面上进行化学反应,生成固态沉积物的过程)。CVD法的特点:温度加热到 900 ℃以上,基体硬度降低,同时处理后还需进行淬火处理,会产生较大变形,因此,不适用于高精度模具;涂层与基体的结合力高,设备简单操作方便。反应气体向工件表面扩散并被吸附;吸附于工件表面的各种物质发生表面化学反应;生成物质点聚集成晶核并增大;表面化学反应中产生的气体产物脱离工件表面返回气相;沉积层与基体的界面发生元素的互扩散,形成镀层。等离子体化学气相沉积(PCVD),PCVD 技术是借助于辉光放电等离子体,使含有薄膜组成的气态物质发生化学反应,从而实现薄膜材料生长的一种新的制备技术。

2)物理气相沉积

物理气相沉积(PVD)是将金属、合金或化合物放在真空室中蒸发(或称溅射),使这些气相原子或分子在一定条件下沉积在工件表面上的工艺。PVD技术是指在真空条件下,用物理的方法,将材料汽化成原子、分子或使其电离成离子,并通过气相过程,在材料或工件表面沉积一层具有某些特殊性能的薄膜技术。PVD法的特点,沉积温度低于600 ℃,它可在工具钢和模具钢的高温回火温度以下进行表面处理,故变形小,适合高精度的模具。PVD法的主要问题,涂层与基体间的结合强度较低,有沉积层发生早期剥离而失效的情况绕镀性较差,对深孔、窄槽的模具难以进行。

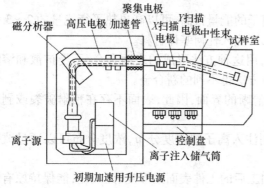

图8.17 离子注入装置示意图

图8.18 模具表面处理——CVD技术

①真空蒸镀,在真空条件下,加热成膜材料,使其蒸发汽化成原子或分子,并沉积到工件表面形成薄膜的方法。真空蒸发镀膜技术,相对于后来发展起来的溅射镀膜、离子镀膜技术,其设备简单可靠、价格便宜,工艺容易掌握,可进行大规模生产。

②溅射镀膜,在一定的充满氩气的真空条件下,采用辉光放电技术,将氩气电离产生氩离子,氩离子在电场力的作用下加速轰击阴极,使阴极材料被溅射下来沉积到工件表面形成膜层的方法。

溅射镀膜时薄膜生长基本过程与蒸发镀膜相同。因溅射离子能最大,在轰击衬底和薄膜时增加了成核密度,原子表面迁移率及体扩散增大,薄膜性能得到改善。

(9)电子束表面处理

电子束表面处理技术一般除表面淬火外,还可进行表面重熔、表面合金化和表面非晶化,提高钢和铸铁的抗疲劳、耐磨损和抗腐蚀性能。新型热源如激光束、电子束、离子束的出现,为表面处理技术的发展另辟蹊径,由于这些热源具有能量高、加热迅速、加热层薄、变形小、便于实现自动化等优点,大大促进了其在表面强化方面的开发和应用。

思考与练习

1.名词解释

表面化学热处理　渗碳　渗氮　碳氮共渗　氮碳共渗　电镀　电刷镀　热喷涂　气相沉积　激光表面处理　离子注入　电子束表面处理

2.模具表面处理的目的是什么? 模具表面处理常用的方法有哪些?

3.碳氮共渗与渗碳相比有哪些特点？常用于哪些场合？渗硼的方法有哪几种？渗硼常适用于哪些模具？使用效果如何？碳氮共渗与氮碳共渗有何区别？各用于哪些场合？

4.何谓渗金属？渗铬、渗钒性能上有什么特点？常用于哪些模具的表面处理？

5.电刷镀有何特点？在工艺、性能、应用上与电镀有何区别？

6.试比较激光表面处理、电子束表面处理、离子注入表面处理、气相沉积的工艺方法和性能特点。

7.简述模具钢的热处理目的及热处理工艺的分类。

8.什么是真空热处理？真空热处理的特点是什么？真空热处理技术的关键是什么？

9.冷作模具、热作模具、塑料模具的工作条件和对模具材料的性能要求分别是什么？

下篇
模具制造技术的应用

项目9

<hr>

塑料成型模具零件的制造

【问题导入】

塑料模具制造包括一系列的加工方法,那么,塑料模具加工有哪些特点? 有何要求? 适用的范围等,如何满足塑料成型的要求? 通过本项目的学习,我们就能解决这些问题。

【学习目标及技能目标】

掌握塑料模型腔的各中加工方法和适用场合,塑料注射模制造特点。掌握注射模具的典型结构,塑料注射模具零件常用加工方法和材料;塑料注射模具装配。

【知识准备】

塑料是以树脂为主要成分的高分子材料,它在一定的温度和压力条件下具有流动性,可以被模塑成型为一定的几何形状和尺寸,并在成型固化后保持其既得形状不发生变化。树脂是指受热时通常有转化或熔融范围,转化时受外力作用具有流动性,常温下呈固态或半固态或液态的有机聚合物,它是塑料最基本的,也是最重要的成分。注射模具是塑料模具中结构最复杂、制造难度最大、制造周期最长、涉及的加工方法与设备最多、加工精度要求最高的一类模具。注射模具的加工难点主要体现在成型零件的结构复杂、形状不规则,大多为三维曲面,而且尺寸与形状精度和表面粗糙度要求高,很难用较少的几道工序或简单的加工方法完成,往往需要多道工序反复加工才能达到要求。塑料模具的种类和结构也是多种多样的(见

表 9.1）。图 9.1 为塑料注塑成型过程。

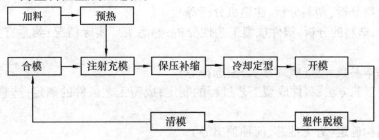

图 9.1　塑料注塑成型过程

表 9.1　塑料模具分类

分类方法	模具品种和名称
按模具的安装方向分	卧式模具、立式模具、角式模具
按模具的操作方式分	移动式模具、固定式模具、半固定式模具
按模具型腔数目情况分	单腔模、多腔模
按模具分型面特征分	水平分型的模具、垂直分型的模具
按模具总体结构分	单分型面模具、双分型面模具、斜销侧向分型与抽芯机构模具、简单推出机构模具、二次推出机构模具、定模设推出机构模具、双推出机构模具、手动卸除活动镶件模具
按浇注系统的形式分	普通浇注系统模具、无流道模具
按成型塑料的性质分	热塑性塑料注塑模、热固性塑料注塑模

塑料建材大量替代传统材料也成为趋势,预计 2010 年全国塑料门窗和塑管普及率将达到 30% ~50%,塑料排水管市场占有率将超过 50%,这些都会大大增加对模具的需求,典型的塑料模具制品如图 9.2 所示。

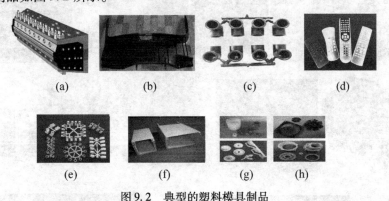

图 9.2　典型的塑料模具制品

(1)塑料模具设计流程

1)接受设计任务(设计任务书、开模指令)

成型塑料制件的任务书通常由塑料制件的设计者提出,内容如下:经过审签的正规塑件图纸,并注明采用塑料的牌号、透明度、颜色等塑料制件说明书或技术要求;生产批量;如果是仿制,则提供塑料制件样品。

2)原始资料分析(塑料分析、注塑机分析等)

塑件分析,塑料的分析,塑件成型工艺性分析;熟悉工厂实际情况;熟悉有关参考资料及技术标准。

3)塑件基本参数计算(收缩率、公差选择等)

确定成型工艺方法;塑件成型工艺过程的制定;成型工艺条件的确定;选择成型设备;工艺文件的制定。

4)模具结构确定(有无抽芯、何种顶出等)

模具结构设计的目的:确定必需的成型设备,理想的型腔数,保证塑料制件的几何形状,表面光洁度和尺寸精度。使塑料制件的成本低,生产效率高,模具能连续地工作,使用寿命长,节省劳动力。在确定模具结构时主要解决以下问题:

①确定塑件成型位置及分型面;

②模具型腔数的确定,浇注系统和排气系统的设计;

③确定主要成型零件,结构件的结构形式;

④侧向分型抽芯机构的设计;

⑤选择塑件的推出方式(推杆、推管、推板、组合式推出);

⑥拉料杆形式的选择;

⑦模具外形结构及所有连接、定位、导向件位置的设计;

图 9.3　各种类型的塑料模

图9.4　卧式柱塞注塑机　　　　　图9.5　卧式螺杆注塑机

⑧决定冷却、加热方式及加热冷却沟槽的形状、位置、加热元件的安装部位。

5)模具结构设计时的相关计算

模具结构设计时的相关计算包括：

①成型零件工作尺寸的计算；

②加料腔尺寸的计算；

③根据模具材料、强度计算或者经验数据，确定模具零件的壁厚及底板厚度；

④模具加热或冷却系统的计算；

⑤有关机构的设计计算，如斜导柱等侧向分型抽芯机构的计算；

⑥绘制模具结构草图(平面图、排位图、抽芯等)，参照有关塑料模架标准和其他零件标准，绘制模具结构草图，为正式绘图作好准备；

⑦绘制模具装配图(三维造型和分模)，如图9.6所示。

图9.6　模具结构的三维造型

模具总装图内容如下：模具成型部分结构；浇注系统、排气系统结构；分型面及分模取件方式；外形结构及所有连接件，定位、导向件的位置；辅助工具(取件卸模工具，校正工具等)；按顺序将全部零件序号编出，填写明细表；标注模具必要尺寸，如模具总体尺寸、特征尺寸、装配尺寸、极限尺寸；标注技术要求和使用说明。

模具总装图的技术要求：模具装配工艺要求。如模具装配后分型面的贴合间隙，模具上、下面的平行度等要求；模具某些机构的性能要求。例如，对推出机构、滑块抽芯机构的装配要求；模具使用和拆装方法；防氧化处理、模具编号、刻字、标记、油封、保管等要求；试模及检验要求。

6)绘制模具零件图

由模具总装图拆画零件图的顺序为：先内后外，先简单后复杂。通常主要工作零件加工周期较长，加工精度较高，认真绘制，其余零部件尽量采用标准件。根据需要按比例绘制零件图，视图选择要合理。标注尺寸要集中、有序、完整。根据零件的用途正确标注表面粗糙度。填写零件名称、图号、材料牌号、热处理和硬度要求表面处理、图形比例、自由尺寸的加工精度、技术要求等都要正确填写。

7)校核后投产

校对，校对以自我校对为主，其内容包括：模具及其零件与塑件图纸的关系；模具及模具零件的材质、硬度、尺寸精度、结构等是否符合塑件图纸的要求；成型收缩率的选择；成型设备的选

195

用等。专业校对原则上按设计者自我校对项目进行,但是要侧重于结构原理、工艺性能及操作安全方面;审图,审核模具总装图、零件图是否正确,验算成型零件的工作尺寸、装配尺寸、安装尺寸等;投产制造,在所有校对、审核正确后,就可以将设计结果送达生产部门组织生产。

8)试模反馈后更改设计至合格

(2)注射模具制造过程

1)制造过程的基本要求

①要保证模具质量,是指在正常生产条件下,按工艺过程所加工的模具应能达到设计图样所规定的全部精度和表面质量要求,并能够批量生产出合格的产品。模具的质量应该由制造工艺规程所采用的加工方法,加工设备及生产操作人员来保证。

②要保证模具制造周期,是指在规定的日期内,将模具制造完毕。模具制造周期的长短,反映了模具生产的技术水平和组织管理水平。在模具制造时,应力求缩短模具制造周期,这就需要制定合理的加工工序,尽量采用计算机辅助设计(CAD)和计算机辅助制造(CAM)。

③要保证模具使用寿命,是指模具在使用过程中的耐用程度,一般以模具生产出的合格制品的数量作为衡量标准。高的使用寿命反映了模具加工制造水平,是模具生产质量的重要指标。

④要保证模具成本低廉,模具成本是指模具的制造费用。由于模具是单件生产,机械化、自动化程度不高,所以模具成本较高。为降低模具的制造成本,应根据制品批量大小,合理选择模具材料,制定合理的加工规程,并设法提高劳动生产率。

⑤要提高模具的加工工艺水平,模具的制造工艺要根据现有条件,尽量采用新工艺、新技术、新材料,以提高模具的生产效率,降低成本,使模具生产有较高的技术经济效益和水平。要保证良好的劳动条件,模具的制造工艺过程要保证操作工人有良好的劳动条件,防止粉尘、噪声、有害气体等污染源产生。

2)制造具体过程

模具图样设计是模具生产中最关键的工作,是模具制造的依据。模具样图设计包括以下内容:

①了解所要生产的制品,不同用途的制品有不同的形状、尺寸公差以及不同的表面质量要求,是否能够通过塑料注射模具生产出合格的产品是首先要考虑的问题。其次掌握塑料制品所用塑料的模塑特性,考虑会直接影响模具设计的特性,如塑料的收缩率、塑料的流动特性以及注射成型时所需的温度条件。

②了解所要生产制品的批量,制品生产的批量对模具的设计有很大的影响,根据制品的需求数量,可以确定模具的使用寿命,模具的型腔数目(或模具的套数)以及模具所需的自动化程度和模具的生产成本。对于大量需求的制品应尽可能采用多型腔模具,热流道模具和适于全自动生产的模具结构;对于需求量较少的制品,在满足制品质量要求的前提下应尽量减少模具成本。

③了解生产塑料制品所用设备,塑料注射模具要安装到塑料注射成型机上使用,因此,注射机的模具安装尺寸、顶出位置、压射压力、合模力以及注射量都会影响模具的尺寸和结构。另外,注射成型机的自动化程度也限制了模具的自动化程度,例如,带有机械手的注射机就可自动取出注射成型制品和浇注系统凝料,方便地完成自动化生产过程。

确定模具设计方案,在清楚了解了生产的塑料制品之后,即可以开始模具方案设计,其过程包括:

①设计前应确定的因素,包括所用塑料种类及成型收缩率;制品允许的公差范围和合适

的脱模斜度;注射成型机参数;模具所采用的模腔数以及模具的生产成本等。

②确定模具的基本结构,根据已知的因素确定所设计模具的外形尺寸;选择合理的制品分型面;确定模具所应采用的浇注系统类型;确定塑料制品由模具中的推出方式以及模腔的基本组成。在确定模具的基本结构时还应考虑模腔是否采用侧向分型机构,是否采用组合模腔,模腔的冷却方式和模腔内气体的排出。

③确定模具中所使用的标准件,在模具设计中,应尽可能多地选择标准件,包括采用标准模架、模板;采用标准的导柱、导套、浇口套及推杆等。采用标准件可以提高模具制造精度,缩短模具生产周期,降低生产成本。

④确定模具中模腔的成型尺寸,根据塑件的基本尺寸,运用成型尺寸的计算公式,确定模具模腔各部分的成型尺寸。

⑤确定模具所使用的材料并进行必要的强度、刚度校核,对分型面、型腔、型芯、支撑板等模具零件进行强度和刚度校核,以确保满足使用要求。

⑥完成模具图样的设计图纸,包括模具设计装配图和模具加工零件图。在确定模具设计方案时,为提高效率可以采用"类比"的方法,即将以前设计制造过类似制品的模具结构套用到新制品的模具结构上。

3)制定工艺规程

工艺规程是按照模具设计图样,由工艺人员制定出整个模具或各个零部件制造的工艺过程。模具加工工艺规程通常采用卡片的形式送到生产部门。一般模具的生产以单件加工为主,工艺规程卡片是以加工工序为单位,简要说明模具或零部件的加工工序名称、加工内容、加工设备以及必要的说明,它是组织生产的依据。

制定工艺规程的基本原则是:保证以最低的成本和最高的效率来达到设计图样上的全部技术要求。所以,在制定工艺规程时应满足:

①设计图样要求,即工艺规程应全面可靠和稳定地保证达到设计图样上所要求的尺寸精度、形状精度、位置精度、表面质量和其他技术要求。

②最低成本要求,所制定的工艺规程应在保证质量和完成生产任务的条件下,使生产成本降到最低,以降低模具的整体价格。

③生产时间要求,在保证质量的前提下,以较少的工时完成加工过程。

④生产安全要求,保证工人有良好的安全劳动条件。

(3)塑料注射模具常用材料

1)塑料注射模具零件常用材料基本要求

具有良好的机械加工性能,塑料注射模具零件的生产,大部分由机械加工完成。良好的机械加工性能是实现高速加工的必要条件。良好的机械加工性能能够延长加工刀具寿命,提高切削性能,减小表面粗糙度,以获得高精度的模具零件。

具有足够的表面硬度和耐磨性,塑料制品的表面粗糙度和尺寸精度、模具的使用寿命等,都与模具表面的粗糙度、硬度和耐磨性有直接的关系。因此,要求塑料注射模具的成型表面具有足够的硬度,其淬火硬度应不低于 HRC55,以便获得较高的耐磨性,延长模具的使用寿命。具有足够的强度和韧性,由于塑料注射模具在成型过程中反复受到压应力(注射模的锁模力)和拉应力(注射模型腔的注射压力)的作用,特别是大中型和结构形状复杂的注射模具,要求其模具零件材料必须有较高的强度和良好的韧性,以满足使用要求。

2)塑料注射模具零件常用材料

结构零件用钢 Q235A 钢,主要制造动模、定模座板,垫块。优质碳素结构钢45、55 钢可以用来制造形状较简单、精度要求不高的塑料注射模具,但其使用寿命较低,抛光性不好。45、55钢可以通过调质处理来改善其性能,可以用于制造塑料注射模具的推板、型芯固定板、支撑板等零件。T8、T10钢为碳素工具钢,其含碳量高,淬火硬度可达50~55HRC,可用于制造导柱、导套、斜销、推杆等塑料注射模具零件。40Gr为低合金钢,可用于制造形状不太复杂的中小型塑料注射模具,可进行淬火、调质处理,制作型芯、推杆等零件。

模具钢3Cr2Mo(P20)是一种可以预硬化的塑料模具钢,预硬化后硬度为36~38HRC,适用于制作塑料注射模具型腔,其加工性能和表面抛光性较好。

10Ni3CuAIVS(PMS)钢为析出硬化钢。预硬化后时效硬化,硬度可达40~45HRC。热变形极小,可做镜面抛光,特别适合于腐蚀精细花纹。可用于制作尺寸精度高,生产批量大的塑料注射模具。

6Ni7Ti2Cr钢为马氏体时效钢。在未加工前为固熔体状态,易于加工。精加工后以480~520℃进行时效,硬度可达50~57HRC。适用于制造要求尺寸精度高的小型塑料注射模具,可做镜面抛光。8CrMnWMoVS(8CrMn)钢为易切预硬化钢,可做镜面抛光。其抗拉强度高,常用于大型注射模具。调质后硬度为33~35HRC,淬火时可空冷,硬度可达42~60HRC。25CrNi3MoAI钢适用于型腔腐蚀花纹,属于时效硬化钢。调质后硬度为23~25HRC,可用普通高速钢刀具加工。时效后硬度38~42HRC,可以作氮化处理,氮化处理后表层硬度可达1 100 HV。Cr16Ni4Cu3Nb(PCR)钢为耐腐蚀钢。可以空冷淬火,属于不锈钢类型。空冷淬硬可达42~53HRC,适于有腐蚀性的聚氯乙烯类塑料制品的注射模具。

①铍铜合金,铍铜合金是在铜中加入30%以下的铍(Be)而形成的合金。铍铜合金通常采用精密铸造或者压力铸造来制造精密、复杂型腔。可采用此种方法方便、迅速地复制机械加工无法制作的复杂型腔。

②锌基合金,常用的锌基合金是把锌作为主要成分并加入Al,Cu,Mg等元素形成合金。锌基合金材料环氧树脂熔融温度低,能简单地用砂型铸造、石膏型铸造、精密铸造等方法成型。因锌基合金铸造后产生收缩较大,所以,在铸造后应放置24 h使其尺寸稳定后再进行加工。锌基合金的使用温度较低,当温度高于150~200℃时容易引起变形。所以锌基合金仅适用于模具温度较低的塑料注射模具。

③环氧树脂,环氧树脂应用在试制及成型批量很少的模具上。纯环氧树脂中一般加铝粉等填料,以改善其强度、硬度、收缩率等性能。采用环氧树脂制模时,只要有模型,就能在相当短的时间内制造出模具,因此,对于试制产品是非常有利的。

任务 1　注射模模架的加工

【活动场景】
在模具加工车间或产品加工车间的现场教学,或用多媒体展示模具的使用与生产。

【任务要求】
掌握注射模的结构组成,模架的技术要求,模架零件的加工。

【知识准备】

(1)注射模的结构组成

注射模模架也可以选用标准结构,如大型注射模模架(GB/T 12555—1990)、中小型注射模模架(GB/T 12556—1990)。注射模的结构有多种形式,其组成零件也不完全相同,但根据模具各零(部)件与塑料的接触情况,可将模具的组成分为成型零件和结构零件两大类。

在结构零件中,合模导向装置与支撑零部件的组成构成注射模模架,如图9.7所示。

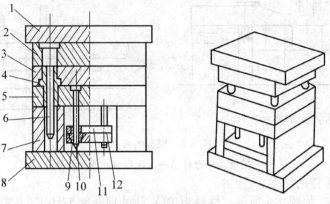

图9.7　注射模模架

1—定模座板;2—定模板;3—动模板;4—导套;5—支撑板;6—导柱;
7—垫块;8—动模座板;9—推板导套;10—导柱;11—推杆固定板;12—推板

(2)模架的技术要求

模架组合后其安装基准面应保持平行,其平行度公差等级见表9.2。

表9.2　中小型注射模模架分级指标

项目序号	检查项目	主参数/ mm	精度分级		
			Ⅰ	Ⅱ	Ⅲ
			公差等级		
1	定模座板的上平面对动模座板的下平面的平行度	周界 ≤400	5	6	7
		400~900	6	7	8
2	模板导柱孔的垂直度	厚度 ≤200	4	5	6

导柱、导套和复位杆等零件装配后要运动灵活、无阻滞现象。模具主要分型面闭合时的贴合间隙值应符合模架精度要求。Ⅰ级精度模架为0.02 mm;Ⅱ级精度模架为0.03 mm;Ⅲ级精度模架为0.04 mm。

(3)模架零件的加工

模架的基本组成零件有:导柱导套及各种模板(平板状零件)。导柱、导套的加工主要是内、外圆柱面加工。支撑零件(各种模板、支撑板)都是平板状零件,在制造过程中主要进行平面加工和孔系加工。对模板进行镗孔加工时,应在模板平面精加工后以模板的大平面及两相邻侧面作定位基准,将模板放置在机床工作台的等高垫铁上,如图9.8所示。

①各种模板主要是平面加工和孔系加工,对模板进行平面加工时,应特别注意防止变形,保证装配时有关结合平面的平面度、平行度和垂直度要求。

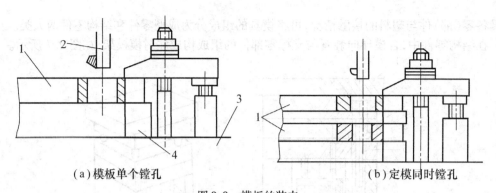

（a）模板单个镗孔　　　　　　　　　　　　（b）定模同时镗孔

图 9.8　模板的装夹

1—模板;2—镗杆;3—工作台;4—等高垫铁

②其他结构零件的加工。

浇口套的加工,如图 9.9 所示。材料为 T8A,热处理硬度 57HRC,工艺路线见表 9.3。

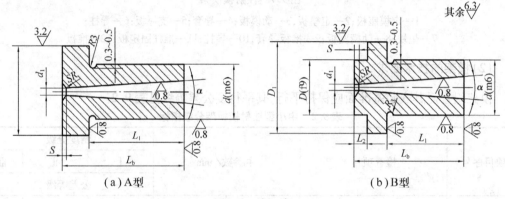

（a）A 型　　　　　　　　　　　　　　　（b）B 型

图 9.9　浇口套

表 9.3　加工浇口套的工艺路线

工序号	工序名称	工艺说明
1	备料	按零件结构及尺寸大小选用热轧圆钢或锻件做毛坯 保证直径和长度方向上有足够的加工余量 若浇口套凸肩部分长度不能可靠夹持,应将毛坯长度适当加长
2	车削加工	车外圆 d 及端面留磨削余量 车退刀槽达设计要求 钻孔 加工锥孔达设计要求;调头车 $D1$ 外圆达设计要求;车外圆 D 留磨量;车端面保证尺寸 L_b;车球面凹坑达设计要求
3	检验	
4	热处理	
5	磨削加工	以锥孔定位磨外圆 d 及 D 达设计要求
6	检验	

滑块的加工,滑块和斜滑块(见图 9.10)是塑料注射模具、塑料压制模具及金属压铸模具等广泛采用的侧向抽芯及分型导向零件。随模具不同,滑块的形状、大小也不同,有整体式和组合式滑块。滑块和斜滑块多为平面和圆柱面的组合。如图 9.11 所示为一种斜销抽芯机构。

侧型芯滑块与滑槽的常见结构如图9.12所示;滑块与滑槽配合:H8/g7 或 H8/h8;滑块材料:45 钢或碳素工具钢;热处理:40~45HRC;侧型芯滑块结构如图9.13所示,滑块与滑槽配合常选 H8/g7 或 H8/h8,两者配合面的粗糙度 $R_a \leqslant 0.63 \sim 1.25$ μm。滑块材料常采用 45 钢或碳素工具钢,淬火硬度 40~45HRC,其侧型芯滑块的加工路线见表9.4。

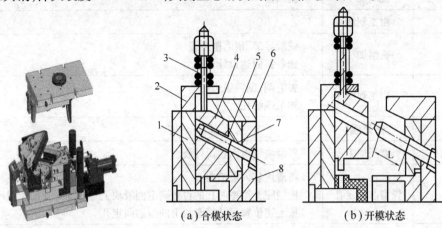

（a）合模状态　　　　　　　　（b）开模状态

图9.10　斜滑块机构　　　　　图9.11　斜销抽芯机构

1—动模板;2—限位块;3—弹簧;4—侧型芯滑块;5—斜销;6—楔紧块;7—凹模固定板;8—定模座板

（a）　　　　　　　（b）　　　　　　　（c）

（d）　　　　　　　（e）　　　　　　　（f）

图9.12　侧型芯滑块与滑槽的常见结构

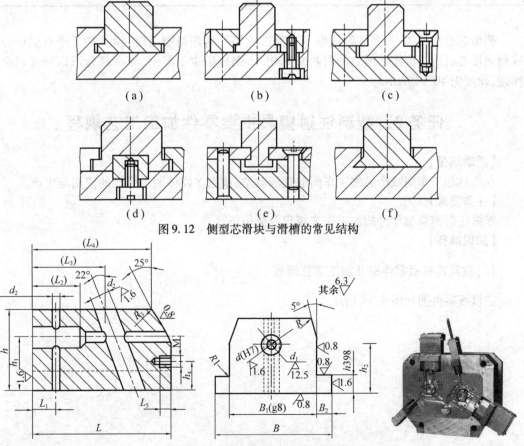

图9.13　侧型芯滑块结构与实物图

201

表9.4 加工侧型芯滑块的工艺路线

工序号	工序名称	工艺路线
1	备料	将毛坯锻成平行六面体,保证各面有足够加工余量
2	铣削加工	铣六面
3	钳工划线	
4	铣削加工	铣滑导部,留磨削余量 铣各斜面达设计要求
5	钳工划线	去毛刺、倒钝锐边 加工螺纹孔
6	热处理	
7	磨削加工	磨滑块导滑面达设计要求
8	镗型芯固定孔	将滑块装入滑槽内 按型腔上侧型芯孔的位置确定侧滑块上型芯固定孔的位置尺寸 按上述位置尺寸镗滑块上的型芯固定孔
9	镗斜导柱孔	动模板、定模板组成,楔紧块将侧型芯滑块锁紧 将组成的动模板、定模板装夹在卧式镗床的工作台上 按斜导柱孔的斜角偏转工作台,镗孔

侧型芯滑块的加工,当注射成型带有侧凹或侧孔的塑料制品时,模具必须带有侧向分型或侧向抽芯机构。侧型芯滑块的材料常采用45钢或碳素工具钢,导滑部分可以局部或全部淬硬,硬度为40~45HRC。

任务2　塑料注射模具主要零件加工工艺规程

【活动场景】

在模具加工车间或产品加工车间的现场教学,或用多媒体展示模具的使用与生产。

【任务要求】

掌握注射模典型零件的加工工艺规程及分析。

【知识准备】

(1)模具定模板零件图及加工工艺规程

定模板零件图如图9.14所示。

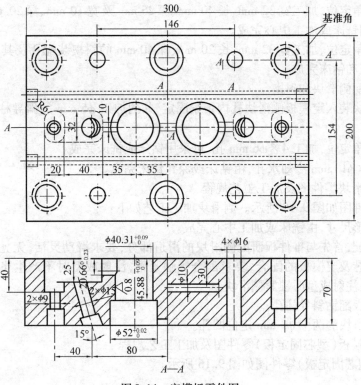

图 9.14　定模板零件图

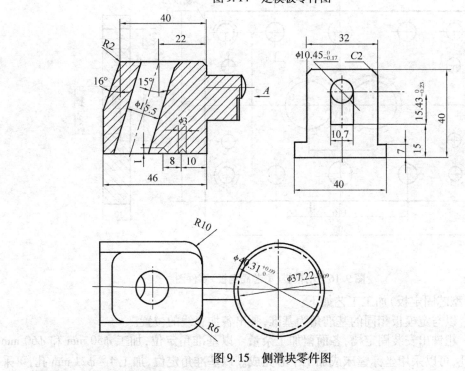

图 9.15　侧滑块零件图

1)定模板(中间板)的加工工艺

①以基准角定位,加工 $\phi52$ mm 和 $\phi40.31$ mm 的型腔孔,可采用坐标镗床或加工中心完成。

②以基准角定位,加工宽 32 mm、长 40 mm、深 25 mm 及宽 10 mm、深 20.66 mm 的装配侧滑块孔,可采用铣床或加工中心完成。

③以基准角定位,加工宽 32 mm、长 20 mm、深 40 mm 的斜楔装配孔及其上的 M8 螺钉沉孔,可采用铣床和钻床完成。

④钳工研配侧滑块和斜楔。

⑤将侧滑块装入定模板侧滑块孔内锁紧固定,共同加工 $\phi5$ mm 的斜导柱孔,可采用铣床或钻床完成。

⑥以基准角定位,加工 $4 \times \phi6$ mm 孔,可采用钻床或铣床完成。

⑦加工 $2 \times \phi10$ mm 冷却水孔,由钻床或深孔钻床完成。

2)模具侧滑块零件图及加工工艺规程

侧滑块零件图如图 9.15 所示。侧滑块加工工艺如下:

①加工外形尺寸,由铣床或加工中心完成。

②钳工研配,首先与推件板研配侧滑块的滑道部分,要求滑动灵活,无晃动间隙;其次研配侧滑块与型芯及定模板的配合,要求配合接触紧密,注射成型时不产生飞边;最后研配斜楔,要求斜楔在注射成型时锁紧侧滑块。

③与定模板配钻斜导柱孔。

④加工侧滑块的两个 $\phi3$ mm 定位凹孔。

3)模具动模板(型芯固定板)零件图及加工工艺规程

动模板(型芯固定板)零件图如图 9.16 所示。

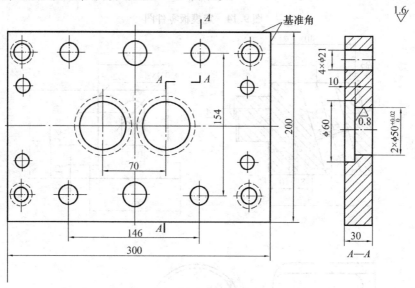

图 9.16 动模板(型芯固定板)零件图

动模板(型芯固定板)加工工艺如下:

①画线。以与定模板相同的基准角为基准,画出各加工线的位置。

②粗铣。粗铣出安装固定槽,各面留加工余量。以基准角定位,加工 $\phi50$ mm 和 $\phi60$ mm 的型芯固定孔,可以采用坐标镗床或加工中心完成。以基准角定位,加工 $4 \times \phi21$ mm 孔,可采用镗床或钻床完成。用钳工装配型芯。

③精铣。精铣出安装固定槽。

④研配。将安装固定槽与型芯研配,保证型芯的安装精度。

(2)结构零件—侧向分型零件斜滑块加工工艺(材料:T10A)

斜滑块加工工艺图如图9.17所示,其工艺路线见表9.5

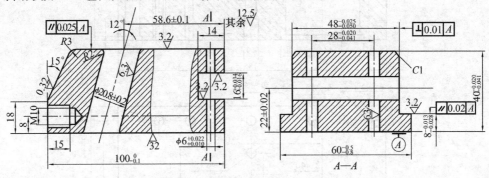

图9.17 斜滑块

表9.5 斜滑块的加工工艺路线

工序号	工序名称	工序内容
1	备料	锻坯 110 mm×70 mm×50 mm
2	热处理	退火
3	刨或铣削	刨或铣六面达尺寸要求 100.5 mm×60 mm×40.5 mm
4	磨平面	磨削六面达图尺寸 100 mm×60 mm×40 mm
5	划线钻孔	①划铣加工线和各孔线; ②钻、铰 2×φ6 孔,钻、攻丝 M10
6	铣削	①两侧至尺寸 48.6 mm; ②头部缺口至尺寸 15.8 mm×14 mm; ③尾部斜面,留余量 0.2 mm
7	磨平面	①磨平两侧面及滑动导轨至尺寸要求; ②磨凹槽至尺寸要求
8	检验	
9	钳工修配	①装入滑槽,修正滑块; ②与销紧块一起,修配尾部斜面
10	钻、镗孔	①与定模板一起,配钻斜导柱孔底孔至 φ18 mm; ②配镗斜导柱孔至尺寸 φ20.8 mm
11	研斜导柱孔	研磨 φ20.8 mm 至粗糙度要求
12	热处理	局部淬火 54~58HRC
13	钳工	修整、装配
14	检验	

(3)结构零件—型腔固定板(材料:45)

型腔固定板如图9.18所示,其工艺路线见表9.6。

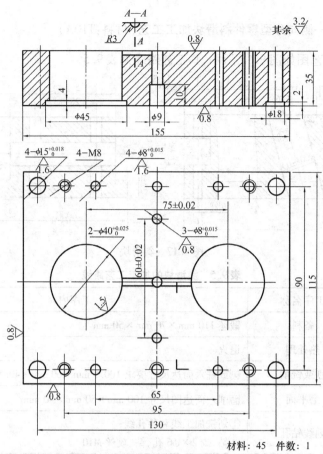

材料：45 件数：1

图 9.18 型腔固定板

表 9.6 加工型腔固定板的工艺路线

工序号	工序名称	工序内容
1	气割	钢板 165 mm×125 mm×40 mm
2	热处理	退火
3	刨削	刨六面达尺寸要求 155.5 mm×115.5 mm×35.5 mm
4	平磨	磨两大面,留精磨余量 0.2 mm(双面);磨一对互相垂直的侧面,垂直度 0.025 mm
5	镗孔	与定模板叠合、按一对垂直的侧面找正,配钻、镗导柱、导套安装孔 4×ϕ15 达图样要求
6	镗孔	以导柱、导套定位与定模板叠合,配钻型腔、型芯安装孔 2×ϕ40 达图样要求;钻铰 3×ϕ8 孔达图样要求
7	钳工	按划线定 4×ϕ8 销孔和 4×M8 螺孔中心位置;钻、铰 4×ϕ8 孔达图样要求;钻 4×M8 螺纹底孔、攻螺纹;锪 2×ϕ45、4×ϕ18、3×ϕ9 孔达图样要求
8	平磨	型腔压装后,一起上、下两大面达图样要求
9	铣削	型腔压装后,一起配铣分浇道 R3 和浇口
10	钳工	修整分浇道、浇口等
11	检验	

（4）结构零件—浇口套（材料为 T8A，淬火 55～58HRC）

浇口套可以分为 A 型和 B 型两类，如图 9.19 所示。图 B 型结构在模具装配时，用固定在定模上的定位圈压住左端面台阶面，防止注射时浇口套在塑料熔体的压力下退出定模。d 和定模上孔的配合为 H7/m6；D 与定位环的内孔的配合采用的是 H10/f9。由于在工作中浇口套要承受高温、摩擦和碰撞，所以材料采用 T8A 制造，淬火处理，硬度为 57HRC。

工艺特点：孔为锥孔，且最小孔径为 3 mm 左右，加工较困难；孔与外圆柱面之间有很高的同轴度要求。

浇口套的主浇道斜孔加工方法一是：先钻孔，再用线切割直接切出所要的斜孔，再磨削加工，最后热处理并抛光。二是：先用钻头加工成阶梯形的台阶孔，现用锥形铰刀铰孔，热处理后抛光。

加工侧型芯滑块的加工工艺路线见表 9.7。

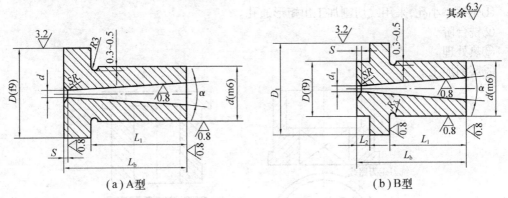

|（a）A 型|（b）B 型|

图 9.19　浇口套

表 9.7　加工侧型芯滑块的加工工艺路线

工序号	工序名称	工序内容
1	下料	圆钢 ϕ55 mm×40 mm
2	车削	①车右端面，打中心孔 ②车右部外圆至 ϕ25.5 mm×26 mm，车退刀槽达设计要求 ③钻锥孔 ϕ3.5 mm，留余量 0.5 mm 调头车外圆 ϕ50 mm，留余量 0.5 mm，车左端面达设计要求，车球面凹坑 SR12 达设计要求
3	热处理	淬火 55～58HRC
4	钳工	修整、抛光锥孔与球面凹坑 SR12
5	磨削	以锥孔定位，大端面压紧，磨外圆 ϕ25 及其相临端面达设计要求
6	检验	
7	磨削	装配时，磨左右端面

（5）推管的加工

推管的工艺特点是：L/D 大于 25，属于细长类零件，且为筒形件，在热处理后磨外圆时，常出现"让刀"现象，从而在推管中段出现"腰鼓"形，加工困难。针对以上特点可采用如下工艺方案。

校直处理：修研中心孔，在热处理之后要修研中心孔，以保证定位精度；调整好前后顶尖之间的距,以保证工件在两面三刀顶尖之间不松不紧,最好采用弹簧顶尖;采用窄砂轮以减少与工件的接触面,从而减少切削力。砂轮硬度要低,且粒度要大,从而减少同时参加切削的磨粒数;采用中心支撑架;工件旋转采用双杆拨动,使工件受力均匀;磨削工件时要使用冷却液。

(6)型腔和型芯镶套的矩形孔加工(见图9.20)。

1)定模型腔镶套内孔加工

①外圆定位,钻内孔再扩孔。

②方孔采用线切割或立铣加工。

③热处理。

④磨削加工,先内后外。

2)动模型芯镶套矩形内孔或台阶孔加工

①先钻一小孔,采用线切割加工出矩形通孔。

②铣台阶。

③热处理。

④磨削加工。

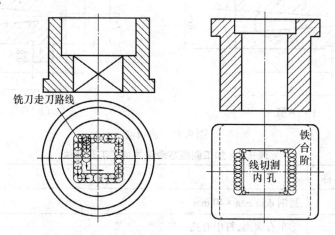

(a)定模型腔镶套　　　　　　(b)动模型芯镶套

图9.20　型腔和型芯镶套

3)型腔加工方法的选择

①圆形型腔(见图9.21),当型腔形状不大时,可采用车削加工。采用立式铣床配合回转式夹具进行铣削加工。采用数控铣削或加工中心进行铣削加工。

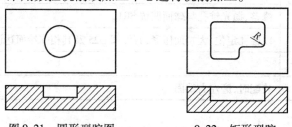

图9.21　圆形型腔图　　　　9.22　矩形型腔

②矩形型腔(见图9.22),如圆角 R 能用铣刀直接加工,可采用普通铣床将整个型腔直接铣出。如果圆角为直角或 R 无法用铣刀直接加工出来时,可先采用铣削,将型腔大部分加工出来,再使用电火花机床,用电极将4个直角或小 R 加工出来。有时考虑到有明显的脱模斜

度和底部圆角,直接用数控机床加工。

③异形复杂形状型腔(见图 9.23),此时一般的铣削无法加工出复杂型面,必须采用数控铣床铣削或加工中心铣削型腔。

图 9.23　异形复杂形状型腔　　图 9.24　底部有孔的型腔　　图 9.25　有特殊结构的型腔

④底部有孔的型腔(见图 9.24),这时要先加工出型腔。如果底部的孔是圆形,可用机床直接加工,或先钻孔,再加坐标磨削;如果底部的孔是异形,只能先在粗加工阶段钻好预孔,再用线切割机床切割出来;如果是盲孔,且孔径较小,只能用电火花机床进行加工。

⑤有特殊结构的型腔(见图 9.25),型腔中有薄的侧槽、窄筋、尖角等数控铣削难以加工的型腔结构时,可在数控铣削出型腔后再通过电火花机床补充加工出型腔中的特殊结构。

⑥镶拼型腔(见图 9.26),镶拼型腔的加工,可通过铣削、线切割加工或其他加工方式完成。镶拼型腔模具的加工工艺路线见表 9.8。

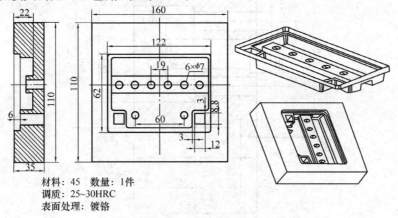

材料: 45　数量: 1件
调质: 25~30HRC
表面处理: 镀铬

图 9.26　镶拼型腔模具

表 9.8　镶拼型腔模具的加工工艺路线

工序号	工序名称	工序内容
1	下料	圆钢 $\phi80$ mm $\times205$ mm
2	锻造	锻成 42 mm $\times120$ mm $\times170$ mm
3	热处理	退火
4	粗加工	刨或铣六面,单面余量 0.5 mm
5	平磨	磨六面,单面余量为 0.25 mm,表面粗糙度 R_a 为 1.6 μm
6	钳工	划型腔孔形状线及孔中心线
7	预铣	预铣型腔,留余量 2 mm

209

续表

工序号	工序名称	工序内容
8	热处理	调质 25～30HRC
9	钳工	钻螺孔、攻螺纹等
10	平磨	磨六平面,各相对面的平行度公差为 0.05 mm,各相临面的垂直度公差为 0.03 mm,表面粗糙度 R_a 为 0.8 μm
11	数控铣	按图样要求精铣出型腔尺寸
12	钳工	钳工修整、抛光
13	表面处理	按图样要求镀铬
14	检验	

塑料型腔模具图如图 9.27 所示,其加工工艺路线见表9.9。

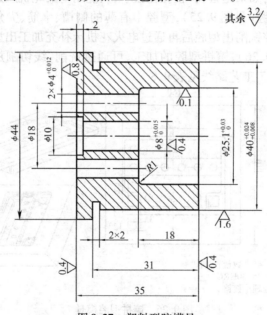

图 9.27　塑料型腔模具

表 9.9　塑料型腔模具的加工工艺路线

工序号	工序名称	工序内容
1	下料	圆钢 φ48 mm×100 mm
2	热处理	退火
3	车削	一次装夹,完成以下工步: ①车右端面,留磨量 0.2 mm; ②车外圆 φ44 和退刀槽达图;车外圆 φ40,留磨量 0.5 mm; ③中心钻预孔 φ7.8 mm; ④镗 φ25.1 mm 留磨量 0.4 mm,孔底及 R1 达图样要求; ⑤按尺寸 37 mm 切断调头装夹,完成另一头工件的粗加工,留磨量 0.2 mm,锪 φ10 孔

工序号	工序名称	工序内容
4	钳工	以外圆为基准找正,钻、铰 2×ϕ4,留研磨量 0.01 mm
5	热处理	淬火并回火达 50~54HRC
6	平磨	两端面平磨至 35 mm
7	磨内圆	以内孔找准,磨孔 ϕ8 达图样要求 磨孔 ϕ25.1,留研量 0.015 mm
8	磨外圆	以内孔 ϕ8 定位,穿专用心轴 磨外圆 ϕ40 达图样要求
9	钳工	研磨 2×ϕ4 孔达图样要求 研磨 ϕ25.1 孔底及 R0.5 达图样要求
10	检验	

对于如图 9.28 所示的型腔板,材料为 45 钢,其加工工艺过程为:

①画线:以定模板基准角为基准,画各加工线位置。

②粗铣:粗铣出型腔形状,各加工面留余量。

③精铣:精铣型腔,达到制品要求的外形尺寸。

④钻、铰孔:钻、铰出浇口套安装孔。

⑤抛光:将型腔表面抛光,以满足制品表面质量要求。

⑥钻孔:钻出定模板上的冷却水孔。

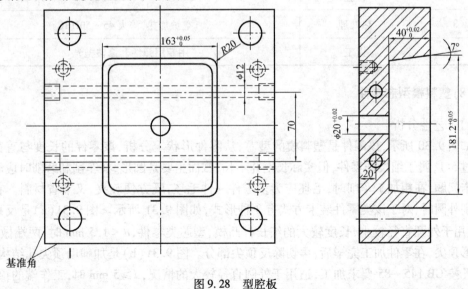

图 9.28　型腔板

(7) 塑料模凸模

塑料凹凸模型腔模具如图 9.29 所示,其加工工艺路线见表 9.10。

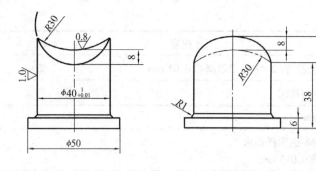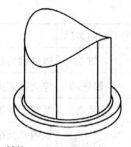

材粒: T10A
热处理: 45~50 HRC

图 9.29　塑料型腔模具

表 9.10　塑料型腔模具的加工工艺路线

工序号	工序名称	工序内容
1	下料	圆钢 $\phi55$ mm ×65 mm
2	热处理	正火,球化退火 25 ~30HRC
3	车削	按工序图车削
4	磨削	磨外圆至 $\phi40$
5	铣削	在 $\phi40$ 处加专用弹性套,用数控铣床按零件图要求铣削曲面
6	钳工	用专用弹性套修整、抛光曲面达图要求
7	检验	
8	热处理	真空炉加热,淬火 45 ~50HRC
9	钳工	用专用弹性套修整抛光

(8)塑料模型芯零件

1)工艺性分析

如图 9.30 所示,该零件是塑料模的型芯,从零件形状上分析,该零件的长度与直径的比例超过 5:1,属于细长杆零件,但实际长度并不长,截面主要是圆形,在车削和磨削时应解决加工装卡问题,在粗加工车削时,毛坯应为多零件一件毛坯,既方便装夹,又节省材料。在精加工磨削外圆时,对于该类零件装卡方式有 3 种形式,如图 9.31 所示。图 9.31(a)是反顶尖结构,适用于外圆直径较小,长度较大的细长杆凸模、型芯类零件,$d < 1.5$ mm 时,两端做成 60° 的锥形顶尖,在零件加工完毕后,再切除反顶尖部分。图 9.31(b)是加辅助顶尖孔结构,两端顶尖孔按 GB 145—85 要求加工,适用于外圆直径较大的情况,$d \geqslant 5$ mm 时,工作端的顶尖孔,根据零件使用情况决定是否加长,当零件不允许保留顶尖孔时,在加工完毕后,再切除附加长度和顶尖孔。图 9.31(c)是加长段在大端的做法,介于 a 和 b 之间,细长比不太大的情况。

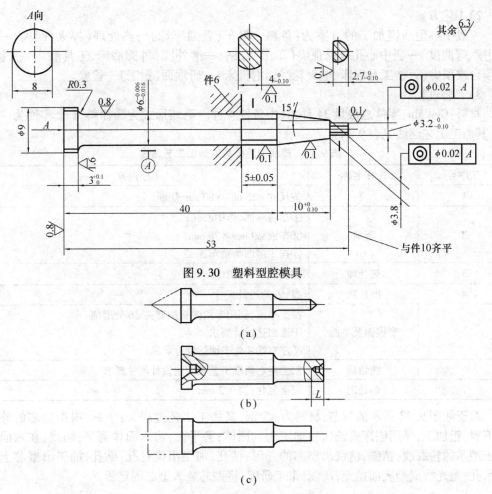

图9.30　塑料型腔模具

（a）

（b）

（c）

图9.31　细长轴装卡基准形式

该零件是细长轴,材料是 CrWMn,热处理硬度 45～50HRC,零件要求进行淬火处理。从零件形状和尺寸精度看,加工方式主要是车削和外圆磨削,加工精度要求在外圆磨削的经济加工范围之内。零件要求有脱模斜度也在外圆磨削时一并加工成型。另外,外圆几处磨扁处,在工具磨床上完成。该零件作为细长轴类,在热处理时,不得有过大的弯曲变形,弯曲翘曲控制在 0.1 mm 之内。塑料模型芯等零件的表面,要求耐磨、耐腐蚀,成型表面的表面粗糙度能长期保持不变,在长期 250 ℃ 工作时表面不氧化,并且要保证塑件表面质量要求和便于脱模。因此,要求淬硬,成型表面 R_a 为 0.1 μm,并进行镀铬抛光处理。因此,该零件成型表面在磨削时保持表面粗糙度 R_a 为 0.4 μm 基础上,进行抛光加工,在模具试压后进行镀铬抛光处理。

零件毛坯形式,采用圆棒形材料,经下料后直接进行机械加工。该型芯零件一模需要 20 件,在加工上有一定的难度,根据精密磨削和装配的需要,为了保证模具生产进度,在开始生产时就应制作一部分备件,这也是模具生产的一大特色。在模具生产组织和工艺上都应充分考虑,总加工数量为 24 件,备件为 4 件。

零件名称:型芯;材料:CrWMn;热处理:45～50HRC;数量:20 件;R_a 0.1 μm;表面镀铬抛光 δ 0.015 mm。

2）工艺方案

一般中小型凸模加工的方案为：备料—粗车（普通车床）—热处理（淬火、回火）—检验（硬度、弯曲度）—研中心孔或反顶尖（车床、台钻）—磨外圆（外圆磨床、工具磨床）—检验—切顶台或顶尖（万能工具磨床、电火花线切割机床）—研端面（钳工）—检验。

3）工艺过程

材料：CrWMn，零件总数量24件，其中备件4件。毛坯形式为圆棒料，8个零件为一件毛坯，其加工工艺路线见表9.11。

表9.11 塑料型腔模具的加工工艺路线

工序号	工序名称	工序内容
1	下料	按尺寸 ϕ15 mm×80 mm 切断
2	车削	①车右端面，作中心孔；②车成 ϕ9 mm×70 mm；③按工序图半精车加工
3	热处理	调质31~35HRC
4	磨外圆	磨 ϕ6 达设计尺寸
5	磨锥面及平面	按工序图，利用专用弹簧护套夹 ϕ6 处磨削：①锥面达设计要求；②左右端4处平面达设计要求
6	线切割	割去左右两端工艺长度达设计尺寸要求
7	热处理	表面氮化：深0.2 mm

对于如图9.32所示的型芯，材料为45钢，其加工工艺过程为：下料，根据型芯的外形尺寸下料；粗加工，采用刨床或铣床粗加工为六面体；磨平面，将六面体磨平；画线，在六面体上画出型芯的轮廓线；精铣，精铣出型芯的外形；钻孔，加工出推杆孔；钻孔，加工出型芯上的冷却水孔；抛光将成型表面抛光；研配，钳工研配，将型芯装入型芯固定板。

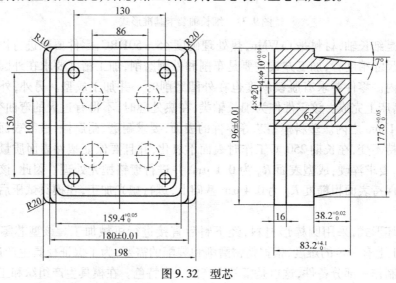

图9.32 型芯

（9）抗冲 ABS 防护罩注射模具制造

图9.33为抗冲 ABS 防护罩零件图，产品材料：ABS；塑料质量：15 g；塑料颜色：红色。

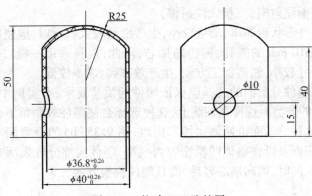

图9.33　抗冲 ABS 防护罩

技术要求：

1．塑件外侧表面光滑，下端外缘不允许有浇口痕迹，塑件允许最大脱模斜度为 0.5°；

2．未注尺寸公差均按 SJ1372 8 级精度；

3．较大批量生产。

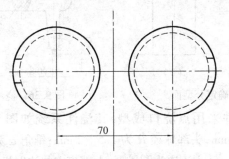

图9.34　型腔布置

1）塑件成型工艺性分析

①塑件材料特性，ABS 塑料(丙烯脂-丁二烯-苯乙烯共聚物)是在聚苯乙烯分子中导入了丙烯脂、丁二烯等异种单体后成为的改性共聚物，也可称改性聚苯乙烯，具有比聚苯乙烯更好的使用和工艺性能。ABS 是一种常用的具有良好的综合力学性能的工程塑料。ABS 塑料一般不透明、无毒、无味，成型塑件的表面有较好的光泽。ABS 具有良好的机械强度，特别是抗冲击强度高。ABS 还具有一定的耐磨性、耐寒性、耐油性、耐水性、化学稳定性和电性能。缺点：耐热性不高，且耐气候性较差，在紫外线作用下易变硬发脆。

②塑件材料成型性能，使用 ABS 注射成型塑料制品时，由于其熔体黏度较高，所需的注射成型压力较高，因此，塑件对型芯的包紧力较大，故塑件应采用较大的脱模斜度。另外，熔体黏度较高，使 ABS 制品易产生熔接痕，所以，模具设计时应注意尽量减少浇注系统对料流的阻力。ABS 易吸水，成型加工前应进行干燥处理。在正常的成型条件下，ABS 制品的尺寸稳定性较好。

2）塑件的成型工艺参数确定

查有关手册得到 ABS(抗冲)塑料的成型工艺参数：密度：$1.0 \sim 1.1 \text{ g/cm}^3$；收缩率：$0.3\% \sim 0.8\%$；预热温度：$80 \sim 85 \text{ ℃}$，预热时间：$2 \sim 3 \text{ h}$；料筒温度：后段 $150 \sim 170 \text{ ℃}$，中段 $180 \sim 190 \text{ ℃}$，前段 $200 \sim 210 \text{ ℃}$；喷嘴温度：$180 \sim 190 \text{ ℃}$；模具温度：$50 \sim 70 \text{ ℃}$；注射压力：$60 \sim 100 \text{ MPa}$；成型时间：注射时间 $2 \sim 5 \text{ s}$，保压时间 $5 \sim 10 \text{ s}$，冷却时间 $5 \sim 15 \text{ s}$。

3）模具的基本结构

①确定成型方法，塑件采用注射成型法生产。为保证塑件表面质量，使用点浇口成型，因

此,模具应为双分型面注射模(三板式注射模)。

②型腔布置,塑件形状较简单,质量较小,生产批量较大。所以,应使用多型腔注射模具。考虑塑件的侧面有 φ10 mm 的圆孔,需侧向抽芯,因此,模具采用一模二腔、平衡布置(见图 9.34)。这样模具尺寸较小,制造加工方便,生产效率高,成本较低。

③确定分型面,塑件分型面的选择应保证塑件的质量要求,本实例中塑件的分型面有多种选择,图 9.35(a)的分型面选择在轴线上,这种选择会使塑件表面留下分型面痕迹,影响塑件表面质量,同时,这种分型面也使侧向抽芯困难;图 9.35(b)的分型面选择在下端面,这样的选择使塑件的外表面可以在整体凹模型腔内成型,塑件大部分外表面光滑,仅在侧向抽芯处留有分型面痕迹。同时,侧向抽芯容易,而且塑件脱模方便。

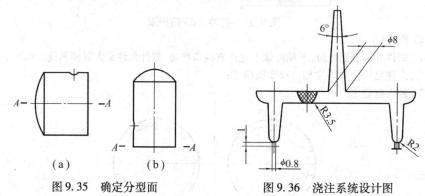

图 9.35　确定分型面　　　　　图 9.36　浇注系统设计图

④选择浇注系统,塑件采用点浇口成型,其浇注系统如图 9.36 所示,点浇口直径为 φ0.8 mm,点浇口长度为 1 mm,头部球径 R 为 1.5 ~ 2 mm;锥角 α 为 6°。分流道采用半圆截面流道,其半径 R 为 3 ~ 3.5 mm。主流道为圆锥形,上部直空与注射机喷嘴相配合,下部直径 φ6 ~ φ8 mm。

⑤确定推出方式,由于塑件形状为圆壳形而且壁厚较薄,使用推杆推出容易在塑件上留下推出痕迹,不宜采用。所以选择推件板推出机构完成塑件的推出,这种方法结构简单、推出力均匀,塑件在推出时变形小,推出可靠。

⑥侧向抽芯机构,塑件的侧面有 φ10 mm 的圆孔,因此,模具应有侧向抽芯机构,由于抽出距离较短,抽出力较小,所以,采用斜导柱、滑块抽芯机构。斜导柱装在定模板上,滑块装在推件板上。

⑦模具的结构形式,模具结构为双分型面注射模,如图 9.37 所示。采用拉杆和限位螺钉,控制分型面 A—A 的打开距离,其开距应大于 40 mm,方便取出浇口。分型面 B—B 的打开距离,其开距应大于 65 mm,用于取出制件。模具分型面的打开顺序,由安装在模具外侧的弹簧-滚柱式机构控制。

⑧选择成型设备,选用 G54-5200/400 型卧式注射机,其相关参数为:

额定注射量	200/400 cm³	注射压力	109 MPa
锁模力	2 540 kN	最大注射面积	645 cm³
模具厚度	165 ~ 406 mm	最大开合模行程	260 mm
喷嘴圆弧半径	18 mm	喷嘴孔直径	4 mm
拉杆间距	290 mm × 368 mm		

⑨选择模架,模具外形尺寸为长 300 mm、宽 250 mm、高 345 mm,小于注射机拉杆间距和最大模具厚度,可以方便地安装在注射机上。

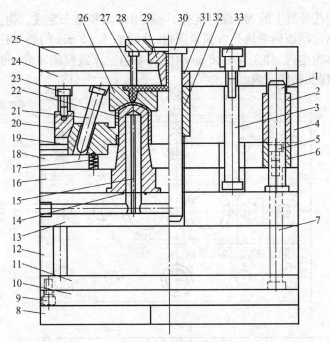

图 9.37　模具结构图

1—导柱;2—导套;3—拉杆;4—定模板;5—螺钉;6—导套;7—复位杆;
8—动模座板;9—螺钉;10—推板;11—推杆固定板;12—垫板;13—支撑板;
14—密封圈;15—隔水板;16—动模板;17—定位珠;18—推件板;19—侧滑块;
20—斜楔;21—斜导柱;22—型芯;23—螺钉;24—脱出模;25—定模座板;26—定模镶件;
27—拉料杆;28—定位圈;29—浇口套;30—导柱;31—导套;33—限位螺钉

4)模具结构设计

①型腔结构,如图 9.37 所示,型腔由定模板 4、定模镶件 26 和滑块 19 共 3 部分组成。定模板 4 和滑块 19 构成塑件的侧壁,定模镶件 26 成型塑件的顶部,而且点浇口开在定模镶件上,这样使加工方便,有利于型腔的抛光。定模镶件可以更换,提高了模具的使用寿命。

②型芯结构,如图 9.37 所示,型芯由动模板 16 上的孔固定。型芯于推件板 18 采用锥面配合,以保证配合紧密,防止塑件产生飞边。另外,锥面配合可减少推件板在推件运动时与型芯之间的磨损。型芯中心开有冷却水孔,用来强制冷却型芯。

③斜导柱、滑块结构如图 9.37 所示。

④模具的导向结构,如图 9.37 所示,为了保证模具的闭合精度,模具的定模部分与动模部分之间采用导柱 1 和导套 2 导向定位。推件板 18 上装有导套 6,推出制件时,导套 6 在导柱 1 上运动,保证了推件板的运动精度。定模座板上装有导柱 30,为点浇口凝料推板 24 和定模板 4 的运动导向。

5)模具成型尺寸设计计算

取 ABS 的平均成型收缩率为 0.6%,塑件未注公差按照 SJ1372 中 8 级精度公差值选取。

6)模具主要零件图及加工工艺规程

①模具定模板(中间板)零件图及加工工艺规程,定模板零件图如图 9.38 所示。定模板(中间板)的加工工艺:以基准角定位,加工 $\phi52$ mm 和 $\phi40.31$ mm 的型腔孔,可以采用坐标镗床或加工中心完成。以基准角定位,加工宽 32 mm、长 40 mm、深 25 mm 及宽 10 mm、深 20 mm 的装配侧滑块孔,可采用铣床或加工中心完成。以基准角定位,加工宽 32 mm、长 20 mm、深

40 mm 的斜楔装配孔及其上的 M8 螺钉沉孔,可采用铣床和钻床完成。钳工研配侧滑块和斜楔。将侧滑块装入定模板侧滑块孔内锁紧固定,共同加工 φ5 mm 的斜导柱孔,可采用铣床或钻床完成。以基准角定位,加工 4 × φ6 mm 孔,可采用钻床或铣床完成。加工 2 × φ10 mm 冷却水孔,由钻床或深孔钻床完成。

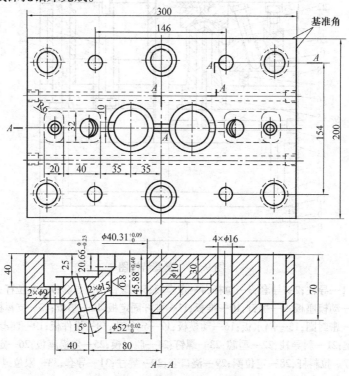

图 9.38   定模板(中间板)零件图

②模具侧滑块零件图及加工工艺规程,侧滑块零件图如图 9.39 所示。

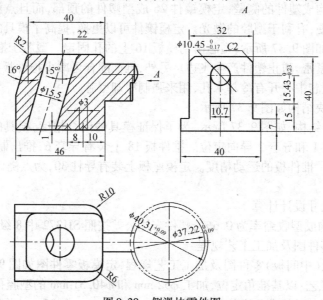

图 9.39   侧滑块零件图

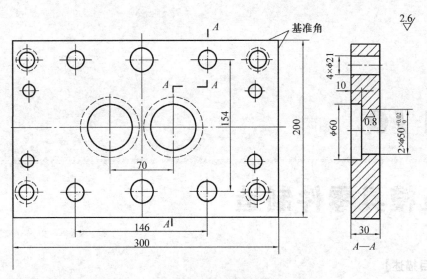

图9.40 动模板零件图

侧滑块加工工艺如下:加工外形尺寸,由铣床或加工中心完成;钳工研配,首先与推件板研配侧滑块的滑道部分,要求滑动灵活,无晃动间隙;其次研配侧滑块与型芯及定模板的配合,要求配合接触紧密,注射成型时不产生飞边;最后研配斜楔,要求斜楔在注射成型时锁紧侧滑块;与定模板配钻斜导柱孔;加工侧滑块的两个 $\phi3$ mm 定位凹孔;模具动模板(型芯固定板)零件图及加工工艺规程,动模板(型芯固定板)零件图如图9.40 所示。动模板(型芯固定板)加工工艺如下:以基准角定位,加工 $\phi50$ mm 和 $\phi60$ mm 的型芯固定孔,可采用坐标镗床或加工中心完成;以基准角定位,加工 $4 \times \phi21$ mm 孔,可采用镗床或钻床完成;钳工装配型芯。

思考与练习

1. 举例说明塑料模在国民经济和日常生活中有哪些实际应用?
2. 塑料模型腔的加工方法有哪几种,不同的加工方法各有什么特点?
3. 塑料注射模具制造过程的基本要求有哪些?简述塑料注射模具的制造工艺过程。
4. 塑料注射模模架的制造要点有哪些?塑料注射模成型零件的加工要点有哪些?
5. 塑料注射模辅助结构件的制造要点有哪些?塑料注射模具的装配方法有哪些?
6. 塑料注射模具装配基准如何选择?塑料注射模试模过程中易产生的缺陷及原因有哪些?

项目 10

冲压模具零件制造

【项目描述】

冲压模具是冲压生产必不可少的工艺装备,是技术密集型产品。冲压件的质量、生产效率以及生产成本等,与模具制造有直接关系。

【学习目标及技能目标】

通过本项目的学习,学生该掌握冲裁模具制造技术方面的基本理论知识。掌握冲压加工与冲压模具的概念;熟悉冲压加工的基本工序;熟悉冲压与冲压模具常用材料与热处理。掌握模架及导柱导套的加工和装配方法;熟悉冷冲压模具凸模与凹模的加工方法;掌握各种加工方法下冷冲压模具的结构工艺性;冲模技术的发展;掌握冲模制造的方法和步骤;冲压模具工作零件如凹模、凸模、模柄、卸料螺钉、凸模固定板、垫板、卸料板等的加工方法。

【知识准备】

利用安装在冲压设备上的模具对材料施加压力,使其产生分离或塑性变形,从而获得所需零件的一种压力加工方法。操作工无须特殊的专项技能要求。由材料利用率、生产效率和操作简单而得。图 10.1 为通过冲模得到的典型的冲模产品实体零件。

图 10.2 和图 10.3 分别为冲压生产场景及单点、双点和四点压力机。

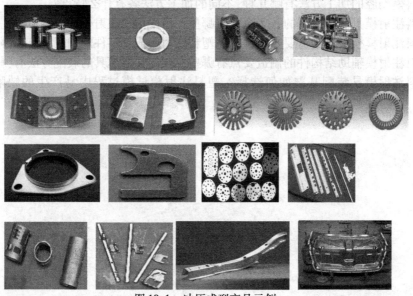

图 10.1　冲压成型产品示例

图 10.2　冲压生产场景　　　　　　　图 10.3　单点、双点和四点压力机

在冲压加工中,将材料加工成零件(或半成品)的一种特殊工艺装备,称为冲压模具(俗称冲模)。冲模是将材料批量加工成所需冲件的专用工具。冲模在冲压中至关重要,没有符合要求的冲模,批量冲压生产就难以进行。冲压工艺与模具、冲压设备和冲压材料构成冲压的三要素,它们之间的相互关系,如图 10.4 所示。图 10.5 为冲模实物图。

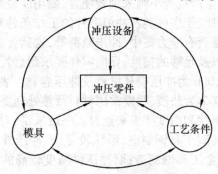

图 10.4　冲压工艺要素

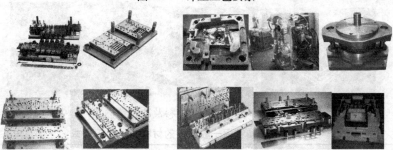

（a）多工位精密级进模　　　　　　（b）汽车覆盖件模

（c）电机定子、转子复合模

图 10.5　冲模实物图

(1)冲压常用材料与热处理

模具材料是模具制造的基础,模具材料和热处理技术对模具的使用寿命、精度和表面粗糙度起着重要的甚至决定性的作用。在模具设计时,除设计出合理的模具结构外,还应选用合适的模具材料及热处理工艺,才能使模具获得良好的工作性能和较长的使用寿命。冲模常用材料为 T8A,T10A,9Mn2V,9CrSi,CrWMn,Cr12,Cr12MoV 及硬质合金。冲模工作零件毛坯

221

的预备热处理常采用退火、正火工艺,主要是消除内应力,降低硬度以改善切削加工性能为最终热处理作准备。冲模工作零件的最终热处理是在精加工前进行淬火、低温回火处理,以提高其硬度和耐磨性。

黑色金属,有普通碳素结构钢、优质碳素结构钢、合金结构钢、碳素工具钢、不锈钢、电工硅钢等。板料供应时有冷轧和热轧两种轧制状态。对冷轧钢板,根据国家标准 GB 708—88 规定,按轧制精度(钢板厚度精度)可分为 A、B 级:A—较高精度;B—普通精度;有色金属有纯铜、黄铜、青铜、铝等;非金属材料有纸板、胶木板、橡胶板、塑料板、纤维板和云母等;正确选用模具材料对于模具寿命和模具制造成本及模具总成本都有直接关系,在选择模具材料时应充分考虑以下几点:

①冲压零件的生产批量。对于大批量生产的零件,其模具材料应采用质量较好的、能保证模具耐用度的材料。对于生产批量小则采用较便宜、耐用度较差的材料。

②根据被冲裁零件的性质、工序种类及冲模零件的工作条件和作用来选择模具材料。如冲模工作零件的工作条件,是否有应力集中,冲击载荷等,这就要求所选用的模具材料具有较高的强度和硬度、高耐磨性以及足够的韧性;导向零件要求耐磨性和较好的韧性,一般常采用低碳钢,表面渗碳淬火。图 10.6 为冲压模具材料及冲压卷材。表 10.1 为冲模常用一般零件的材料及热处理要求。表 10.2 为凸模、凹模常用材料及热处理要求。

③根据冲压件的尺寸、形状和精度要求来选材。一般来说,对于形状简单、冲压件尺寸不大的模具,其工作零件常用高碳工具钢制造,形状较复杂、冲压件尺寸较大的模具,其工作零件选用热处理变形较小的合金工具钢制造;而冲压件精度较高的精密冲模的工作零件,常选用耐磨性较好的硬质合金等材料制造。

图 10.6　冲压模具材料及冲压卷材

表 10.1　冲模常用一般零件的材料及热处理要求

零件名称	选用材料	热处理	硬度要求
上、下模板	HT200、HT250	—	—
	ZG270-500、ZG310-570	—	—
	厚钢板加工而成 Q235、Q255	—	—
模柄	45、Q255		
导柱	20,T10A	20 钢渗碳淬硬	60～62
导套	20,T10A	20 钢渗碳淬硬	57～60
凸模、凹模固定	Q235,Q255	—	43～48
板托料板	Q235	—	—
导尺	Q255 或 45	淬硬	
挡料销	45,T7A	淬硬	43～48(45 钢) 52～57(T7A)

续表

零件名称	选用材料	热处理	硬度要求
导正销、定位销	T7,T8	淬硬	52~56
垫板	45,T8A	淬硬	43~48(45 钢) 54~58(T8A)
螺钉	45	头部淬硬	43~48 60~62
销钉	45,T7	淬硬	43~48(45 钢)52~54(T7)
推杆、顶杆	45	淬硬	43~48
顶板	45,Q255	—	
拉深模压边圈	T8A	淬硬	54~58
定距侧刃、废料切刀	T8A	淬硬	58~62
侧刃挡板	T8A	淬硬	54~58
定位板	45,T7	淬硬	43~48(45 钢)52~54(T7)
斜楔与滑块	T8A,T10A	淬硬	60~62
弹簧	65Mn,60SiMnA	淬硬	40~45

表 10.2 凸模、凹模常用材料及热处理要求

零件名称		选用材料牌号	热处理	硬度/HRC	
模具类型	凸模、凹模工作情况			凸模	凹模
冲裁模	I	形状简单、冲裁材料厚度 $t <$ 3 mm 的凸模、凹模及凸凹模	T8A,T10A	淬火	58~62	60~64
		带台肩的、快换式的凸模、凹模和形状简单的镶块	9Mn2V,Cr6WV			
	II	形状复杂的凸模、凹模及凸凹模	9CrSi,CrWMn	淬火	58~62	60~64
		冲裁材料厚度 $t > 3$ mm 的凸模、凹模及凸凹模	9Mn2V,Cr12,Cr12MoV			
		形状复杂的镶块	120Cr4W2MoV	淬火	60~62	62~64
	III	要求耐磨的凸模、凹模	Cr12MoV,120Cr4W2MoV,GCr15,YG15	—	—	—
	IV	冲裁薄材料用的凹模	T8A	—	—	—

223

续表

模具类型	零件名称 凸模、凹模工作情况		选用材料牌号	热处理	硬度/HRC 凸模	凹模
弯曲模	Ⅰ	一般弯曲的凸模、凹模及镶块	T8A,T10A	淬火	56~60	
	Ⅱ	要求高度耐磨的凸模、凹模及镶块	CrWMn,Cr12,Cr12MoV	淬火	60~64	
		形状复杂的凸模、凹模及镶块。生产批量特别大的凸模、凹模及镶块				
	Ⅲ	热弯曲的凸模、凹模	5CrNiMo,5CrNiTi,5CrMnMo	淬火	52~56	
拉深模	Ⅰ	一般拉延的凸模、凹模	T8A,T10A	淬火	58~62	60~64
	Ⅱ	连续拉深的凸模、凹模	T10A,CrWMn			
	Ⅲ	要求耐磨的凹模	Cr12,YG15,Cr12MoV,YG8	淬火	—	62~64
	Ⅳ	不锈钢拉深用凸模、凹模	W18Cr4V		62~64	
	Ⅴ		YG15,YG8		—	—
		热拉深用凸模、凹模	5CrNiMo,5CrNiTi	淬火	52~56	52~56

(2)冲压工序

冲压工序可分为以下两大类。

1)分离工序

使板料沿一定的轮廓线分离而获得一定形状、尺寸和断面质量的冲压件(俗称冲裁件)的工序。分离工序主要包括冲孔、落料(见图10.7)、切边等工序。

2)成型工序

材料在不破裂的条件下产生塑性变形而获得的一定形状、尺寸和精度冲压件的加工工序。成型工序主要包括弯曲、拉深(见图10.8)、翻边、胀形、缩口等。常用的冲压工序见表10.3。为了提高劳动生产率,常将两个以上的基本工序合并成一个工序,如落料拉深、切断弯曲、冲孔翻边等,称为复合工序(见图10.9)。在生产实际中,对于批量生产的零件绝大部分是采用复合工序。

图10.7 落料模

图10.8 拉深工艺

图10.9 落料冲孔复合模

(3)冷冲模的主要技术要求

保证凸模、凹模尺寸精度和凸模、凹模之间的间隙均匀。表面形状和位置精度应符合要求,如侧壁应该平行,凸模的端面应与中心线垂直;多孔凹模、级进模、复合模都有位置精度要求。表面光洁、刃口锋利,刃口部分的表面粗糙度 R_a 为 0.4 μm,配合表面的粗糙度 R_a 为 0.8 ~ 1.6 μm,其余 R_a 为 6.3 μm。凸模、凹模工作部分要求具有较高的硬度、耐磨性及良好的韧性。凹模工作部分的硬度要求通常为 60 ~ 64HRC,凸模为 58 ~ 62HRC。铆式凸模多用高碳钢制造,配合部分不淬硬,工作部分采用局部淬火。

表 10.3　常用的冲压工序

工序名称		简　图	特点及应用范围
成型工序	弯曲		将板材沿直线弯成各种形状,可加工形状复杂的零件
	卷圆		将板材端部卷成接近封闭的圆头,用于加工类似铰链的零件
	拉深		将板材毛坯拉成各种空心零件,还可以加工汽车覆盖件
	翻边		将零件的孔边缘或外边缘翻出竖立成一定角度的直边
	胀形		在双向拉应力作用下的变形,可成型各种空间曲面形状的零件
	起伏		在板材毛坯或零件的表面上用局部成型的方法制成各种形状的突起与凹陷
分离工序	落料		用冲模沿封闭轮廓线冲切,冲下部分是零件,或为其他工序制造毛坯
	冲孔		用冲模沿封闭轮廓线冲切,冲下部分是废料
	切边		将成型零件的边缘修切整齐或切成一定形状
	切断		用剪刀或冲模沿不封闭线切断,多用于加工形状简单的平板零件
	剖切		将冲压加工成的半成品切开成为两个或多个零件,多用于不对称零件的成双或成组冲压成型之后

225

（4）冲模技术的发展

提高冲模技术水平可从两个方面入手：一方面是提高所体现的冲压工艺水平，开发冲压新工艺；另一方面是通过采用计算机技术（冲模 CAD，CAE，CAM 技术）和先进制造技术（数控多轴联动加工中心、CNC 高精度电火花和线切割加工、CNC 点位坐标镗、坐标磨和连续轨迹坐标磨等）（见图 10.10）提高冲模设计和制造的水平。

图 10.10　数控设备

汽车大型覆盖件模具（Automotive Large Cover Die），汽车大型覆盖件是指汽车车身或驾驶室，覆盖发动机和盘底的薄金属板料制成的异形体零件。生产汽车覆盖件模具的水平和能力已经大大提高。企业使用三维 CAD 的已越来越多，有的企业已经达到百分之百的应用。图 10.11 为汽车覆盖件的模型图。

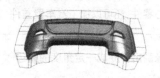

图 10.11　汽车模具覆盖件的模型

一些企业已实现了 CAD/CAE/CAPP/CAM 一体化，提升了企业的综合水平。其他如测量技术、表面涂镀技术、综合检具工装、标准化应用以及快速成型技术与快速经济模具成功结合，取得了不小的进步，生产流程如图 10.12 所示。

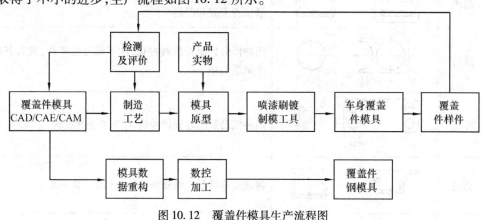

图 10.12　覆盖件模具生产流程图

任务1　冲压模架的制造

【活动场景】

在冲裁模具加工车间或产品加工车间的现场教学，或用多媒体展示模具的使用与生产。

【任务要求】

掌握冷冲模的模架的结构及作用,冷冲模的模架的结构形式,冲压模模座、导柱、导套、模板的加工工艺流程。

冷冲模的模架一般由上模座、下模座、导柱、导套等零件组成。冷冲模的模架实物图如图10.13 所示。

图 10.13　冷冲模的模架实物图

(1) 模架的组成及作用

模架的主要作用是安装模具的工作零件和其他结构零件,并保证模具的工作部分在工作时间内具有正确的相对位置。模架一般由上模座、下模座、导柱、导套等零件组成(见图10.14)。目前冲压模模架大都为标准件,标准模架按照导向装置的不同可以分为滑动导向模架和滚动导向模架。滑动导向模架按照导柱在模座上的固定位置不同,又可分为对角导柱模架、中间导柱模架、后侧导柱模架、四角导柱模架上模座——固定在设备上,传递压力;下模座——固定凸凹模,保证位置精度;导柱——保证凸凹模的运动精度。

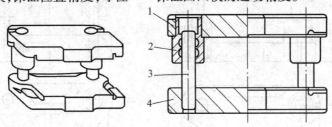

图 10.14　模架图
1—上模座;2—导套;3—导柱;4—下模座

(2) 模架的结构形式

①按导柱在模座上的固定位置不同,可分为对角导柱模架、后侧导柱模架、中间导柱模架和四导柱模架(见图10.15)。

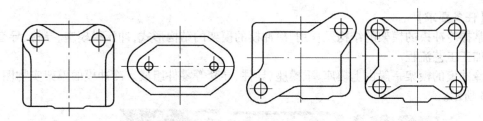

图 10.15　导柱在模座上的固定位置

②按导向形式的不同,有滑动导向模架和滚动导向模架两种。

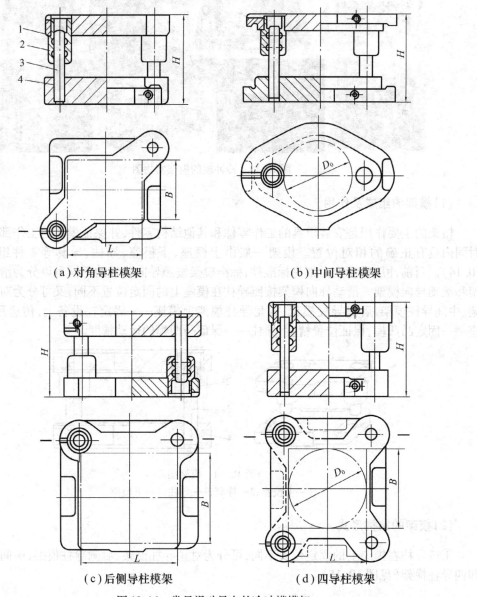

（a）对角导柱模架　　　　　　　　（b）中间导柱模架

（c）后侧导柱模架　　　　　　　　（d）四导柱模架

图 10.16　常见滑动导向的冷冲模模架

1—上模座;2,3—导套;4—下模座

图 10.16 为常见的滑动导向的冷冲模模架。上下模座加工时需达到以下技术要求:模座

的上下平面的平面度：≤0.003～0.001 mm；上下模座的导柱、导套安装孔的轴线与基准面的垂直度公差：0.01～0.015/100；表面粗糙度要求：模座上、下平面及导柱、导套安装孔的表面粗糙度 R_a 为 0.8～1.6 μm，其余加工面的表面粗糙度 R_a 为 0.8～1.6 μm，非安装面可按非加工表面处理。模座加工主要是加工平面和孔系。为了便于加工和保证加工技术要求，应先加工平面，再以平面定位加工孔系（先面后孔）。下模座是平板类零件，加工工艺主要是平面及孔系的加工，而导柱和导套是轴类、套类零件，其加工工艺主要是内外圆柱表面的加工。

(3)模座的加工

冷冲模的上、下模座加工工艺路线：铸造毛坯→时效→铣（刨）平面→钻孔→刨气槽→磨平面→镗孔→磨孔。

①标准铸铁模座，如图 10.17 所示。

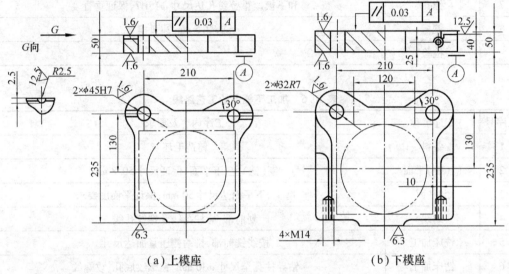

（a）上模座　　　　（b）下模座

图 10.17　冷冲模座

保证模架的装配要求，使模架工作时上模座沿导柱上、下运动平稳，无滞阻现象，保证模具能正常工作。

②模座上、下平面的平行度公差，见表 10.4。

表 10.4　模座上、下平面的平行度公差

基本尺寸/mm	公差等级		基本尺寸/mm	公差等级	
	4	5		4	5
	公差值			公差值	
40～63	0.008	0.012	250～400	0.020	0.030
63～100	0.010	0.015	400～630	0.025	0.040
100～160	0.012	0.020	630～1 000	0.030	0.050
160～250	0.015	0.025	1 000～1 600	0.040	0.060

③上、下模座的加工工艺路线,见表 10.5 和表 10.6。

表 10.5　加工上模座的加工工艺路线

工序号	工序名称	工序内容及要求
1	备料	铸造毛坯
2	刨(铣)平面	刨(铣)上、下平面,保证尺寸 50.8 mm
3	磨平面	磨上、下平面达尺寸 50 mm;保证平面度要求
4	划线	划前部及导套安装孔线
5	铣前部	按线铣前部
6	钻孔	按线钻导套安装孔至尺寸 $\phi43$ mm
7	镗孔	和下模座重叠镗孔达尺寸 $\phi45H7$,保证垂直度
8	铣槽	铣 $R2.5$ mm 圆弧槽
9	检验	

表 10.6　加工下模座的工艺路线

工序号	工序名称	工序内容及要求
1	备料	铸造毛坯
2	刨(铣)平面	刨(铣)上、下平面,保证尺寸 50.8 mm
3	磨平面	磨上、下平面达尺寸 50 mm;保证平面度要求
4	划线	划前部,导柱孔线及螺纹孔线
5	铣床加工	按线铣前部,铣两侧压紧面达尺寸
6	钻床加工	钻导柱孔至尺寸 $\phi30$ mm,钻螺纹底孔,攻螺纹
7	镗孔	和上模座重叠镗孔达尺寸 $\phi32R7$,保证垂直度
8	检验	

　　上、下模座的导柱、导套安装孔的孔距应一致,导柱、导套安装孔的轴线与模座上、下平面的垂直度公差不超过 100:0.01。模座上、下平面及导柱、导套安装孔的表面粗糙度 R_a 为 1.60~0.40 μm,其余面为 6.3~3.2 μm。在上、下模座的加工工艺路线中,模座毛坯经过刨(或铣)削加工后,为了保证模座上、下表面的平面度和表面粗糙度,必须在平面磨床上磨削模座上、下平面。以磨好的平面为基准,进行导柱、导套安装孔的加工,这样才能保证孔与模座上、下平面的垂直度。镗孔工序可以在专用镗床、坐标镗床、双轴镗床上进行,为了保证上、下模座的导柱、导套孔距一致,在镗孔时可将上、下模座重叠在一起,一次装夹,同时镗出导柱、导套的安装孔。表 10.7 和表 10.8 分别列出了上、下模板加工工艺路线。

表 10.7　上模板加工工艺(材料:HT200)

工序号	工序名称	工序内容
1	备料	铸造毛坯
2	刨或铣平面	刨(铣)上、下平面,保证尺寸 50.8 mm

续表

工序号	工序名称	工序内容
3	磨平面	磨上、下平面达尺寸 50 mm;保证平面度要求
4	划线	划前部及导套安装孔线
5	铣前部	按线铣前部
6	钻孔	按线钻导套安装孔至尺寸 ϕ43 mm
7	镗孔	和下模座重叠镗孔达尺寸 ϕ45H7,保证垂直度
8	铣槽	铣 R2.5 mm 圆弧槽
9	检验	

表 10.8   下模板加工工艺(材料:HT200)

工序号	工序名称	工序内容
1	备料	铸造毛坯
2	刨或铣平面	刨(铣)上、下平面,保证尺寸 50.8 mm
3	磨平面	磨上、下平面达尺寸 50 mm;保证平面度要求
4	划线	划前部,导柱孔线及螺纹孔线
5	铣床加工	按线铣前部,铣两侧压紧面达尺寸
6	钻床加工	钻导柱孔至尺寸 ϕ30 mm,钻螺纹底孔,攻螺纹
7	镗孔	和上模座重叠镗孔达尺寸 ϕ32R7,保证垂直度
8	检验	

为了保证导柱和导套的孔间距离一致,在镗孔时常将上、下模座重叠在一起,一次装夹,同时镗出导套和导柱的安装孔(见图 10.18)。

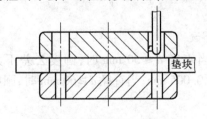

图 10.18   两块模板一起镗孔   图 10.19   导柱和导套与冲压模

导柱安装在下模座上,导套安装在上模座上。导柱与导套滑动配合,以保证凸模和凹模在工作时具有正确的相对位置。保证导柱与导套的配合间隙要求小于凸模和凹模之间的间隙;保证模架的活动部分运动平稳、无阻滞现象。导柱与导套的配合一般采用 H7/h6,精度要求很高时为 H6/h5。导柱与下模座采用 H7/r6 的配合,导套与上模座也采用 H7/r6 的配合。为了使导柱和导套的配合表面硬而耐磨,而心部具有良好的韧性,故常用 20 钢渗碳淬火,渗碳深度为 0.8~1.2 mm,淬火后表面硬度为 58~62HRC。导柱和导套的工作部分的圆度公差应满足:当直径 $d \leqslant 30$ mm 时,圆度公差不大于 0.003 mm;当直径 $d > 30~60$ mm 时,圆度公差不大于 0.005 mm;当直径 $d \geqslant 60$ mm 时,圆度公差不大于 0.008 mm。

(4)导柱和导套的加工

导柱的心部要求韧性好,材料一般选用 20 号低碳钢。在导柱加工过程中,外圆柱面的车削和磨削以两端的中心孔定位,使设计基准与工艺基准重合。

导柱和导套在模具中起导向作用,并保证凸模和凹模在工作时具有正确的相对位置;保证模架的活动部分运动平稳、无阻滞现象。

1)导柱、导套的技术要求

①为了保证良好的导向作用,导柱和导套的配合间隙应小于凸凹模的间隙,导柱和导套的配合间隙一般采用 H7/h6,精度要求很高时为 H6/h5。导柱与下模座孔,导套与上模座孔采用 H7/r6 的过盈配合。冷冲模标准导柱和导套如图 10.19 和图 10.20 所示。

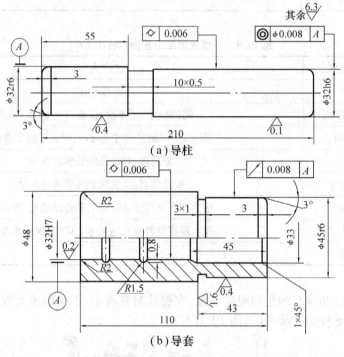

图 10.20 导柱和导套

②导柱和导套的工作部分的圆度公差应满足:当直径 $d \leqslant 30$ mm 时,圆度公差不大于 0.003 mm;当直径 $d > 30 \sim 60$ mm 时,圆度公差不大于 0.005 mm;当直径 $d \geqslant 60$ mm 时,圆度公差不大于 0.008 mm。

2)导柱和导套的加工工艺路线

①导柱的加工工艺路线,导柱的心部要求韧性好,材料一般选用 20 号低碳钢。在导柱加工过程中,外圆柱面的车削和磨削以两端的中心孔定位,使设计基准与工艺基准重合。导套采用表 10.9 所示的加工线。

②导柱的加工,外圆柱面的车削和磨削以两端的中心孔定位,使设计基准与工艺基准重合。若中心孔有较大的同轴度误差,将使中心孔和顶尖不能良好接触,影响加工精度,如图 10.21 所示。

表 10.9　导柱的加工工艺路线

工序号	工序名称	工序内容	设　备
1	下料	按尺寸 φ35 mm×215 mm 切断	锯床
2	车端面钻中心孔	车端面保证长度 212.5 mm;钻中心孔 调头车端面保证 210 mm;钻中心孔	卧式车床
3	车外圆	车外圆至 φ32.4 mm;切 10 mm×0.5 mm 槽到尺寸 车端部;调头车外圆至 φ32.4 mm;车端部	卧式车床
4	检验		
5	热处理	按热处理工艺进行,保证渗碳层深度 0.8～1.2 mm,表面硬度 58～62HRC	
6	研中心孔	研中心孔;调头研另一端中心孔	卧式车床
7	磨外圆	磨 φ32h6 外圆留研磨量 0.01 mm 调头磨 φ32r4 外圆到尺寸	外圆磨
8	研磨	研磨外圆 φ32h6 达要求;抛光圆角	卧式车床
9	检验		

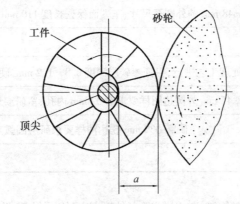

图 10.21　中心孔的圆度误差使工件产生圆度误差

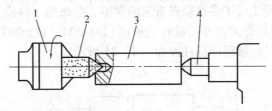

图 10.22　磨中心孔

1—三爪自定心卡盘;2—砂轮;3—工件;4—尾顶尖

修正中心孔可采用磨、研磨和挤压,具体操作如下:

①车床用磨削方法修正中心孔,如图 10.22 所示。

②挤压中心孔的硬质合金多棱顶尖,如图 10.23 所示。导柱在热处理后修正中心孔,在于消除中心孔在热处理过程中可能产生的变形和其他缺陷。

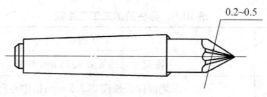

0.2~0.5

图 10.23　多棱顶尖

3）导套的加工工艺路线

导套采用表 10.10 所示的加工工艺路线。热处理后磨削导套时可采用以下方法：单件生产中，在万能外圆磨床上，利用三爪卡盘夹持零件的外圆柱面，一次装夹后磨出零件的内、外圆柱面。批量生产中，可先磨内孔，再把导套装在专门设计的锥度心轴上，借助心轴和导套间的摩擦力带动工件旋转，来磨削外圆柱面。

表 10.10　导套的加工工艺路线

工序号	工序名称	工序内容	设　备
1	下料	按尺寸 $\phi52$ mm×115 mm 切断	锯床
2	车外圆及内孔	车端面保证长度 113 mm；钻 $\phi32$ mm 孔至 $\phi30$ mm；车 $\phi45$ mm 外圆至 $\phi45.4$ mm；倒角车 $3×1$ 退刀槽至尺寸；镗 $\phi32$ mm 孔至 $\phi31.6$ mm；镗油槽；镗 $\phi32$ mm 孔至尺寸；倒角	卧式车床
3	车外缘倒角	车 $\phi48$ mm 的外圆至尺寸；车端面保证长度 110 mm；倒内外圆角	卧式车床
4	检验		
5	热处理	按热处理工艺进行，保证渗碳层深度 0.8～1.2 mm，硬度 58～62HRC	
6	磨内外圆	磨 45 mm 外圆达图样要求磨 32 mm 内孔，留研磨量 0.01 mm	万能外圆磨床
7	研磨内孔	研磨 $\phi32$ mm 孔达图样要求研磨圆弧	卧式车床
8	检验		

导套加工时正确选择定位基准，以保证内外圆柱面的同轴度要求。单件生产时，采用一次装夹磨出内外圆，可避免由于多次装夹带来的误差。但每磨一件需重新调整机床。批量加工时，可先磨内孔，再把导套装在专门设计的锥度（1/1 000～1/5 000，60HRC 以上）心轴上，以心轴两端的中心孔定位，磨削外圆柱面如图 10.24 所示。

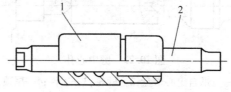

1　　　　　2

图 10.24　用小锥度心轴安装导套
1—导套；2—心轴

任务 2　冲压模具工作零件的工艺路线

【活动场景】

在冲裁模具加工车间或产品加工车间的现场教学,或用多媒体展示模具的使用与生产。

【任务要求】

掌握冲压模具工作零件的工艺路线。

(1)冲压凹模的工艺路线

凹模加工(见图 10.25)的工艺特点与冲裁模凸模在某些方面有相同之处,主要表现在:在工作中承受冲击负荷的作用,要求具有足够的韧性,毛坯采用锻造。在机械加工前也要经过下料—锻造—退火这样一个毛坯制造工艺过程。型孔表面要求光洁,刃口要求锋利,刃口部分的表面粗糙度要求达 0.4 μm,配合表面的粗糙度达 1.6 ~ 0.8 μm,其余部分为 6.3 μm。工作表面的机械加工分为粗加工和精加工阶段。在粗加工(或半精加工)之后,精加工之前安排淬火与回火工序,淬火加回火后的硬度要求达到 60 ~ 64HRC。圆形单型孔凹模的加工,当凹模只有一个型孔且为圆形时,加工的过程比较简单。

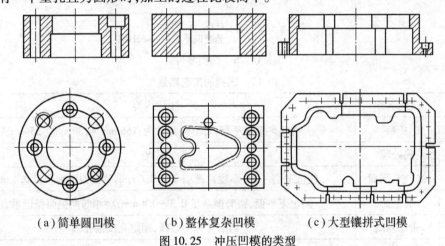

　(a)简单圆凹模　　　(b)整体复杂凹模　　　(c)大型镶拼式凹模

图 10.25　冲压凹模的类型

1)非圆形型孔的加工

①样板锉削加工法,锉削前,首先,根据凹模图样制作一块凹模的型孔样板,并按照样板在凹模表面划线,然后,用各种形状的锉刀加工型孔,并随时用凹模型孔样板检验,反复修锉至样板刚好能放入型孔内为止。然后用透光法观察样板周围的间隙,判断间隙是否均匀一致,锉削完毕后用各种形状的油石研磨型孔,使之达到图样要求。

②压印锉削加工法,如果凸模已加工为成品并已淬硬,可用压印修锉法加工凹模。此方法是利用已加工好的凸模对凹模进行压印的,其压印方法与凸模的压印加工基本相同。

③电火花线切割加工型孔,凹模型孔的线切割在热处理后进行。电火花线切割加工同样安排在工艺路线中的最后一道工序,热处理安排在线切割之前。其工艺路线一般为:下料→锻造→退火→粗加工→淬火与回火→线切割→钳修。

④电火花加工型孔,如果刃口形状复杂的非圆凹模采用的是整体结构,用普通切削加工方法又难以加工时,还可采用电火花加工。电火花加工型孔也是在凹模热处理后进行的。所加工出的型孔表面成颗粒状麻点,有利于润滑,能提高冲件质量和延长模具寿命。

2）凹模加工

如图 10.26 所示凹模，工艺路线见表 10.11。

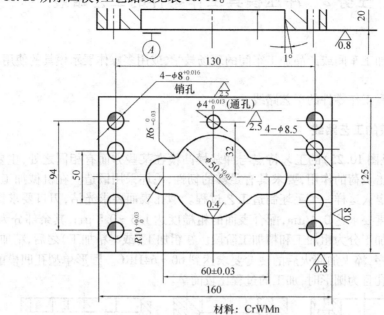

材料：CrWMn
热处理硬度：58~62HRC

图 10.26　凹模零件

表 10.11　凹模的工艺路线

工序号	工序名称	工序内容
1	备料	将毛坯锻成平行六面体，尺寸为：166 mm×130 mm×25 mm
2	热处理	退火
3	铣(刨)平面	铣(刨)各平面，厚度留磨削余量 0.6 mm，侧面留磨削余量 0.4 mm
4	磨平面	磨上下平面，留磨削余量 0.3~0.4 mm，磨相邻两侧面保证垂直
5	钳工划线	划出对称中心线，固定孔及销孔线
6	型孔粗加工	在仿铣床上加工型孔，留单边加工余量 0.15 mm 及销孔
7	加工余孔	加工固定孔及销孔
8	热处理	按热处理工艺保证 60~64HRC
9	磨平面	磨上下面及其基准面达要求
10	型孔精加工	在坐标磨床上磨型孔，留研磨余量 0.01 mm
11	研磨型孔	钳工研磨型孔达规定技术要求

凹模加工工艺路线：备料→毛坯外形加工→划线→刃口型面粗加工→螺孔和销孔加工→热处理→平面精加工→刃口型面精加工→研磨。

3）复杂凹模加工

图 10.27 为复杂凹模零件，其工艺路线见表 10.12。

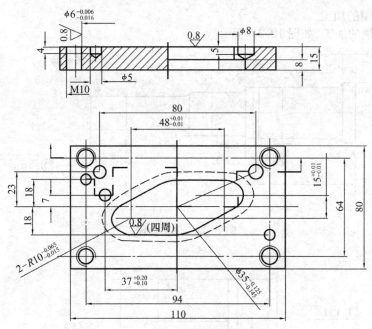

图 10.27　凹模零件

表 10.12　凹模的工艺路线

工序号	工序名称	工序内容
1	下料	按尺寸 ϕ80 mm×145 mm 切断
2	锻造	锻成 120 mm×90 mm×22 mm
3	热处理	退火
4	刨或铣削	刨成(或铣成)15.8 mm×112 mm×81 mm,保证其相互垂直度为 0.02 mm
5	平磨	磨两大平面及一对直角侧面,保证其相互垂直度为 0.02 mm
6	划线	以记号面为基准,划出中心线、各孔中心线、铣槽线,各孔中心冲眼
7	钳工	①钻、扩、铰 2×ϕ8 定位销孔; ②钻其余各孔; ③中心作 ϕ8 mm 通孔
8	铣槽	按划线铣槽
9	热处理	按热处理工艺淬火 58~60HRC
10	线切割	线切割型孔
11	研磨	研磨型孔和定位销孔
12	平磨	平磨两大平面

(2)冲压凸模的加工

由于制件轮廓的形状很多,相应的凸模、型芯轮廓的形状也很多。从工艺角度考虑,可分为圆形和非其圆形两种。

1)圆形凸模的加工
①圆形凸模的加工,如图 10.28 所示。

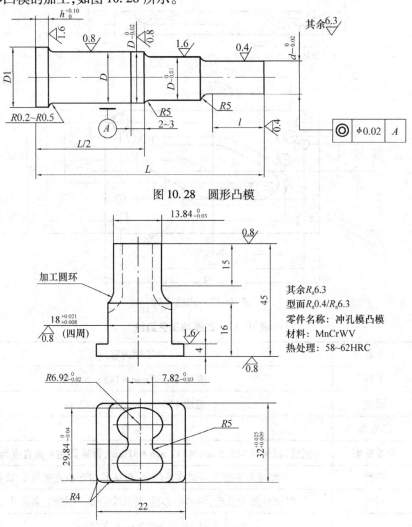

图 10.28　圆形凸模

图 10.29　冲孔模凸模

②加工工艺路线:毛坯→车削加工(留磨削余量)→热处理→磨削。

2)复杂型面凸模的加工(见图 10.29)

①工艺性分析。该零件是冲孔模的凸模,工作零件的制造方法采用"实配法"。冲孔加工时,凸模是"基准件",凸模的刃口尺寸决定制件尺寸,凹模型孔加工是以凸模制造时刃口的实际尺寸为基准来配制冲裁间隙的,凹模是"基准件"。因此,凸模在冲孔模中是保证产品制件型孔的关键零件。冲孔凸模零件"外形表面"是矩形,尺寸为 22 mm×32 mm×45 mm,在零件开始加工时,首先保证"外形表面"尺寸。零件的"成型表面"是由 $R6.92_{-0.02\text{ mm}}^{0}$ ×$29.84_{-0.04\text{ mm}}^{0}$ × $13.84_{-0.02\text{ mm}}^{0}$ ×$R5$×$7.82_{-0.03\text{ mm}}^{0}$ 组成的曲面,零件的固定部分是矩形,它和成型表面呈台阶状,该零件属于小型工作零件,成型表面在淬火前的加工方法采用仿形刨削或压印法;淬火后的精密加工可采用坐标磨削和钳工修研的方法。零件的材料是 MnCrWV,热处理硬度 58 ～ 62HRC,是低合金工具钢,也是低变形冷作模具钢,具有良好的综合性能,是锰铬钨系钢的代表钢种。由于材料含有微量的钒,能抑制碳化物网,增加淬透性和降低热敏感性,使晶粒细化。零件为实心零件,各部位尺寸差异不大,热处理较易控制变形,达到图样要求。

②工艺方案。对复杂型面凸模的制造工艺应根据凸模形状、尺寸、技术要求并结合本单位设备情况等具体条件来制订,此类复杂凸模的工艺方案如下:

备料:弓形锯床;锻造:锻成一个长×宽×高、每边均含有加工余量的长方体;热处理:退火(按模具材料选取退火方法及退火工艺参数);刨(或铣)六面,单面留余量 0.2 ~ 0.25 mm;平磨(或万能工具磨)六面至尺寸上限,基准面对角尺,保证相互平行垂直;钳工划线(或采用刻线机划线、或仿形刨划线);粗铣外形(立式铣床或万能工具铣床)留单面余量 0.3 ~ 0.4 mm;仿形刨或精铣成型表面,单面留 0.02 ~ 0.03 mm 研磨量;检查:用放大图在投影仪上将工件放大检查其型面(适用于中小工件);钳工粗研:单面 0.01 ~ 0.015 mm 研磨量(或按加工余量表选择);热处理:工作部分局部淬火及回火;钳工精研及抛光。

此类结构凸模的工艺方案不足之处就是淬火之前机械加工成型,这样势必带来热处理的变形、氧化、脱碳、烧蚀等问题,影响凸模的精度和质量。在选材时,应采用热变形小的合金工具钢,如 CrWMn,Cr12MoV 等;采用高温盐浴炉加热、淬火后采用真空回火稳定处理,防止过烧和氧化等现象产生。

③异形凸模的工艺路线。如图 10.30 所示为凸模,工艺路线见表 10.13。

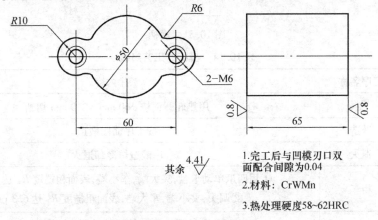

1.完工后与凹模刃口双面配合间隙为0.04

2.材料:CrWMn

3.热处理硬度58~62HRC

图 10.30   凸模零件

表 10.13   凸模的工艺路线

工序号	工序名称	工序内容
1	备料	按尺寸为:90 mm×60 mm×70 mm 将毛坯锻成矩形
2	热处理	退火
3	粗加工毛坯	铣(刨)六面保证尺寸
4	磨平面	磨两大平面及相邻的侧面保证垂直
5	钳工划线	划刃口轮廓线及螺孔线
6	刨型面	按线刨刃口型面留单边加工余量 0.3 mm
7	钳工修正	保证表面平整,余量均匀,加工螺孔
8	热处理	按热处理工艺保证 58 ~ 62HRC
9	磨端面	磨两端面保证与型面垂直
10	磨型面	成型磨刃口型面达设计要求

凸模加工工艺路线:备料→毛坯外形加工→形孔、固定孔和销孔加工→热处理→平面精加工→型孔精加工→研磨。

(3)冲压模模柄的加工(材料:45)

如图10.31所示为模柄,其加工路线见表10.14。

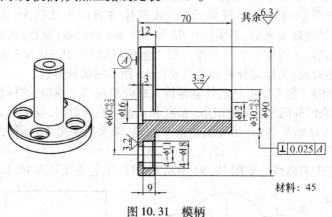

图10.31　模柄

表10.14　模柄的工艺路线

工序号	工序名称	工序内容
1	下料	用热轧圆钢按 ϕ60 mm×210 mm 切断
2	锻造	按工序简图锻造
3	退火	用锻造炉冷却退火
4	粗车	①用四爪单动卡盘,夹大端,车小端,表面粗糙度 R_a 达6.3 μm ②调头,夹小端,车大端,表面粗糙度 R_a 达6.3 μm
5	精车	①用三爪自定心,夹小端,车大端 ②调头,夹大端,车小端,表面粗糙度达图样要求
6	钻孔	按零件图划线,钻4×ϕ11及其沉孔

(4)结构零件—卸料螺钉(材料:45)

如图10.32所示为卸料螺钉,其工艺路线见表10.15所示。

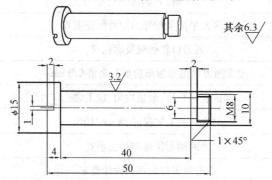

技术要求:
每套模具4只卸料螺钉为一组,
其尺寸40必须相同,其相对误差
不应超过0.05 mm

图10.32　卸料螺钉

表 10.15　卸料螺钉的工艺路线

工序号	工序名称	工序内容
1	车端面、钻中心孔	车端面、钻中心孔
2	车小端	夹大端毛坯,车 φ10 mm 外圆(保证 4 件长度一致)、退刀槽、M8 车外圆至 φ7.9 mm,倒角
3	套扣螺纹	用 M8 板牙套扣螺纹
4	车大端	切断,夹 φ10 mm 外圆,车 φ15 mm 外圆及端面
5	锯槽	用手锯锯 1×2 槽

(5)结构零件—凸模固定板

如图 10.33 所示为凸模固定板,其工艺路线见表 10.16。

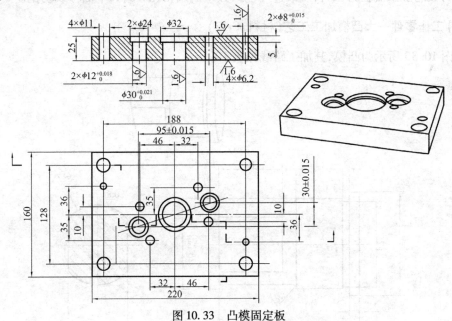

图 10.33　凸模固定板

表 10.16　凸模固定板的工艺路线

工序号	工序名称	工序内容
1	下料	按尺寸 φ105 mm×122 mm 切断
2	锻造	锻成 235 mm×175 mm×37 mm
3	退火	
4	铣或刨削	铣或刨成 220.6 mm×160.6 mm×25.6 mm,保证其相互垂直度为 0.15 mm
5	平磨	磨成 220 mm×160 mm×25 mm,保证其相互垂直度为 0.02 mm
6	钳工	划线,钻 4×φ11 和 4×φ6.2 孔
7	坐标镗	完成 φ30、2×φ12 的加工
8	钳工	装配时,与上模座一起配作 2×φ8 孔

（6）结构零件—垫板

垫板要求有较高的硬度,上下平面平行并相对平整。如图 10.34 所示为法兰冲裁模的垫板,其加工工艺流程为:下料→锻造→刨六方→划线、钻孔→淬火→磨上、下大平面。

图 10.34 垫板

（7）结构零件—卸料板

卸料板的加工流程为:下料→锻造→刨六方→划线钻孔→磨大平面→线切割。

（8）工作零件—大凸模加工工艺（材料:Cr12）

如图 10.35 所示为凸模,其加工路线见表 10.17。

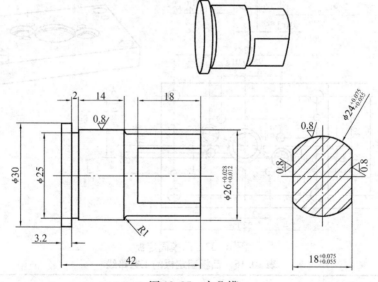

图 10.35 大凸模

表 10.17 大凸模的工艺路线

工序号	工序名称	工序内容
1	备料	选棒料按 $\phi35$ mm $\times75$ mm 切断
2	车外圆	①粗车右端面,打中心孔,粗糙度达 $R_a3.2$ μm ②夹左端外圆,右端中心孔定位,按工序简图车削,粗糙度达 $R_a3.2$ μm ③夹右端,车左端 $\phi30$ 至尺寸,$\phi30$ 处增加工艺长度 10 mm,打中心孔
3	热处理	淬火 58~60HRC
4	研中心孔	研两端中心孔

工序号	工序名称	工序内容
5	磨外圆	以两端中心孔定位,磨外圆 $\phi24$ 和 $\phi25$ 达图样要求,磨 $\phi24$ 处两平面达要求
6	线切割	割去左端 $\phi30$ 处工艺长度,得总长为 43 mm
7	钳工	①用螺钉将固定板固定在两块等高块上 ②将凸模压入固定板组成组件
8	平磨	①平磨组件上平面 ②卸去等高块磨凸模刃口面

(9) 工作零件—凸凹模(材料:Cr12)

如图 10.36 为凸凹模,其加工工艺路线表 10.18。

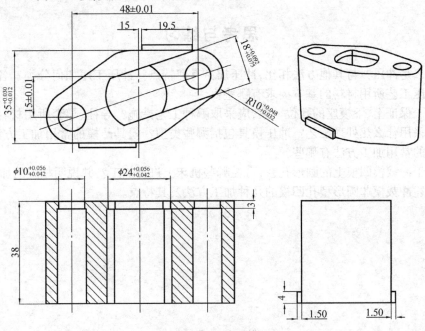

图 10.36　凸凹模

表 10.18　大凸模的加工工艺路线

工序号	工序名称	工序内容
1	下料	按尺寸下料
2	锻造	锻成 45 mm×45 mm×65 mm
3	热处理	退火
4	铣或刨削	铣或刨六面为 38.5 mm×38.5 mm×61 mm,保证其相互垂直度为 0.15 mm
5	平磨	平磨六面为 38 mm×38 mm×60 mm,保证各面间的相互垂直度为 0.025 mm
6	钳工	划线,打样冲眼(其中小孔中心线正反面都应该划上),按零件图完成 2×$\phi11$ 的加工,而 2×$\phi10$ 孔作 2×$\phi6$ 钼丝孔

续表

工序号	工序名称	工序内容
7	铣侧面	按工序简图铣两侧面
8	热处理	淬火 58～62HRC
9	线切割	切割3孔
10	电火花	用已经线切割的中心废料作电极,用平动法加工中心孔的漏料孔
11	平磨	平磨零件图中两记号面,与两端圆弧面相切
12	研磨	研磨型孔和定位销孔
13	修磨	用油石修磨外侧四周
14	平磨	平磨上、下平面达图

思考与练习

1.什么是冲压?与其他方法相比,冲压加工有何特点?冲压工序如何分类?各有什么特点?对冲压工艺所用材料的基本要求有哪些?

2.为了保证上、下模座的孔位一致,应采取哪种工艺措施?导柱、导套所用材料是如何选用的?应采用什么热处理工艺?冲压模具包括哪些类型?模具凸模的常用加工方法有哪些?模具凹模的常用加工方法有哪些?

3.对于冲裁模凹模上的圆形孔系,可在哪些机床上进行加工?并说明相应的加工方法。

4.简述冲裁模非圆形型孔凹模的几种加工方法及其特点。

项目 *11*

锻造模具零件的制造

【学习目标】

锻造工艺和其他金属塑形成型工艺不同,锻造过程中金属的变形量大,模具受力剧烈,那么,对锻造模具就有一些特殊的要求,通过本项目的学习我们就可以知道锻造模具的制造和热处理工艺和加工过程。

【能力目标】

通过本项目的学习,学生应掌握锻造模具制造技术方面的基本理论知识。掌握锻造模具的制造方法和步骤;能系统进行锻件的成型工艺、模具结构及模具制造工艺的设计;熟悉锻造模具各类零件的加工特点;掌握锻造凸模、凹模常用的加工方法。

【知识准备】

锻造的目的是使坯料成型及控制其内部组织性能达到所需几何形状、尺寸以及品质的锻件。在加压设备及工(模)具的作用下,使坯料产生局部或全部塑性变形,以获得一定几何尺寸、形状和质量的锻件的加工方法。一般铸件的内部组织和力学性能不如锻件。比较重要的零件都选用锻造工艺过程生产。冷镦、冷挤压、冷精压件(锻件)可以不需机械加工或少量机械加工而直接装机使用。锻造分为自由锻和模锻两大类。锻造零件如图 11.1 所示。

图 11.1 锻造零件

各式锻造设备如图 11.2 所示,蒸汽-空气模锻锤如图 11.3 所示,利用压力为(7~9)× 10^5 Pa 的蒸汽或压力为(6~8)× 10^5 Pa 的压缩空气为动力的锻锤称为蒸汽—空气锤,它是目前普通锻造车间常用的锻造设备。根据机架形式,可分为单柱式、拱式和桥式 3 种。

(1)锻造生产用的原材料

锻造生产用的原材料可分为锻造用钢和锻造用有色金属。

①锻造用钢:钢材按化学成分可分为碳素钢和合金钢。碳素钢按质量分数高低可分为低碳钢、中碳钢、高碳钢。按合金元素总的质量分数的多少,合金钢可分为低、中、高合金钢。

②锻造用有色金属,主要有铜、铝及其合金等。

(2)坯料加热

金属加热的目的是提高金属的塑性和降低变形抗力,以改善金属的可锻性和获得良好的锻后组织。金属加热后进行锻造,可用较小的锻打力量使坯料产生较大的变形而不破裂。锻造温度范围指由始锻温度到终锻温度之间的温度间隔。始锻温度,开始锻造时坯料的温度,也是允许的最高加热温度。非合金钢的始锻温度应比固相线低 200 ℃左右。终锻温度,金属坯料经过锻造成型,在停止锻造时锻件的瞬时温度。非合金钢的终锻温度,常取 800 ℃左右。

4000T压机	6 300 mm立车	热处理炉
数控铣镗床	6.3 m辗环机	10 m立车

图 11.2　锻造设备

（a）单柱式自由锻锤

（b）拱式自由锻锤

（c）桥式自由锻锤

（d）模锻锤

图 11.3　蒸汽-空气锤分类示意图

（3）锻造工艺的基本类型

自由锻

只用简单的通用性工具，或在锻造设备的上、下砧铁之间直接对坯料施加外力，使坯料产生变形而获得所需的几何形状及内部质量的锻件的加工方法。自由锻的基本工序包括：镦粗、拔长、冲孔、切割、弯曲、扭转、错移及锻接等。自由锻的应用：用于单件、小批生产形状较简单、精度要求不高的锻件。自由锻可以用来加工特大型工件。

①镦粗（见图 11.4），使毛坯高度减小，横截面积增大的锻造工序。对坯料上某一部分进行的镦粗，称为局部镦粗。常用于锻造齿轮坯、圆盘、凸缘等锻件。拔长-使毛坯横断面积减小，长度增加的锻造工序。常用于锻造拉杆类、轴类、曲轴等锻件。

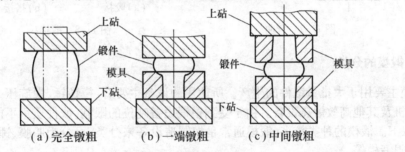

（a）完全镦粗　　（b）一端镦粗　　（c）中间镦粗

图 11.4　镦粗的种类

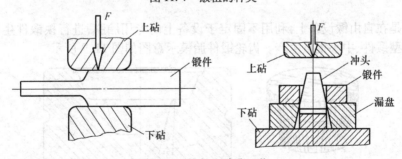

图 11.5　拔长和冲孔工艺

②冲孔（见图 11.5），在坯料上冲出透孔或不透孔的锻造工序，常用于锻造齿轮坯、套筒、圆环类等空心锻件。

③切割（见图 11.6），将坯料分成几部分或部分地割开或从坯料的外部割掉一部分或从内部割掉一部分的锻造工序。常用于下料、切除锻件的料头、钢锭的冒口等。

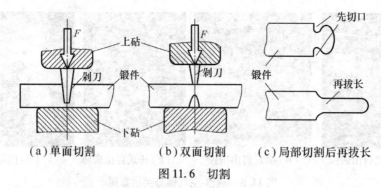

(a)单面切割 (b)双面切割 (c)局部切割后再拔长

图11.6 切割

④弯曲(见图11.7),采用一定的工模具将毛坯弯成所规定的外形的锻造工序。常用于锻造角尺、弯板、吊钩、链环等一类轴线弯曲的零件。

⑤锻接(见图11.8),将两件坯料在炉内加热至高温后用锤快击,是两者在固态结合的锻造工序。锻接的方法有搭接、对接、咬接等。锻接后的接缝强度可达被接材料强度的70% ~80%。

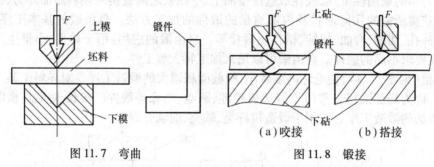

图11.7 弯曲   图11.8 锻接

(4)锻模的分类

锻模主要用于大批量锻件的生产。所使用的设备主要有:模锻锤、螺旋压力机、机械压力机、平锻机及其他高效锻压设备。由于受到模锻设备吨位的限制,锻件质量不能太大,一般在150 kg以下。锻模的种类较多,锻模通常是按制造设备来分类,可分为胎膜、锤锻模、机锻模、平锻模、辊锻模等。

1)胎膜

胎模锻是在自由锻设备上,利用不固定于设备上的专用胎膜,进行模锻件生产的一种工艺。适于小型锻件、中小批量生产。齿轮锻件胎模示意图如图11.9所示。

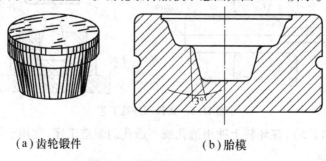

(a)齿轮锻件   (b)胎模

图11.9 齿轮锻件胎模示意图

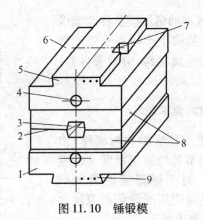

图 11.10　锤锻模

1—下模体;2—承击面;3—钳口;4—起吊孔;5—燕尾;6—上模体;7—键槽;8—检验面;9—标记

2)锤锻模

在模锻锤上使坯料成行为模锻件或其半成品的模具称锤锻模,如图 11.10 所示。锤锻的特点是在锻压设备动力作用下,毛坯在锻模模镗中被迫塑性流动成型,从而获得比自由锻质量更高的锻件。

3)机锻模

在机械压力机上使坯料成型为模锻件或其半成品的模具称为机械压力机锻模,简称机锻模,如图 11.11 所示。

4)平锻模

在水平锻造机上使坯料成型为模锻件或其半成品的模具称平锻模,如图 11.12 所示。平锻机的工作特点是有两个分型面,主滑块在水平方向运动,有坯料夹持定位装置。

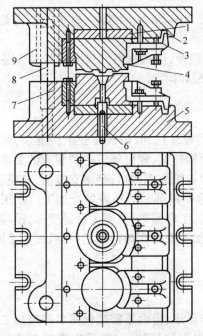

图 11.11　三模膛圆形镶块机模锻模具结构

1—上垫板;2—上模座;3—压板;4—上模镶块;
5—下模座;6—顶杆;7—螺钉;8—导柱;9—导套

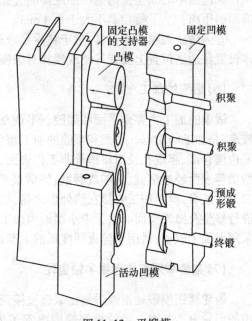

图 11.12　平锻模

249

在辊锻机上将坯料纵轧成型的扇形模具称为滚锻模,如图 11.13 所示。辊锻工艺的生产特点是生产率比锤上模锻高 5～10 倍,节约金属材料,劳动条件好,比较容易实现机械化、自动化。

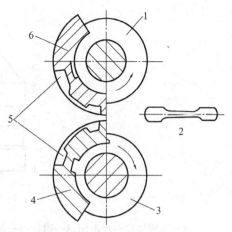

图 11.13 辊锻模示意图
1—上轧辊;2—锻件;3—下轧辊;
4—下辊锻模;5—模膛;6—上辊锻模

(5)锻模的结构特点及技术要求

锻模一般由上、下模组成,型腔(也称为模膛)由上、下模合模后构成,上、下模型腔的加工精度及位置精度直接影响锻件的精度。对于锤锻模的紧固部分——燕尾的形状和尺寸,应与使用的设备相应尺寸一致。以锤锻模为例,其技术要求如下:

①分模面、燕尾支撑面的平面度误差小于 0.02 mm,平行度误差也要小,合模后上、下模燕尾支撑面的平行度误差达到规定的要求。

②模膛的中心与设备的压力中心应相重合,对于圆形或近圆形锻件的锻模,模膛应设置在模具的中心,对于长轴类锻件要注意其轴线的方向应与模具模块的纤维方向一致。

③对于多模膛锻模其终锻模膛中心应与锻模中心重合;在设有预锻模膛时,应把预锻模膛和终锻模膛设在锻模中心两旁,并同在键槽中心线上,其偏移量要作适当控制,终锻与预锻模膛中心至锻模中线距离之比不应超过 1/2。

④纵向基准面与横向基准面间的垂直度公差为 0.03%,燕尾侧面与纵向基准面的平行度应达到规定的要求。

⑤键槽中心线至横向基准面距离的公差不大于 ±0.2 mm;合模后,键槽中心线至横向基准面的距离,上、下模相差不大于 0.4 mm。

⑥为防止锻模产生偏移,对于精度要求较高的锻模,可根据锻件尺寸形状及设备条件具体设置在适当位置上安置导销或锁扣对锻模上、下模导向。

(6)锻模的加工

锻模的加工主要是平面和型腔。平面加工精度容易达到,锻模型腔结构复杂,精度要求较高,是加工的重点。平面和型腔的加工精度、表面粗糙度、硬度等应达到相应的要求。一般毛边槽仓部、起重孔及钳口槽等非工作表面,用一般机械加工即可;燕尾支撑面、分模面、预锻型槽等表面经过精铣、精刨或磨削;终锻型槽及毛边槽桥部最后还需抛光加工。常用的锻模加工方法有:模膛加工安排在热处理之前,加工容易,工序简单,但淬火后易变形,模膛部分需进行修整及抛光型面。适于中小型锻模加工;模膛加工安排在热处理之后,机械加工困难,需采用电加工成型,适用于淬火硬度低的大型锻模。

(7)某轿车用直齿圆锥半轴齿轮

齿轮精密模锻是指通过精密锻造直接获得完整齿形,齿面不需或仅需少许精加工即可使用的齿轮制造技术。齿轮精密模锻改善了齿轮的组织和性能,提高了生产效率及材料利用率,降低其生产成本。齿轮精密模锻精度能够达到精密级公差、余量标准,如图 11.14 所示。

精锻齿轮生产流程如下:下料→车削外圆、除去表面缺陷层(切削余量为 1～1.5 mm)→

加热→精密模锻→冷切边→酸洗(或喷砂)→加热→精压→冷切边→酸洗(或喷砂)→镗孔、车背锥球面→热处理→喷丸→磨内孔、磨背锥球面。某轿车用直齿圆锥半轴齿轮零件图如图 11.15 所示,材料为 18CrMnTi 钢,其锻件图如图 11.16 所示。

(a)坯料　　　　　　　　(b)温锻　　　　　　　　(c)冷整形

图 11.14　锥齿轮温锻-冷整形复合精密锻造工艺

图 11.15　某轿车用直齿圆锥半轴齿轮

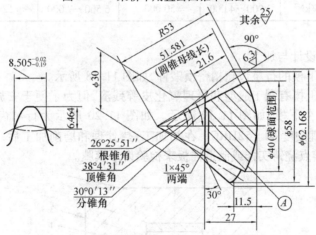

图 11.16　锻件图

　　制定锻件图时主要考虑如下几方面:把分模面安置在锻件最大直径处,易锻出全部齿形和顺利脱模。齿形和小端面不需机械加工,不留余量。背锥面是安装基准面,精锻时不能达到精度要求,预留 1 mm 机械加工余量。锻件中孔的直径小于 25 mm 时,一般不锻出;孔的直径大于 25 mm 时,应锻出有斜度和连皮的孔。

　　对于圆锥齿轮精密模锻的研究指出,当锻出中间孔时,连皮的位置对齿形充满情况影响极大。连皮至端面的距离约为锻件高度的 0.6 mm 时,齿形充满情况最好。锻件高度为不包括轮毂部分的锻件高度(见图 11.17)。在行星齿轮小端压出 1×45°孔的倒角,省去倒角工序。连皮的厚度 $H = (0.20 \sim 0.3)d$,但 H 不小于 6~8 mm。

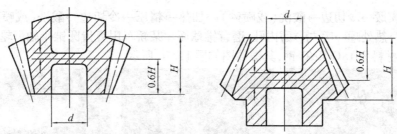

图 11.17　连皮的位置

1)坯料尺寸和形状的选择

坯料体积的确定,采用少无氧化加热时,不考虑氧化烧损,坯料体积应等于锻件体积加飞边体积。坯料常见形状:采用平均锥形锻坯。平均锥形锻坯称为预锻锻坯,模锻时金属流动速度低,模具磨损较小,但需要预锻工序;较大直径的圆柱形毛坯,该毛坯在模锻时金属流动速度较低,模具磨损较小,但由于毛坯高度较低,精密模锻齿轮小端纤维分布不良,且在模锻时可能产生折叠和充不满等缺陷。坯料直径大,不利于剪切下料。较小直径的圆柱形毛坯。该毛坯直径非常接近于小端齿根圆直径。模锻时金属流动速度较高,模具磨损较大,但坯料容易定位和成型。在不产生失稳的前提下应按齿轮小端齿根圆直径选定毛坯直径。

2)精密模锻的变形力

摩擦压力机的选择可参考表 11.1。

表 11.1　精锻时摩擦压力机的选择

锥齿轮质量/kg	0.4~1.0	1.0~4.5	4.5~7.0	7.0~18	18~28
摩擦压力机变形力/kN	3 000~4 000	50 000	6 500~7 000	12 500	20 000

3)精锻模膛的设计与加工

齿轮模膛设在下模的行星齿轮精密模锻件,如图 11.18 所示。

齿形模膛设在上模有利于成型和清理氧化皮等残渣,但为了便于安放毛坯和顶出工件,也可将齿形模膛设在下模,如图 11.19 所示。如图 11.20 所示为行星齿轮上模,其材料为 3Gr2W8V 钢,热处理硬度 48~52HRC。在初加工、热处理和磨削加工后,用电脉冲机床加工齿形模膛,可用低熔点浇铸实样或制造样板来检验齿形模膛。

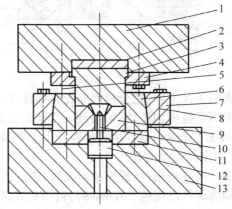

图 11.18　齿轮模膛设在下模的行星齿轮精密模锻件

1—上模板;2—上模垫板;3—上模;4—压板;5,8—螺栓;6—预应力圈;
7—凹模压圈;9—凹模;10—顶杆;11—凹模垫板;12—垫板;13—下模板

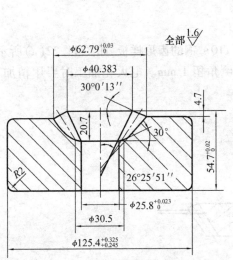

图 11.19　行星锥齿轮下模

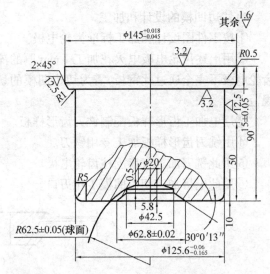

图 11.20　行星齿轮上模

用电脉冲加工凹模模膛时,模膛设计就是齿轮电极的设计。设计齿轮电极要根据齿轮零件图,并考虑锻件冷却时的收缩、锻模工作时的弹性变形和模具的磨损、电火花放电间隙和电加工时的电极损耗等因素。齿轮电极设计要考虑以下几点:

①精度要比齿轮产品高两级,如产品齿轮精度为 8 级时,齿轮电极精度为 6 级。

②表面粗糙度比齿轮产品提高 1~2 级。

③齿根高可等于齿轮产品齿根高或增加 0.1 m(m 为模数),即使齿全高增加约 0.1 m。

④分度圆压力角的修正,主要考虑下述影响压力角变化的因素:模具的弹性变形和磨损;电加工时齿轮电极的损耗;锻件温度不均匀;锻件的冷却收缩,对于尺寸较大的齿轮,由于冷收缩的绝对值较大,需要在设计电极时考虑锻件的冷收缩量。根据热锻件图,并考虑模具弹性变形和磨损、电加工的放电间隙和电极损耗,从而确定齿轮电极尺寸。考虑上述因素后,设计加工的行星齿轮凹模用电极如图 11.21 所示。

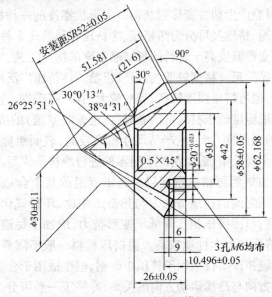

图 11.21　加工行星齿轮凹模用电极

4）切边凹模的设计和加工

①按零件图设计和加工标准齿轮电极。

②用上述齿轮电极电火花加工 1 mm 厚的淬硬 T10A 钢的齿形样板，如图 11.22（a）所示。齿轮电极不完全通过此钢板，需为切边凹模的切向倒角留 1 mm。电火花加工时要用精加工规范。

③用电加工齿形样板配制铣刀齿形样板。

④用铣刀齿形样板加工专用铣刀。

⑤用此铣刀加工直齿圆柱齿轮电极。

⑥用此电极加工切边凹模工作刃口。

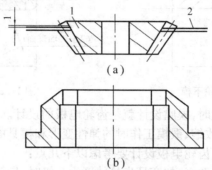

（a）

（b）

图 11.22　行星齿轮切边凹模加工

1—齿轮电极；2—钢板

【活动场景】

在模具加工车间或产品加工车间的现场教学，或用多媒体展示模具的使用与生产。

【任务要求】

掌握冷挤压模具的加工工艺流程。

冷挤压是一种先进的少无切削加工工艺之一。它是在常温下，使固态的金属在巨大压力和一定的速度下，通过模腔产生塑性变形而获得一定形状零件的一种加工方法。按照挤压时金属坯料所处的温度不同，挤压又可分为热挤压、冷挤压和温挤压 3 种方式。

①热挤压是指坯料变形温度高于材料的再结晶温度的挤压工艺。热挤压时，金属变形抗力较小，塑性较好，但产品的尺寸精度较低，表面较粗糙。热挤压广泛应用于生产铜、铝、镁及其合金的型材和管材等，也可挤压强度较高、尺寸较大的中、高碳钢、合金结构钢、不锈钢等零件。冷挤压是指坯料变形温度低于材料再结晶温度（通常是室温）的挤压工艺。

②冷挤压时，金属的变形抗力大，但产品尺寸精度较高，表面粗糙度较小，且存在冷变形强化组织。可以对非铁金属及中、低碳钢的小型零件进行冷挤压成型。

③温挤压是将坯料加热到再结晶温度以下高于室温的某个合适温度进行挤压的方法。它是介于热挤压和冷挤压之间的挤压方法。与热挤压相比，坯料氧化脱碳少，表面粗糙度值较小，产品尺寸精度较高；与冷挤压相比降低了变形抗力，增加了每道工序的变形量，提高了模具的使用寿命，零件精度和力学性能较高。温挤压材料一般不需要进行预先软化退火、表面处理和工序间退火。温挤压不仅适用于挤压中碳钢，但也适用于合金钢的挤压。

根据金属被挤出的方向与凸模运动方向的关系，冷挤压一般可分为正挤压、反挤压、复合挤压 3 种基本方式。

①正挤压,如图 11.23 所示,挤压时金属流动方向与凸模流动方向相同,适用于各种形状的实心件、管件和环形件的挤压。

②反挤压,如图 11.24 所示,挤压时金属流动方向与凸模运动方向相反,适用于各种截面形状的杯形件的挤压。

③复合挤压,如图 11.25 所示,挤压时,金属流动方向相对于凸模运动方向,一部分相同,另一部分相反,适用于各种复杂形状制件的挤压;改变凹模孔口或凸模、凹模之间缝隙的轮廓形状,就可挤出形状和尺寸不同的各种空心件和实心件。

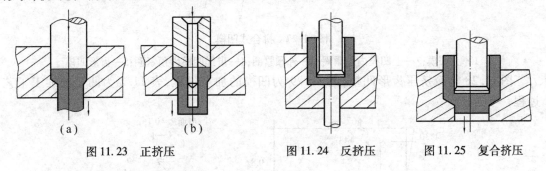

(a)　　　　　　(b)

图 11.23　正挤压　　　　　图 11.24　反挤压　　　图 11.25　复合挤压

(1)冷挤压齿形凹模加工分析

各种挤压凹模如图 11.26 所示,拼合式凹模如图 11.27 所示。

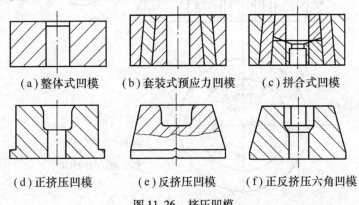

(a)整体式凹模　　　(b)套装式预应力凹模　　　(c)拼合式凹模

(d)正挤压凹模　　　(e)反挤压凹模　　　(f)正反挤压六角凹模

图 11.26　挤压凹模

①锻造工艺要点。为改善模具原材料碳化物分布的不均匀性,锻造中应采用多次墩粗拔长方法,加热过程要缓慢进行,要勤翻动坯料,使加热均匀,对大于 70 mm 以上的坯料应先在 800~900 ℃ 温度预热,以后转入高温炉加热,锻造中应根据材料选择合适的始锻和终锻温度,锻后还应在 400~650 ℃ 保温炉中进行保温,使之缓慢冷却。

②热处理及表面强化处理要点,冷挤压凹模在热处理时要采用脱氧良好的盐浴炉加热,或进行真空热处理,防止烧蚀和脱碳等现象,保证硬度的均匀性。

③要经常消除使用中的工作应力,冷挤压模在使用过程中将产生工作应力,当工作应力积累到一定程度时,就会加速模具的磨损,继而产生龟裂或疲劳裂纹。

④减少电加工所产生的表面脆硬层对模具寿命的影响,模具电加工后在表面可形成脆性大、显微裂纹多的脆硬层,对模具寿命影响极大。

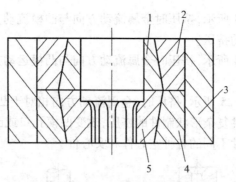

图 11.27 拼合式凹模

1—上凹模;2—上凹模内预紧圈;3—外预紧圈;4—齿形凹模内预紧圈;5—齿形凹模

图 11.28 为冷挤压齿形凹模,图 11.29 为凹模的加工过程,表 11.2 为凹模的加工工艺过程。

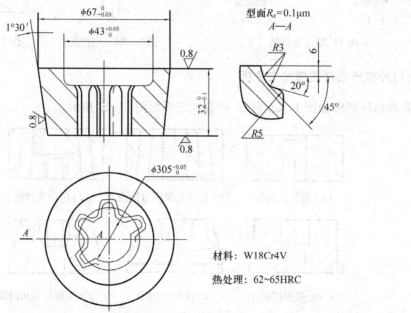

材料: W18Cr4V

热处理: 62~65HRC

图 11.28 冷挤压齿形凹模

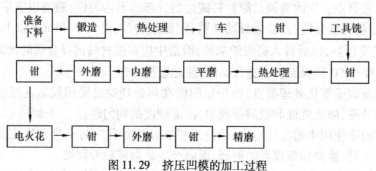

图 11.29 挤压凹模的加工过程

表 11.2　冷挤压齿形凹模加工工艺过程

序号	工序名称	工序主要内容
1	下料	锯床下料
2	锻造	多向镦拔,碳化物偏析控制在 1～2 级
3	热处理	球化退火,HBS≤241
4	车	车内外形,留双边余量 0.5 mm
5	钳	划线
6	工具铣	齿槽内钻孔,铣削留余量 0.3 mm
7	钳	去毛刺
8	热处理	淬火、回火 62～65HRC,晶粒度控制在 10～11 级
9	平磨	磨两端面
10	内磨	找正端面磨内孔
11	外磨	心轴装卡,磨外锥面(车工配制芯轴)
12	钳	与齿形凹模内预紧圈压合
13	电火花	电火花加工渐开线齿形及精修入槽角 20°,45°
14	钳	研磨抛光内齿形
15	外磨	以齿形凹模内孔芯轴装卡,磨齿形凹模内预紧圈外圆与上凹模组件外圆一致
16	钳	与上凹模组件(上凹模压入上凹模内预紧圈)一起压入外预紧圈
17	内磨	精磨内圆柱孔(凹模组件)使上凹模与齿形凹模的内圆尺寸一致

(2)冷挤压凸模加工工艺分析

冷挤压凸模加工工艺分析如图 11.30、图 11.31 所示。表 11.3 列出了冷挤压凸模加工工艺过程。

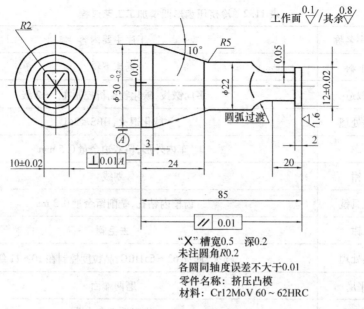

工作面 $\sqrt{\frac{0.1}{}}$ / 其余 $\sqrt{\frac{0.8}{}}$

"X"槽宽0.5　深0.2
未注圆角R0.2
各圆同轴度误差不大于0.01
零件名称：挤压凸模
材料：Cr12MoV 60～62HRC

图 11.30　冷挤压凸模

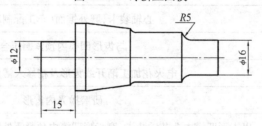

图 11.31　凸模工序草图

表 11.3　冷挤压凸模加工工艺过程

序　号	工序名称	工序主要内容
1	下料	锯床下料 $\phi42$ mm $\times 60^{+4}_{\ 0}$ mm
2	锻造	多向镦拔,碳化物偏析控制在 1～2 级,晶粒度 10 级
3	热处理	退火≤207～255HBS
4	车	按图车削,大端加工工艺尾柄如图 8.21 所示,R_a0.8 μm 以下表面留双边余量 0.3～0.4 mm,矩形部分车至 $\phi16$ mm
5	平磨	利用 V 形铁夹具,以工艺尾柄为基准磨削小端面
6	钳	去行刺,在小端面划线
7	工具铣	铣削短形部分,留双边余量 0.3～0.4 mm
8	钳	修圆角
9	热处理	淬火、回火 60～62HRC
10	外圆磨	以 $\phi22$ mm 为基准,磨削工艺尾柄外圆
11	外圆磨	以工艺尾柄为基准磨削 $\phi3^{\ 0}_{-0.2}$ mm,10°锥面,$\phi22$ mm

续表

序　号	工序名称	工序主要内容
12	工具磨	以工艺尾柄为基准找正 $\phi18$ mm 外圆,磨削矩形部分
13	钳	修油圆角
14	工具磨	磨削小端面槽
15	线切割	切除工艺尾柄
16	平磨	磨削大端面,保证与轴心线垂直
17	钳	研抛工作面及圆弧

思考与练习

1. 锻造的特点是什么?
2. 锻造工艺包含哪些类型?
3. 挤压工艺包含哪些?
4. 如果制定锻造模具制造工艺。
5. 形腔冷挤压工艺的特点。

259

项目 *12*

铸造模具制造技术

【问题导入】

金属材料的铸造成型包括压铸、金属型铸造、砂型铸造等,这些铸造所采用的模具有何要求,采用何种材料,以及热处理制度。

【学习目标及技能目标】

铸造模具制造的最新发展;砂型铸造模具制造;金属型铸造模具制造技术;压铸模具制造技术。

【知识准备】

我国是铸造大国,但远非铸造强国。我国铸造工艺水平、铸件质量、技术经济指标等较之先进国家有很大差距,手工、半机械化造型仍占有很大比例。同样,我国的铸造工艺装备同先进国家相比也有很大差距。铸造模具是指为了获得零件的结构外形,预先用其他轻易成型的材料做成零件的结构外形,然后再在砂型中放入模具,于是砂型中就形成了一个和零件结构尺寸一样的空腔,再在该空腔中浇注流动性液体,该液体冷却凝固之后就能形成和模具外形结构完全一样的零件了。铸造模具是指为了获得合格零件的模型,普通手工造型,常用木模型,塑料模型,机械造型多用金属模型,如铝模型、铁模型。精密铸造用蜡模型,消失模用聚苯乙烯模型。

精密、复杂、大型模具的发展,对检测设备的要求越来越高。现在精密模具的精度已达 $2 \sim 3~\mu m$,铸造模具的精度要求也达到 $10 \sim 20~\mu m$。目前,国内厂家使用较多的检测设备有意大利、美国、德国等具有数字化扫描功能的三坐标测量机。如一汽铸造有限公司铸造模具设备厂拥有德国生产的 $1~600~mm \times 1~200~mm$ 坐标测量机,具有数字化扫描功能,可以实现从测量实物到建立数学模型,输出 NC 代码,最终实现模具制造的全过程,成功地实现逆向工程技术在模具制造中的开发和应用。这方面的设备还包括英国雷尼绍公司的高速扫描仪(CYCLONSERIES2),该扫描仪可实现激光测头和接触式测头优势互补,激光扫描精度为 $0.05~mm$,接触式测头扫描精度达 $0.02~mm$。利用逆向工程制作模具,具有制作周期短、精度高、一致性好及价格低等许多优点。快速原型制造铸造模具已进入实用阶段,LOM,SLS 等方法应用的可靠性和技术指标已经达到国外同类产品水平。模具毛坯快速制造技术。主要有干砂实型铸造、负压实型铸造、树脂砂实型铸造等技术。用户要求模具交付期越来越短、模具价格越来越低。为了保证按期交货,有效地治理和控制成本已成为模具企业生存和发展的主要因素。采用先进的治理信息系统,实现集成化治理,对于模具企业,非凡是规模较大的模具企业,已是一项亟待解决的任务。如一汽铸造模具厂基本上实现了计算机网络治理,从生产计划、工艺制定,到质检、库存、统计、核算等,普遍使了计算机治理系统,厂内各部门可通过计算机网络共享信息。利用信息技术等高新技术改造模具企业的传统生产已成为必然。

任务 1　砂型铸造模具制造

【活动场景】

在模具加工车间或产品加工车间的现场教学,或用多媒体展示模具的使用与生产。

【任务要求】

掌握铸造模具的加工工艺流程。

(1)铸造模具在砂型铸造中的重要性

工厂将铸造模具称为"铸造之母",此话可谓对铸造模具在铸造生产中作用和地位的一个高度的概括,称为"母",其一是因为在工厂里,所有铸件都是用铸模制成砂型然后得到的,无铸造模具即无铸件;其二是铸件总是带有铸造模具的"遗传性";铸件尺寸精度、表面粗糙度乃至某些铸造缺陷无一不与模具质量有直接关系。

1)尺寸精度

铸件依模而作,模的尺寸误差无一例外地会在铸件上反映出来。尤其是一些复杂铸件,由于采用多个铸模(外模和芯盒),其累积误差更会严重影响铸件尺寸精度。

2)表面粗糙度

表面光洁的铸模不仅改善起模性,从而减少型(芯)废,提高生产率,而且能得到光洁的型腔(或砂芯),有利于得到光洁的铸件。

3)铸件缺陷

一部分铸件缺陷可能由铸造模具质量不佳所造成,如铸模表面存在倒料度、凹凸不平,将导致起模性不好,破坏铸型表面甚至造成砂眼;模具安装偏差或定位销(套)磨损造成错型、挤型、砂眼;浇注系统的随意制作或安装导致金属渣流动偏离工艺设计要求,因而可能造成气孔、缩松等缺陷。

在铸造生产中,工艺—铸模—设备是一个不可分割的系统,好的工艺设计要依靠铸造模具体现出来。同样,一个整脚的工艺设计,可能使一套加工精良的铸模因无法生产出合格铸件而报废。铸模和设备的合理配合也是同等重要的。因此,在确定工艺方案、进行工艺设计时,必须同时着手铸模和设备的准备工作,即实施并行工程是十分必要的。正因如此,国内一些企业在引进制芯机的同时引进芯盒,引进一些复杂铸模(如轿车缸体)的同时也包括了工艺设计。

(2)铸造模具用材料

铸造模具用材料十分广泛,根据铸件产量的不同即铸造模具使用次数的不同,可分别选用木材、塑料、铝合金、铸铁及钢材等。木模目前仍广泛应用于手工造型或单件小批量生产中,但随着环境保护要求和木材加工性能差的限制,取而代之的将是实型铸造。实型铸造以泡沫塑料板材为材料,裁减粘贴成模样,然后浇注而成铸件,该方法较之用木模,周期短、费用低。塑料模的应用呈上升趋势,尤其是可加工塑料的应用日益广泛。铝合金模由于重量轻尺寸精度较高,因此应用较广泛。部分已被塑料模和铸铁模所取代。

木模目前仍广泛应用于手工造型或单件小批量生产中,但随着环境保护要求日益加严,木材使用将日益受到限制,代之而起的将是实型铸造。实型铸造以泡沫塑料板材为材料,裁剪粘接而成模样,然后浇注而成铸件。该方法较之用木模,不但节省了木材,而且使铸件有更高的尺寸精度和更好的表面粗糙度,塑料模应用呈上升趋势,尤其是可加工塑料的推向市场和塑料模寿命的提高,更使得塑料模应用日益广泛。

铝合金模由于重量轻、尺寸精度又较高,固此应用仍较广泛。但近来应用已有减少趋势,部分范围已分别为塑料模(当铸件批量较小时)或铸铁模(当铸件批量较大时)所取代。铸铁模仍是大批量铸造生产的首选,并被大量使用,它具有强度高、硬度高、耐磨、加工性好、成本低廉、使用寿命长等优点。近几年来,由于铸造水平的提高,已有越来越多的模样、模底板、型板框等采用强度和耐磨性更高的球铁或低稀土合金灰铸铁制作,而耐热疲劳性能更好的蠕墨铸铁也被用于芯盒材料。铸造模具设计—汽车发动机排气管砂型及砂芯模具、三维模型如图12.1所示。表12.1为铸造模具的分类、特征及应用范围。

钢材以往主要用于铸模上的标准件、耐磨镶块或内衬,较少用于制作铸造模具本体,因为碳钢使用寿命并不高于球铁或低合金灰铁,而合金钢价格又十分昂贵。但随着模具加工技术的提高及对铸造模具尺寸稳定性要求的提高,模具钢、铬钼合金钢也用于制作铸造模具。某厂从法国引进的轿车缸体模具,其模样及芯盒本体均采用40CMD8(法国标准)铬钼合金钢,其使用寿命为:模样100万次,芯盒50万次。此外,已有越来越多的钢材用于制作模底板、芯盒框架等工装件上。图12.2为砂芯模具(芯盒)、图12.3为砂型模板图,图12.4为砂芯及铸件图。

图12.1 铸造模具设计-汽车发动机排气管砂型及砂芯模具

表12.1 铸造模具分类、特征及应用范围

特 征	分 类	应用范围
精度	高精度(GB/T 6414—1986,CT3-4)	涡轮叶片、叶轮及其他高精度铸件
	正常精度(GB/T 6414—1986,CT5-7)	常用机械零件的铸件
	能清晰复制出所要求的轮廓	艺术铸件
复杂性	简单,中等复杂,复杂	取决于铸件的复杂程度,机械化程度及模具中的孔凹数量

特　征	分　类	应用范围
铸造模具材质	非金属材料：塑料、石膏、水泥、橡胶、木材等	单件小批生产
	金属材料：钢、铝合金、锌合金和易熔合金	成批、大批大量生产
	复合式（含有金属插件、嵌件）	小批、成批生产
铸造模具制造方法	用母模复制：浇注，喷涂，电铸	小批生产，艺术铸件，特殊情况
	用钢、铝合金等机械加工成型	成批、大批生产精度要求高、表面粗糙度细的机械零件
	母模复制和机械加工结合	成批生产机械零件
铸造模料注入方式	自由浇注	浇注补缩系统组员，空心熔模
	液态模料压力注入	高精度熔模
	膏壮模料压力注入	一般精度熔模
铸造模具冷却方法	冷却介质（空气、水）静止冷却	单件、成批生产
	冷却水沿模具型壁内管道流动	大批大量生产
每型生产件数	一型单件	大尺寸和复杂熔模的单件、小批生产
	一型多件	大批大量生产
机械化程度	手工	单件小批生产
	机械化	成批、大批大量生产
	自动化	大批大量生产
分型面的位置	垂直	用于自动压蜡
	水平	用于手工和机械压蜡

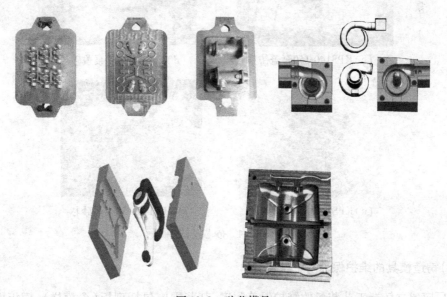

图 12.2　砂芯模具

(a) KPS140-150泵盖上模　　　　(b) KPS140-150泵盖下模

(c) KPS140-150泵体上模　　　　(d) KPS140-150泵体下模

图 12.3　砂型模板

(a) 水轮机转轮模型芯子　　　　(b) 水轮机转轮模型铸件

(c) KPS140-150泵盖铸型　　　　(d) KPS140-150泵盖砂芯

(e) KPS140-150泵盖铸件　　　　(f) KPS140-150泵体砂芯

图 12.4　砂芯及铸件

(3) 铸造模具的维护保养

工厂应建立铸造工艺装备的维护保养制度,其范围应包括型板(含模样)、模板框、芯盒、砂箱、夹具等,内容则应包括预防性维护和修复性维护。预防性维护一般只需通过外观检查或测量检查,采用专用或简易工具,即可使工装保持或恢复良好技术状态。它包括保养和点检。

1)保养

保养一般由操作工实施,分为日常保养和定期保养。日常保养在每天停机后进行,定期保养则一般利用节假日和停产检修期间开展。清除模样、模板工作表面的积砂、杂物、污垢;清除模样上标识符号表面沾敷的积砂和污垢,检查浇注系统、通气片的固定螺钉"封皮"是否脱落,铸造模具表面是否有磕碰伤,通气针(片)、字牌是否松动、脱落,定位销是否凸起或凹缩等。清除芯盒分盒面、芯腔内表面及销套上的积砂污垢,清除通气塞、排气槽内的污垢垫砂,检查各部位紧固件是否牢固,有无缺损,检查芯盒滑块、镶块、定位块等是否有松动或位移。在清除干净后的型板和芯盒表面喷涂分型剂。检查砂箱的销、套是否有磨损、松动、弯曲、断裂、清除砂箱和定位销、套配合面上沾敷的积砂和污垢以及小铁块、残渣、铁屑等。检查夹具的各部件是否完整,定位、夹紧机构是否松动,并对各润滑点进行加油润滑。

2)点检

点检一般由维修工实施,也分为日常点检和定期检查。日常点检在每次模具生产使用前进行,内容与保养差不多。定期检查则是模具使用一定次数后,送模具部门进行划线检查,内容包括:

①检查上、下(或前、后)模型和上、下(或动、静)芯盒的外形错边偏差;

②检查铸造模具和芯盒芯头位置的准确及尺寸精度;

③检查铸造模具和芯盒工作面和分型面磨损程度;

④检查铸造模具和芯盒工作面的几何形状和尺寸精度;

⑤检查铸造模具定位点、定位面的位置准确度和尺寸精度;

⑥检查芯盒、型板(框)销、套的磨损程度及型板(框)、芯盒本体的变形程度;

⑦检查各紧固件、定位销、套是否松动、缺件、下沉;

⑧检查通气塞是否有破损或下机现象;检查通气针(片)是否弯曲、橙动、缺件;

⑨其他部件如轴块、导轨、斜杠、滚轮等件是否完好;

⑩检查备件是否齐全,外观有无缺陷、标志牌是否清晰。

(4)铸造模具的清洗技术

树脂砂芯盒的结垢与清洗是我国许多企业多年来一直未能有效解决的难题。芯盒的结垢不仅造成铸造模具表面粗糙。严重影响砂芯的外观质量,导致铸件粘砂、尺寸精度降低、严重时则会造成铸件批量废品和铸造模具报废。树脂砂芯盒中垢物的形成机理,主要是由于芯砂表面的树脂在射砂过程中受到射砂气流的冲击,部分树脂破裂,少量的树脂被挤压黏附于芯盒表面,日积月累逐渐在芯盒表面形成一层坚硬、致密的硬化树脂垢。因此,射砂压力过大,树脂质量差,芯砂中树脂加入量过高,脱模剂与所用树脂不匹配;芯盒表面粗糙将促使芯盒结垢。目前,国内外企业在芯盒清洗方面使用了多种清洗方法:利用化学清洗剂清洗;利用液体或固体喷砂机喷砂清洗;采用干球喷射法清洗芯盘。

接下来分别对上述部分清理方法分别作以下介绍:

1)液体喷砂机清洗芯盒

以磨液泵和压缩空气为动力,通过喷枪将磨液高速喷射到模具表面,达到光饰铸造模具的目的。磨液是用对模具有保护作用的载液与一定粒度的磨料(白刚玉砂,玻璃丸等人造磨料)按一定配比混合而成,放置在机体下部的储箱中。工作时磨液泵将储箱中的磨液以一定压力和流量通过磨液管路输入喷枪。此时,还有一磨液旁路经装置在其中的搅拌喷嘴高速喷出,从而使储箱中的磨料和载液搅拌均匀;另外,压缩空气由外接气源经过(溢)减压阀、电磁阀进入喷枪。喷枪是直接执行液体喷吵工作的主要部件。它与磨液、压缩空气管路系统相连接,设置在机体上部密闭的工作舱内。喷射出的磨液对铸造模具表面冲击磨削后,从圆盘工作台流下,经网孔板返回贮箱,如此循环便完成了对铸造模具的喷射清洗。

2)清洗工艺

根据芯盒不同的工艺要求,有两种工作方式可供选择:

①不加压缩空气,只靠磨液泵供给磨液,通过喷嘴加速射向被清洗铸造模具。适用于定期对芯盒进行一般性清洗保养。

②磨液系统和压缩空气系统同时启动,向喷枪同时提供磨液和压缩空气,使其在喷枪内混合后,经喷嘴向铸造模具表面高速喷射气、磨液流。由于有气、泵兼施的工作方式,使得喷出的气、磨液流具有更大压力,被载液包裹着的磨液质点动能加大,有效提高了芯盒的清洗能力。

3)工艺方法及参数

使用液体喷砂机,压缩空气压力为 $0.5 \sim 0.7$ MPa,喷射距离为 $10 \sim 120$ mm。清洗介质选用粒度为 90 μm 的玻璃丸或 0.125 mm(120 目)的白刚玉砂对芯盒进行清洗保养(或清除结垢),一般情况下,芯盒定期清洗保养时间 $\leqslant 1 \sim 2$ min,而对于表面有树脂结垢的芯盒清洗时间,视芯盒的大小、结垢厚度、形状复杂程度不同而定,通常在 $5 \sim 20$ min 范围内可将芯盒垢物清除干净,而喷射时间对芯盒的尺寸精度和表面粗糙度基本没有影响。

4)生产效率和经济效益比较

使用液体喷砂机和玻璃丸清洗芯盒的工艺基本上能够将芯盒表面较厚的树脂结垢清理干净,但对于较长时间没有清洗积垢很厚的沟槽处,却难于清除干净。

(5)铸造模具模底板与砂箱的定位装置

模底板与砂箱之间采用一组定位销和一组定位套的定位装置。为了防止砂箱在造型或合箱时被卡死(即定位销和定位套不能合进去或不能分开),因而一端用圆形定位销和圆形定位套相配作为定位端,另一端则用扁定位销与扁定位套相配,起到宽度方向定位和长度方向导向的作用,所以常把扁销称为导向销,扁套称为导向套,导向销有时也用圆形的。普通机械造型机的上下模底板均安装定位销,而上下砂箱均装定位销。合箱时再借助于合箱销进行合箱。但自动化造型线则是下砂箱安装定位套,而上砂箱安装定位销,因此造型时,下模板安装定位销而上模板安装定位套,有些造型线,每循环一周,砂箱要调一次头,所以,上砂箱的两个定位销必须用同一种扁销。当圆弧面与圆套相配合时起定位作用。当扁面与扁套相配时起定向作用。

因为扁定位销和扁定位套在宽度方向起定位作用,所以,扁定位销和扁定位套在制造时对两扁面的平行度和对称度要求较高,一般为 0.025 mm,同时,在安装时要求扁面必须与两定位孔中心连线相平行。

定位销的工作部分,分为定位和导向两部分。销和套的有效定位长度以 $10 \sim 20$ mm 为宜。导向部分的斜度应小于或等于模样的起模斜度,一般情况下取 $1 \sim 3$。导向部分的长度分两种情况:

①在以吊车或手工起模时,导向部分应高出模样 10 mm。

②自动线机械起模和机械合箱时,因设备有较准确的定位,导向部分大于 30 mm 即可。

定位销和定位套(含扁销、扁套)之间的配合性质为动配合,其间隙太小影响铸件精度。但是一般机械造型借助合箱销合型,并可辅以手工调整,其配合性质建议选用 H9/d9,而造型自动线是全自动合型,建议选用 H8/d8,也可选用 H8/d8。

1)一次性定位

①模底板的定位销与砂箱的销套直接起定位作用,定位结构简单,误差小,主要应用于普通单面模板。

②模底板置于模板框内,并与框定位(定位要求不高)。模底板与砂箱另用定位销和销套定位,比 1 型复杂。用于需加热的快换模板。

③下模板框安装定位销,下砂箱和下模板定位套用定位销的同一段工作面定位。上砂箱安装定位销,上模板与上模板框用过渡套定位,过渡套与模板定位精确而与上模底框定位间隙较大。用于需加热的造型自动线快换模板。

2)二次性定位

①模板与砂箱不直接定位,摸板四周与铸造模具模板框内的周边定位,定位误差较大,用于普通快换模板。

②模底板与模板框用小销子定位(精度要求高)(见图 12.5)。模板框再与砂箱定位,形成二次定位。由于多一次定位,误差要累积,所以定位要求高,结构复杂。主要用于组合快换模板,也可用于其他快换模板。脱箱造型用双面模板的定位销是安装在下箱上,而模板和上箱两端应安装销套。销套有圆形和三角形两种。

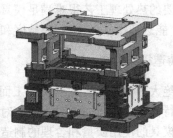

图 12.5　砂型及造型模板的安装

任务 2　压铸模具制造技术

【活动场景】

在压铸模具制造车间或产品加工车间的现场教学,或用多媒体展示模具的使用与生产。

【任务要求】

掌握压铸模模具钢及热处理,模具制造的技术要求。

压铸模是指将熔融合金在高压、高速条件下充型,并在高压下冷却凝固成型的精密铸造方法。压铸模模具材料除了应具有塑料模具的特点外,还应具有较高的高温强度、硬度、抗氧化性、抗回火稳定性和冲击韧性,具有良好的导热性和抗疲劳性。《压铸模技术条件》(GB/T 8844—1988)、《压铸模零件》(GB/T 4678—1984)、《压铸模零件技术条件》(GB/T 4679—1984)都对模具零件、装配技术要求、验收技术条件等作了详细规定,在加工制造压铸模时,一定要参照这些标准和结合用户要求进行。

(1)压铸模具钢及热处理

压铸模具钢拥有较高的强度、韧性、回火稳定性、耐热疲劳性、淬透性、导热性以及良好的抗氧化性和适中的硬度与一定的耐磨性、耐腐蚀性。与其他热作模具钢相比,压铸模具钢的使用性能要求与热挤压模具钢相近,以高的回火稳定性和高的热疲劳抗力为主。常用的压铸模具钢有 4Cr5MoSiV,4Cr5MoSiV1,4Cr5W2SiV,3Cr2W8V,4Cr5Mo2MnVSi,4Cr3Mo2MnVNbB等。一般对熔点较低的 Zn 合金压铸模,选用 40Cr,30CrMnSi 及 40CrMo 等,对 Al 和 Mg 合金压铸模可选用4Cr5W2Si,4Cr5MoSiV 等,对 Cu 合金压铸模多采用 3Cr2W8V 钢。

压铸模具常规热处理工艺为 1 050 ~ 1 100 ℃淬火,550 ~ 620 ℃回火,硬度一般为 45 ~ 50HRC,使用中常出现早期断裂现象。如改用高温淬火和高温回火新工艺,即 1 150 ℃高温淬火,640 ~ 680 ℃高温回火,硬度为 40HRC 左右,得到回火索氏体组织。这样硬度虽然降低了些,但由于耐热疲劳性及断裂韧度大大提高,使用中避免了断裂现象的发生,使用寿命显著延长。若将回火温度控制在 620 ~ 640 ℃,硬度保持 43HRC 左右,对一些凸模形状可以延缓产生塌陷时间。选用压铸模具钢需要根据压铸模具的使用条件来决定,一般要求较大的高温强度与韧度,热疲劳性能要好,其次要有好的耐熔融损伤性、淬透性、热处理变形小等特点。另外,压铸模具的选用要考虑模具的尺寸以及零件的大小等因素。随着黑色金属压铸工艺的应用越来越多,采用高熔点的铝合金和镍合金,以及多元素共渗,采用高强度的铜合金来制造压铸模具钢将是以后的发展趋势。铝合金压铸模的工作条件较为苛刻,要求具有较高的耐热疲劳强度、导热性、耐磨性、耐蚀性、冲击韧性、红硬性以及良好的脱模性等。然而仅靠新型模具材料的应用及必要的热处理工艺很难满足模具的使用要求,必须将各种表面处理技术应用到其表面处理中,才能达到模具高效率、高精度和高寿命的要求。

(2)金属铸造模具的技术要求

金属模具绝大多数是由铸造毛坯加工而成的。因此,在进行铸造模具设计时,应根据铸造模具的材料特性、制造条件和使用要求,对铸造模具毛坯和制品提出各方面的要求,才能更好地保证铸造模具的使用质量和合理的制造费用。图 12.6 为压铸模具及其铸件。

1)铸造模具毛坯的材质性能应符合各项相应标准的要求

加工后的铸造模具表面不允许有任何铸造缺陷。为保证铸造模具尺寸的稳定,坯件特别是铸铁铸钢件一般应进行人工时效处理,较大的复杂坯件应进行二次人工时效处理。

2)对铸造模具制品的要求如下:

①金属铸造模具表面粗糙度。

②工作形体与加工定位基准的位置极限偏差为 ±0.05 mm。

③工作表面的形状尺寸极限偏差是:凸体为 0 mm,凹体为 −0 mm,应在技术条件中说明。

④铸造模具转接圆弧半径极限偏差:$R \leq 15$ mm,极限偏差为 0.5 mm;$R > 15$ mm,极限偏差为 1.0 mm。

⑤中小型铸造模具基面(分型面)平面度为 0.05 mm。中、大型铸造模具基面平面度为 0.1 mm。

⑥芯头起定位和固定砂芯的作用。在大量流水生产中,对芯头尺寸精度的要求甚至比对形状尺寸精度的要求更高。对于手工下芯和水平分型的机械下芯。铸造模具芯头尺寸小于等于 100 mm 的尺寸极限偏差一般为 0 mm,而尺寸大于 100 mm 的铸造模具芯头尺寸极限偏

差一般为 0 mm。砂芯芯头与芯座为间隙配合;对于垂直分型的无箱挤压造型采用下芯框(芯罩)机械下芯时,则砂芯苍头与芯座之间为过盈配合,过盈量一般为 0.1~0.4 mm。

⑦铸件上的所有铸造圆角都必须在铸造模具上标注清楚。除产品和铸造工艺要求的圆角在铸造模具上注明以外,应在技术条件中说明未注的铸造内圆角和外圆角的半径数值。

⑧起模斜度。为了提高工作效率,少换刀具(数控加工除外),同一铸造模具的起模斜度数值种类越少越好。除图形中注明者外,未注明的起模斜度数值应在技术条件中说明。

⑨铸造模具上的标识。为了满足现代化管理和铸件质量问题可追溯的需要,产品图和铸造工艺设计者,往往要求在铸造模具上的指定位置作出各种各样的标识,如零件号、产品商标、生产厂商代号、铸造模具序号、铸件生产时间(生产日期、班次等),以及表示方向的箭头等具有特殊用途的标识。

图 12.6   压铸模具及铸件

图 12.7   压铸件

(3)金属铸造模具的结构设计

为了发挥机械造型的高效率,机械造型用铸造模具不采用活块结构,而采用砂芯或砂胎的结构形式。铸造模具外形结构决定于产品结构、铸造工艺和制模方法。铸造模具的内部结构,是在保证模样强度和刚度的前提下进行适当的"挖空",以减轻铸造模具质量。机械造型用铸造模具都是与模底板一起使用的。设计时应根据铸造模具和底板的具体结构。设计定位准确、牢固可靠的定位固紧结构,以确保铸造模具和模底板之间有准确牢固的定位和锁紧。铸造模具定位与固定的部位尽量和用铸造模具的原有结构,必要时设置定位止口和内凸耳。为降低成本,便于铸造模具毛坯铸造不采用砂芯结构,一般将内凸耳改为截锥体直接用砂胎做出来。

1)铸造模具壁厚

铸造模具壁厚是根据铸造模具的平均轮廓尺寸及其所选用的模材而定的。图 12.7 为压铸件图,一般机械造型用铸造模具的壁厚可按图选择,也可用经验公式来求得。高压造型的铸造模具壁厚应增加 25%~75%。在机械造型中,减轻铸造模具质量的实际意义不太明显,设计时,均把确保铸造模具强度、刚度放在首位,壁厚的选择一般是偏厚的,特别是用钢材坯料制成的模样,背面很少"挖空"。

2)铸造模具在模底板上的放置形式

铸造模具在底板上的放置装配形式分为平放式和嵌入式两种。平放式铸造模具,因结构简单、制造方便,在传统加工条件下常被采用。一对平放式铸造模具一般可以合在一起沿分模面进行修整和检查,特别是回转体铸造模具,常在配好基面以后,固装在一起同时加工(车)出来,所以,设计时常把一对模样设计在一起。有分型负数的模样,装配前再沿分模面去掉。在下列情况下宜采用嵌入式铸造模具。

①铸件要求在分型面上做出圆角。

②铸造模具局部太单薄,或有锐角,制造和使用时容易损坏或不易装配。

③有较深的砂胎或者在模底板上制砂胎较困难。

④铸造模具小、布置数量多、不便制造和安装,需要分成几块制造后嵌装在底板上。

⑤在加工技术较高的条件下,把原可平装的两半铸造模具,都采用嵌入式,可提高装配精度和可靠性,并可在分型面处做出小圆角(一般 $R1$ 左右),以改善该处砂型的紧实情况。

3)组合式铸造模具

为了满足某些特殊需要,需将模样设计成若干块,制作后装配在一起。例如,a.某缸盖下模有较多的进、排气道圆锥形定位芯头,用车削加工后装在主模上,不仅提高了制造精度,又给加工维修带来了不方便。b.铸造模具较高,局部有深而较窄的砂胎,机械加工和钳修很困难,可从此处分开加工。c.有的铸造模具局部有砂胎,砂胎周围有较高的凸台(瘩子)和加强肋包围着,起模困难,可用起模性能好的铜合金料做成壤块。d.有的砂胎不易紧实,又无法安装通气塞,可在此砂胎处(局部)分开,在配合面上做出排气槽。e.有的铸造模具搭子极易磨损,可用耐磨材料做成镶块。f.有的铸造模具主体多为旋转体,宜采用车削加工,但侧面有影响车削的芯头或局部形状,则可把影响车削加工的部分分开另做。g.局部模样或芯头伸出主体外较长。制造过程易损坏、易变形,也需做成镶块式。h.铸造工艺上需要的一些铸造模具辅件,如通气计、通气片、浇冒口等,一般单独制造后再安装在铸造模具本体上。

(4)压铸模具零件的公差与配合

1)压铸模具结构零件的公差与配合

高温的金属液与温度较低的压铸模之间的热交换是压铸的重要特征之一,因此,在选择压铸模零件的配合公差时,不仅要求在室温下达到一定的装配精度,而且要求在工作温度下保证各部分结构尺寸稳定,动作可靠。尤其是与金属液直接接触的部位,在填充过程中受到高压,高速和热交变应力,与其他零件配合间隙可能产生变化,影响压铸的正常进行。压铸模具零件分为结构零件和成型零件两大部分,根据国家标准(GB 1800—1803—79、GB 1804—92),结合国内外压铸模制造和使用的实际情况,现将压铸模各主要零件的公差带与配合精度推荐如下:

①成型尺寸的公差,一般公差等级规定为 IT9 级孔用 H,轴用 h,长度用 $\pm IT/2$。个别特殊尺寸必要时,可取 IT6~8 级。

②成型零件配合部位的公差与配合与金属液接触受热较大的零件的固定部分:主要指套板和镶块、镶块和型芯、套板和浇口套、镶块和分流锥等。整体式配合类型和精度为 H7/h6 或 H8/h7。镶拼式的也取 H8;轴中尺寸最大的一件取 h7,轴中其余各件取 js7,并应使装配累计公差为 h7。活动零件活动部分的配合类型和精度:活动零件包括型芯、推杆、推管、成型推板、

滑块、槽等,孔取 H7;轴取 e7、e8、或 d8;镶块、镶件和固定型芯的高度尺寸公差取 F8;基面尺寸的公差取 js8。

③模板尺寸的公差与配合,基面尺寸的公差取 js8;型芯为圆柱或对称形状,从基面到模板上固定型芯的固定孔中心线的尺寸公差取 js8;型芯为非圆柱或非对称形状,从基面到模板上固定型芯的边缘的尺寸公差取 js8;组合式套板的厚度尺寸公差取 h10;整体式套板的镶块孔的深度尺寸公差取 h10。

④滑块槽的尺寸公差,滑块槽到基面的尺寸公差取 f7;对组合式套板,从滑块槽到套板底面的尺寸公差取 js8;对整体式套板,从滑块槽到镶块孔底面的尺寸公差取 js8。

⑤导柱导套的公差与配合,导柱导套固定处,孔取 H7,轴取 m6、r6 或 k6;导柱导套间隙配合处,孔取 H7,轴取 k6 或 f7;或孔取 H8,轴取 e7。

⑥导柱导套和基面之间的尺寸,从基面到导柱导套中心线的尺寸公差取 js7;导柱导套中心线之间距离的尺寸公差取 js7,或者配合加工。

⑦推板导柱、推杆固定板与推板之间的公差与配合,孔取 H8 轴取 f8 或 f9。

⑧型芯台、推杆台与相应尺寸的公差,孔台深取 +0.05 ~ +0.10 mm,轴台高取 -0.03 ~ -0.05 mm。

⑨各种零件末注公差尺寸的公差等级均为 IT14 级,孔用 H,轴用 h,长度(高度)及距离尺寸按 js14 级精度选取。

2)压铸模具零件的形位公差与表面粗糙度

形位公差是零件表面形状和位置的偏差。成型工作零件的成型部位和其他所有结构件的基准部位形状公差的偏差范围,一般要求在尺寸的公差范围之内。压铸模具零件其他表面的形位公差按下表选取,在图样上标注。表 12.2 列出了压铸模具零件的形位公差选的精度等级。

表 12.2　压铸模具零件的形位公差选用 GB 1184—80 精度等级

有关要素的形位公差	选用精度
导柱固定部位的轴线与导滑部分轴线的同轴度	5~6 级
圆形镶块各成型台阶表面对安装表面的同轴度	5~6 级
导套内径与外径的同轴度	6~7 级
套框内镶块固定孔轴线与其他各套框上的孔的公共轴线的同轴度	圆孔 6 级,非圆孔 6~7 级
导柱或导套安装孔的轴线与套框分型面的垂直度	5~6 级
套框的两个互为工艺基准面的相邻侧面的垂直度	5~6 级
镶块两相邻侧面和分型面对其他侧面的垂直度	6~7 级
套框内镶块孔的表面与其分型面的垂直度	7~8 级
镶块上型芯固定孔的轴线对其分型面的垂直度	7~8 级
套框两平面的平行度	5 级
镶块相对两侧面和分型面对其底面的平行度	5 级
套框内镶块孔的轴线与分型面的端面跳动	6~7 级
圆形镶块的轴线对基准面的圆跳动	6~7 级
镶块的分型面、滑块的密封面、组合拼块的组合面等表面的平面度	≤0.05 mm

压铸模具零件的表面粗糙度,既影响压铸件的表面质量,又影响压铸件的脱模、磨损、寿命。应按照零件的实际技术要求设计,没有特殊要求的地方,参考表 12.3 选取。

表 12.3　压铸模具的表面粗糙度

表面位置	选用粗糙度 R_a/μm
镶块、型芯等成型零件的成型表面和浇注系统表面	0.1～0.2
镶块、型芯、浇口套、分流锥等零件的配合表面	≤0.4
导柱、导套、推杆、斜导柱等零件的配合表面	≤0.8
模具分型面、各模板间的结合面	≤0.8
型芯、推杆、浇口套、分流锥等零件的支撑表面	≤1.6
非工作的其他表面	≤6.3

(5)压铸模具技术条件

1)压铸模装配图需要注明的技术要求

压铸模具装配图上要表现出的技术要求有:模具的最大外形尺寸、选用压铸机的型号、选用的压室内径、比压、最小开模行程、推出机构的推出行程、压铸件的浇注系统和主要尺寸、模具有关附件的规格和数量以及工作程序、特殊机构的动作过程。

2)总体装配精度的技术要求

总体装配精度的技术要求如下:

①模具安装平面与分型面之间的不平行度误差,在 200 mm 内不大于 0.10 mm;合模后分型面上的局部间隙不大于 0.05 mm(不包括排气槽)。

②装有型芯的滑块端面要求配合密合,滑块平面与滑块的配合面,允许留出不大于 0.15 mm 的间隙。

③分型面上镶块平面可以高出套框平面,但不大于 0.05 mm。

④推杆和推杆孔要有 0.10 mm 间隙,与推杆固定孔之间可以有较大间隙,能够自由转动,推杆后端面应与推杆垫板紧密接触。推杆复位时,不能低于型腔表面,而应该高出型腔表面一点,一般不超过 0.10 mm。复位杆应与分型面平齐。

⑤抽芯机构中,抽芯动作结束后,所抽的型芯端面,与压铸件上相对应孔的端面距离不小于 2 mm。

⑥排气槽的深度偏差为 +0.03 mm,并呈曲折形延伸到套框外。

⑦套框与方形、矩形或者异形镶块的固定配合面,在分型面上长度 100 mm 内,允许有两处小于 0.10 mm 的缝隙,其长度应小于 15 mm,以利于排气。

⑧所有滑块机构,应导滑灵活、运动平稳、配合间隙适合。

⑨滑块在开模后应定位可靠;合模时,滑块斜面与楔紧块的斜面应压紧,且具有一定的预紧力。

(6)压铸模具制作工艺流程

压铸模型芯的加工与塑料模具型芯的加工方法类似,型腔的加工基本上与锻模型腔加工方法相似。对小型和简单的压铸模,通常是直接在定模或动模板上加工出型腔,即整体式。对于形状复杂的大型模具,一般采用镶拼式,即把加工好的型腔镶块装入模板的型孔内。

压铸模具制作工艺流程:审图—备料—加工—模架加工—模芯加工—电极加工—模具零件加工—检验—装配—飞模—试模—生产。

1)模架加工

①打编号要统一,模芯也要打上编号,应与模架上编号一致并且方向一致,装配时对准即可不易出错。

②A/B 板加工(即动定模框加工),A/B 板加工应保证模框的平行度和垂直度为0.02 mm;铣床加工:螺丝孔、运水孔、顶针孔、机咀孔、倒角;钳工加工:攻牙、修毛边。

③面板加工:铣床加工镗机咀孔或加工料嘴孔。

④顶针固定板加工:铣床加工,顶针板与 B 板用回针联结,B 板面向上,由上而下钻顶针孔,顶针沉头需把顶针板反过来底部向上,校正,先用钻头粗加工,再用铣刀精加工到位,倒角。

⑤底板加工:铣床加工,划线、校正、镗孔、倒角。注:有些模具需强拉强顶的要加做强拉强顶机构,如在顶针板上加钻螺丝孔。

2)模芯加工细节

①粗加工飞六边:在铣床上加工,保证垂直度和平行度,留磨余量1.2 mm。

②粗磨:大水磨加工,先磨大面,用批司夹紧磨小面,保证垂直度和平行度在0.05 mm,留余量双边 0.6 ~ 0.8 mm。

③铣床加工:先将铣床机头校正,保证在 0.02 mm 之内,校正压紧工件,先加工螺丝孔、顶针孔、穿丝孔。镶针沉头开粗,机咀或料咀孔,分流锥孔倒角再做运水孔,铣 R 角。

④钳工加工:攻牙,打字码。

⑤CNC 粗加工。

⑥发外热处理48 ~ 52HRC。

⑦精磨:大水磨加工至比模框负 0.04 mm,保证平行度和垂直度在 0.02 mm 之内。

⑧CNC 精加工。

⑨电火花加工。

⑩省模,保证光洁度,控制好型腔尺寸。

⑪加工进浇口,排气,锌合金一般情况下浇口开 0.3 ~ 0.5 mm,排气口开 0.06 ~ 0.1 mm,铝合金浇口开 0.5 ~ 1.2 mm,排气口开 0.1 ~ 0.2 mm,塑胶排气口开 0.01 ~ 0.02 mm,尽量宽一点,薄一点。

(7)压铸模加工的要求

凡与液态金属接触的表面不应有任何细小的裂缝、锐角、凹坑及表面不平的现象;压铸模工作部分的工作表面一般表面粗糙度要求较高。因此,在淬硬处理后,一定要进行抛光和研磨,以提高模具的使用寿命及制品表面质量。一般表面粗糙度 R_a 值应达到 0.20 ~ 0.10 μm。表面粗糙度值越小,模具寿命越高。在加工时,必须先进行模具分型面的研配。在研配之前,应先进行平面磨削加工,使之表面粗糙度 R_a 值达到 $1.60 \sim 0.80 \; \mu\mathrm{m}$ 以上。在研配时,应先以一个面为基准,再以此面与另一面配合研配,直至不存在间隙为止。工作部分及浇道口应在试模合格后淬硬。内浇口在试铸时逐渐修整后至合格为止。加工冷却水管道时,一定要避免在钻孔时破坏型腔及通过嵌件部位。

思考与练习

1. 铸造模具包含哪些内容,各用什么材料制造?
2. 铸造模具发展的现状是什么,其发展趋势如何?
3. 铸造模具在砂型铸造中的制造要求?
4. 铸造模具采用的材料有哪些?
5. 简述压铸模具钢及热处理。

参考文献

[1] 苏伟. 模具概论[M]. 2版. 北京:人民邮电出版社,2010.

[2] 李奇. 模具设计与制造[M]. 北京:人民邮电出版社,2006.

[3] 刘治伟. 模具制造技术[M]. 北京:人民邮电出版社,2007.

[4] 张信群. 塑料成型工艺与模具结构[M]. 北京:人民邮电出版社,2010.

[5] 苏伟. 模具钳工技能实训[M]. 北京:人民邮电出版社,2010.

[6] 虞建中. 模具制造工艺[M]. 北京:人民邮电出版社,2010.

[7] 吕琳. 模具制造技术[M]. 北京:化学工业出版社,2009.

[8] 陈叶娣. 模具的选用与热处理[M]. 北京:机械工业出版社,2012.

[9] 刘建超,张宝忠. 冲压模具设计与制造[M]. 北京:高等教育出版社,2010.

[10] 孙凤勤. 冲压与塑压设备[M]. 北京:机械工业出版社,2005.

[11] 齐卫东. 塑料模具设计与制造[M]. 北京:高等教育出版社,2004.

[12] 阎其凤. 模具设计与制造[M]. 北京:机械工业出版社,1995.

[13] 李云程. 模具制造工艺学[M]. 北京:机械工业出版社,2008.

[14] 周晔,王晓澜. 模具工实用手册[M]. 南昌:江西科学技术出版社,2004.

[15] 杨占尧. 现代模具工手册[M]. 北京:化学工业出版社,2007.

[16] 李发致. 模具先进制造技术[M]. 北京:机械工业出版社,2004.

[17] 曾珊琪,丁毅. 模具制造技术[M]. 北京:化学工业出版社,2008.

[18] 黄雁,彭华太. 塑料模具制造技术[M]. 广州:华南理工大学出版社,2003.

[19] 李云程. 模具制造工艺学[M]. 北京:机械工业出版社,2001.

[20] 骆俊庭,张丽丽. 塑料成型模设计[M]. 北京:国防工业出版社,2008.

[21] 陈良辉. 模具工程技术基础[M]. 北京:机械工业出版社,2001.

[22] 中国就业培训技术指导中心. 模具设计师(冷冲模)[M]. 北京:中国劳动社会保障出版社,2008.

[23] 模具设计与制造技术教育丛书编委会. 模具常用机构设计[M]. 北京:机械工业出版社,2003.

［24］模具设计与制造技术教育丛书编委会.模具制造工艺与装备［M］.北京:机械工业出版社,2005.

［25］翟德梅,段维峰.模具制造技术［M］.北京:化学工业出版社,2005.

［26］王广春,赵国群.快速成型与快速模具制造技术及其应用［M］.北京:机械工业出版社,2003.

［27］王鹏驹,成虹.冲压模具设计师手册［M］.北京:机械工业出版社,2009.

［28］彭建声,吴成明.简明模具工实用技术手册［M］.北京:机械工业出版社,2004.

［29］王孝培.冲压手册［M］.2 版.北京:机械工业出版社,2009.

［30］汪建敏,张应龙.锻造工［M］.北京:化学工业出版社,2004.

［31］中国机械工业学会锻压学会.锻压手册(锻压车间设备 3)［M］.北京:机械工业出版社,2004.

［32］中国机械工业学会锻压学会.锻压手册(锻造 1)［M］.北京:机械工业出版社,2004.

［33］魏汝梅.锻造工［M］.北京:化学工业出版社,2004.

［34］李集仁.高级冲压、锻压模具工技术与实例［M］.南京:江苏科学技术出版社,2004.

［35］赵万生刘晋春.实用电加工技术［M］.北京:机械工业出版社,2002.

［36］徐政坤.冲压模具设计与制造［M］.北京:化学工业出版社,2001.

［37］杨叔子.机械加工工艺师手册［M］.北京:机械工业出版社,2002.

［38］许超.高级注射模具工技术与实例［M］.南京:江苏科学技术出版社,2004.

［39］章飞.型腔模具设计与制造［M］.北京:化学工业出版社,2003.

［40］刘朝福.注塑模具设计师速查手册［M］.北京:化学工业出版社,2010.

［41］金涤尘,宋放之.现代模具制造技术［M］.北京:机械工业出版社,2005.

［42］e 时代制造业北京报告会暨.DMC2010 推介会报告,2010.

［43］耿鑫明.压铸模生产现状及发展趋势［J］.重庆:铸造年会论文集,2008.

［44］李德群.我国模具 CAD/CAE/CAM/PDM 发展现状及发展建议［J］.电加工与模具,2010.

［45］林波.计算机辅助设计与制造［M］.北京:机械工业出版社,1996.

［46］戴同.CAD/CAPP/CAM 基本教程［M］.北京:机械工业出版社,1997.

［47］李德群,肖祥芷.模具 CAD/CAE/CAM 的发展概况及趋势［J］.模具工业,2005(7):9-12.

［48］黄虹.塑料成型加工与模具［M］.北京:化学工业出版社,2001.

［49］申开智.塑料成型模具［M］.2 版.北京:轻工业出版社,2011.

［50］李德群.现代塑料注射成型的原理、方法与应用［M］.上海:上海交通大学出版社,2005.